国 家 级 职 业 教 育 规 划 教 材
人力资源和社会保障部职业能力建设司推荐
全国高等职业技术院校食品类专业教材

食品质量管理与安全控制

易艳梅　主编
周凤霞　主审

中国劳动社会保障出版社

图书在版编目(CIP)数据

食品质量管理与安全控制/易艳梅主编. —北京：中国劳动社会保障出版社，2013
全国高等职业技术院校食品类专业教材
ISBN 978-7-5167-0853-8

Ⅰ. ①食… Ⅱ. ①易… Ⅲ. ①食品-质量管理-高等职业教育-教材②食品安全-质量控制-高等职业教育-教材 Ⅳ. ①TS207.7②R155

中国版本图书馆CIP数据核字(2014)第002123号

中国劳动社会保障出版社出版发行

（北京市惠新东街1号 邮政编码：100029）

*

北京隆昌伟业印刷有限公司印刷装订 新华书店经销

787毫米×1092毫米 16开本 15.5印张 329千字

2014年1月第1版 2021年3月第5次印刷

定价：29.00元

读者服务部电话：(010) 64929211/84209101/64921644

营销中心电话：(010) 64962347

出版社网址：http://www.class.com.cn

http://jg.class.com.cn

前言

随着我国食品工业的迅速发展，食品行业、企业对从业人员的知识结构和技能水平提出了更高的要求。为了更好地满足企业的用人需要，促进高等职业技术院校食品类专业教学工作的开展，加快高技能人才培养，我们组织有关院校的骨干教师和行业、企业专家，对专业培养目标、课程设置、教学模式进行了深入研究，开发了全国高等职业技术院校食品类专业教材。

本次开发的教材包括《食品生物化学》《食品微生物基础与检验技术》《食品分析与检验》《食品营养学》《食品质量管理与安全控制》《食品加工机械与设备》《水产品加工技术》《乳制品加工技术》《果蔬加工技术》《粮油食品加工技术》和《肉制品加工技术》。

本次教材开发工作的重点有以下几个方面：

第一，坚持高技能人才的培养方向，突出教材的职业特色。以职业能力为本位，从职业（岗位）分析入手，根据高等职业技术院校食品类专业毕业生所从事职业的实际需要，科学确定学生应具备的知识和能力结构。特别注重加强教材中的实验、实训环节，以提高学生的实际操作能力，为从业打好基础。

第二，体现食品行业发展趋势，突出教材的先进性。根据食品行业的发展现状，尽可能多地在教材中体现本行业的新理念、新知识、新技术和新设备，并严格执行国家有关技术标准，使教材具有鲜明的时代特征。

第三，创新编写模式，突出教材的适用性。按照学生的认知规律，合理安排教材内容，部分加工类课程以项目方式设计教学情境，以真实工作任务为项目载体，使教材更加易教、易学。在编写过程中，注重利用图表、实物照片辅助讲解知识点和技能点，激发学生的学习兴趣。

本套教材的编写得到了有关省市人力资源和社会保障厅（局）以及一批高等职业技术院校的大力支持，教材的编审人员做了大量的工作，在此表示衷心的感谢。同时，恳切希望广大读者对教材提出宝贵的意见和建议，以便修订时加以完善。

人力资源和社会保障部教材办公室

简　介

本书以现代食品质量管理与安全控制体系、方法和手段为框架，介绍了食品质量管理和安全控制基础、食品质量行政管理体系、食品生产质量安全管理体系和食品安全危机管理等内容。全书共分十章。第一章为概述。第二章介绍食品中的危害。第三章介绍食品质量管理工具和方法。第四章和第五章介绍食品质量行政监管体系，包括食品安全监管机构、法律法规、食品标准和产品质量认证。第六章到第九章介绍食品生产质量安全管理体系，包括 ISO 9001、GMP、SSOP、HACCP 和 ISO 22000 的原理、方法和应用等。第十章介绍食品安全危机管理的基本理论与食品企业处理安全危机的技巧和方法。

本书为全国高等职业技术院校食品类专业教材，也可供相关企业人员参考。

本书由易艳梅任主编，覃海元、张春霞、梁毅、李扬、陈唯实、叶爱兰、刘向阳、徐思源、朱秀丽等参与编写，周凤霞任主审。

目　录

第一章　概　　述

学习目标：

1. 掌握质量的内涵，了解影响食品质量的因素。
2. 了解质量管理的发展历程，理解食品质量管理特性。
3. 熟悉食品质量管理的主要内容。
4. 掌握食品安全概念及内涵。
5. 了解国内外食品安全现状及未来发展趋势。

第一节　食品质量管理概述

一、质量与食品质量

1. 质量

(1) 质量的定义

ISO 8402—1994《质量管理和质量保证术语》中对质量所下的定义是：质量是反映实体（产品、过程或活动等）满足明确和隐含需要的能力的特性总和。2000 年版 GB/T 19000—ISO9000 族标准中对质量的定义为“一组固有特性满足要求的程度”。

定义上的“实体”作为“可单独描述和研究的事物”，可以是产品、组织、体系或人，也可以是活动或过程，还可以是上述各项的任意组合。“需求”指明示的、通常隐含的或必须履行的需求和期望，具体内容由有需求的相关方提出，可以是产品要求、质量管理体系要求、服务需求。

(2) 质量特性

2000 年版 ISO 9000 族标准中有这样的描述，质量特性是指产品、过程或体系与用户要求有关的固有属性。这种属性在体现产品使用价值的同时，又能起到产品的区分和识别作用。在一定条件下用户对产品的要求被转化为产品的指标特性，并以此作为评价、检验和考核产品质量水平的依据。

不同种类的产品具有不同的质量特性。根据产品的类别，可分为有形产品质量特性、服务质量特性、过程质量特性和工作质量特性。不同的质量特性，其内涵存在一定的差别，具体表现形式见表 1—1。

表 1—1 不同类别质量特性的表现形式

质量类别	质量特性的表现形式
有形产品质量特性	功能性、可信性、安全性、适应性、时间性、经济性等
服务质量特性	功能性、经济性、安全性、时间性、舒适性、文明性等
过程（质量的形成）质量特性	开发设计过程质量特性：所研制产品的质量与市场需求的符合程度
	制造过程质量特性：产品实体质量与设计质量的符合程度
	使用过程质量特性：产品使用过程中充分发挥其使用功能的程度
	服务过程质量特性：用户对供方提供服务的满意度
工作质量特性	部门、班组、个人对有形产品质量、服务质量、过程质量的满意度

(3) 质量概念的发展

人类社会自从有了商品，就有了质量的概念。每个人在心目中都有对质量的理解。所站的角度不同，呈现出的质量观点不同；时代在发展，人们对质量的认识程度也在发生变化。在过去的几十年里，比较有代表性的观点有三种，即基于生产的符合性质量观、基于用户的适用性质量观以及基于用户和产品的顾客满意质量观。以上三种质量观的特点见表 1—2。

表 1—2 三种质量观的特点

质量观	主要观点
符合性质量观	➢ 以“符合”现行标准的程度作为衡量依据 ➢ “产品合格”是质量管理活动的追求目标 ➢ 本质是以企业为中心来考虑质量问题
适用性质量观	➢ 以适合顾客需要的程度作为衡量的依据 ➢ 从使用角度定义产品质量，认为产品的质量就是适用性，即“产品在使用时能成功地满足顾客需要的程度”
顾客满意质量观	➢ 一种全新的质量观 ➢ 综合了符合性和适用性，既反映了符合性的要求，也反映了要满足顾客的要求

建立在用户满意和产品性能符合基础之上的顾客满意质量观既反映了符合性要求，也反映了要满足顾客的要求，越来越为众多的不同类型的组织所接受。国际标准化组织通过总结质量的不同概念加以归纳提炼，并逐渐形成人们公认的名词术语，即质量是指通过满足消费者的需求和期望，在有组织的环境下持续提高效率，并赢得消费者的认可，以“顾客满意”作为一种理念。

除此之外，还有基于价值的质量观、基于判断的观点等。

产品质量对于价值链上的所有人员而言都是重要的，如何看待质量取决于每个人在价值链上所处的位置，如图 1—1 所示为价值链中的各种质量观。

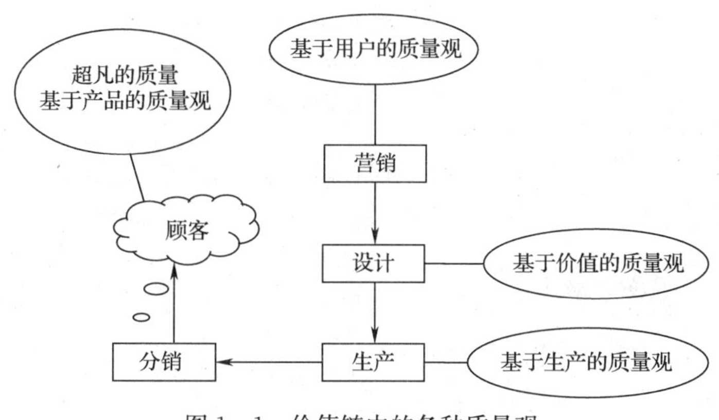

图 1—1 价值链中的各种质量观

2. 食品质量

(1) 食品质量的定义

《中华人民共和国食品安全法》将食品定义为“各种供人食用或者饮用的成品和原料以及按照传统既是食品又是药品的物品，但是不包括以治疗为目的的物品”。“供人食用或者饮用”意味着食品应具备一定的营养价值，无毒、无害，同时还应具有相应的色、香、味、形等感官性状。“既是食品又是药品”指的是某些食品还应该对人体具有调节功能。可以说，只要是食品，就应满足以上需求，即营养性、安全性和可口性。满足程度的高低表明不同的质量水平。因此，食品质量可定义为：食品在食用（使用价值和性状）上满足用户需求的优劣程度。

(2) 食品质量特性

“民以食为天”表明了食品在人们日常生活中的重要位置，也说明了食品质量的重要性。因与人类健康的密切关系以及原料特性（生物性原料为主）所带的产品特性决定了食品的质量特性有别于其他产品，除了具备有形产品的共性外，还表现出一些食品独有的特点。

食品的质量特性分为内在质量特性和外在质量特性。内在质量特性又称固有特性，包括食品本身的安全性和健康性（食品的成分和营养），感官品质和货架期，产品的可靠性和便利性。外在质量特性也称非固有质量特性，包括生产上的系统性、环境特性和市场特性。它们之间的关系如图 1—2 所示。外在质量并不影响产品本身，但会影响到消费者的感受。例如，市场促销宣传活动并不影响产品本身，但可以影响消费者的期望和消费行为。

(3) 影响食品质量的因素

1) 动物生产条件。动物生产可以分为肉类产品生产（如猪肉、牛肉、禽肉、羊肉、鱼肉、贝类等）和动物产品生产（如鸡蛋、牛奶等）。动物生产条件可以直接或间接地影响食品的内在质量特性，如食品的安全性和感官品质。农产品生产系统特征（如育种、喂养、动物生活条件、健康等）会影响食品外在质量特性。在动物生产中对质量影响较大的因素主要是动物品种、动物饲养条件、圈舍卫生及动物健康状况。

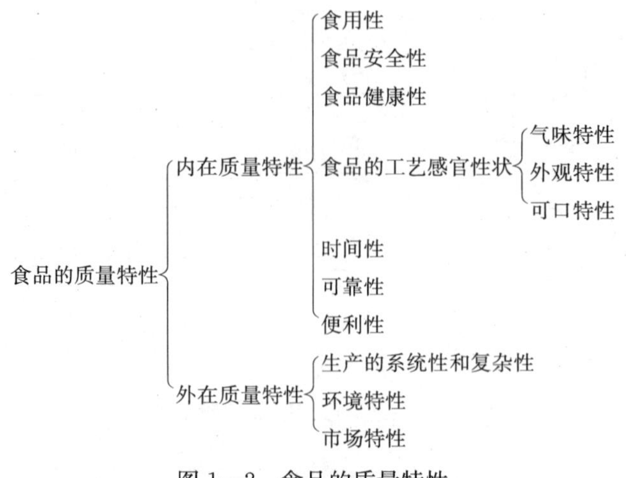

图 1—2　食品的质量特性

①动物品种。动物育种大多数注重产量的增加而不是产品的质量。实际上很多动物生产产品质量参数有典型的遗传性，如杜勒克猪种（美国红色猪种）常常是暗红色的肌肉，其脂肪硬度和嫩度比其他品种高。而宫廷黄鸡所产鸡蛋的蛋白质品质有较大的优势。

②动物饲养条件。动物的饲养也可以直接或间接地影响食品的质量，甚至直接影响农产品的营养价值。例如，饲料组成可以影响牛奶产量和乳脂含量，奶牛饲料如被黄曲霉毒素污染，在其所产乳中会出现黄曲霉素的代谢物，致使安全性降低。

③圈舍卫生条件。动物的居住条件决定了细菌附着在动物体表的数量，并影响到产品受细菌污染的可能性和污染程度。另外，动物饲养的密集度也会影响肉类食品的质量。

④动物健康状况。动物的健康状况和兽药的使用都影响到动物性食品的质量。这种影响可以是直接的，如牛乳腺炎可以导致牛奶成分和物理性质的改变；也可能是间接的，如因动物健康状况不佳而导致动物饲养中使用的兽药残留影响了消费者的接受能力。

2）动物的运输和屠宰条件。在运输动物和处理屠宰动物过程中因受到挤压、惊吓、过冷和过热等都会使动物产生应激反应，致使肉的品质下降。宰杀场所的环境卫生差，会增加污染产品的微生物的数量，影响其货架期。

3）果蔬产品的栽培和收获条件。栽培和收获条件可以影响新鲜产品和加工产品的营养成分、感观品质（口味、质地和色泽）、天然毒性成分的含量以及微生物污染状况。栽培期间重要的质量影响因素有品种、栽培措施和栽培环境等。收获条件中收获时间主要通过影响果蔬后期一系列生物化学变化过程发展而最终影响到产品的质量。收获和运输过程中发生的机械损伤往往对产品质量产生负面作用，如导致新鲜产品发生不良的颜色变化，植物伤口恢复时产生的乙烯可以促进植物呼吸，从而促进植物成熟和衰老，缩短其货架期。

4）食品加工条件。食品加工条件对食品质量的影响极大。加工食品的性质是由配方的各个成分和农产品原料的性质（如 pH 值、原始污染、天然抗氧化剂含量等）、保鲜及加工条件（如温度、压力等）来决定的，任何一个加工环节出现问题，都会导致产品品质发生变化。

5）储存和销售条件。食品在储存和销售过程中，其品质依然会受到影响，影响程度因产品的种类而不同，应区别对待。如冷冻对含水分多的新鲜产品的冷伤害比干品大，销售环境卫生条件对即食产品的安全影响比对非即食产品所造成的负面影响大。

二、质量管理

1. 基本概念

（1）管理

管理是指组织为达到所设定的某种目标而采取的一切手段。管理的主要职能是计划、组织、领导和控制。

（2）质量管理

通常把组织在质量方面指挥和控制组织的协调活动定义为质量管理。这些在指挥和控制组织方面的活动一般包括制定质量方针和质量目标、质量策划、质量控制、质量保证和质量改进。

质量管理定义中的相关术语分别定义如下：

1）质量方针。又叫质量政策，是指由组织的最高管理者正式发布的该组织总的质量宗旨和质量方向。质量方针由最高管理者制定并形成文件。

2）质量目标。是指根据质量方针的要求，组织在一定期间内所要达到的预期效果，即所规定的数量化目标，质量目标是组织质量方针的具体体现。

3）质量策划。质量策划是确定质量和质量体系要素的应用的目标和要求的活动。2000 版 ISO9000 族标准定义为“质量策划是质量管理的一部分，致力于制定质量目标并规定必要的运行过程和相关资源以实现质量目标”。

4）质量控制。质量控制是质量管理的一部分，是致力于满足质量要求的活动。

5）质量保证。质量保证是质量管理的一部分，致力于提供质量要求会得到满足的信任。

6）质量改进。质量改进是质量管理的一部分，致力于增强满足质量要求的能力。

2. 质量管理的发展历程

质量管理是一门科学，它是随着整个社会生产的发展而发展的，同时，它同科学技术的进步、管理科学的发展也密切相关。目前，一般把质量管理的发展过程分为质量检验阶段、统计质量控制阶段、全面质量管理阶段三个阶段。

（1）质量检验阶段

质量检验阶段又称传统质量管理阶段，其主要特征是按照规定的技术要求，对已完成的产品进行质量检验。在这一阶段，先后经历了操作者质量管理、工长制质量管理和检验员质量管理三个阶段。

此阶段质量管理的中心内容是通过事后把关性质的质量检查，对已生产出来的产品进行筛选，把不合格品和合格品分开。这对于保证不使不合格品流入下一工序或出厂送到用户手中是必要和有效的，但它缺乏对检验费用和质量保证问题的研究，对预防废品的出现等管理方面的作用较薄弱。

(2) 统计质量控制阶段（20 世纪 40—60 年代）

统计质量控制阶段是质量管理发展过程中的一个重要阶段，它是数理统计方法与质量管理相结合的产物。在 20 世纪 40—60 年代这段时间内得到发展和推广应用。它的主要特点是：从质量管理的指导思想上看，由事后把关变为事前预防；从质量管理方法上看，广泛深入地应用了统计的思考方法和统计的检查方法。但只关注生产过程和产品的质量控制，缺乏对影响质量的其他因素进行考虑。

(3) 全面质量控制阶段（20 世纪 60 年代至今）

美国的费根堡姆（A. V. Feigenbaum）在 1960 年前后提出了全面质量管理的思想。该理论的提出是社会综合发展的结果。除了当时统计质量方法存在不足以外，还有社会因素的影响，例如：

1) 科技进步带来了许多高、精、尖产品，特别是一些超大规模的产品，如火箭、宇宙飞船、人造卫星等，统计质量管理方法已不能满足这些高质量产品的要求。

2) 社会进步带来了观念的变革，保护消费者利益的运动向企业提出了“质量责任”问题。

3) 系统理论和行为科学理论等管理理论的出现和发展对企业管理组织提出了变革要求，并促进了质量管理的发展。

4) 国际市场竞争加剧，交货期和价格等成为顾客判别满足质量要求程度的重要内容。这些情况的出现，都要求质量管理在原有的统计质量控制方法基础上有新的突破和发展。

基于这样的历史背景和经济发展的客观要求，促使了“一个组织以质量为中心，以全员参加为基础，目的在于通过让顾客满意和本组织所有成员及社会受益而达到长期成功的管理途径”——全面质量管理概念的提出，并开创了质量管理的新时代，一直影响到今天。

全面质量管理是以满足顾客的要求为目标，对产品生命周期的整个过程（质量环）实施管理的模式，可概括为“三全一多样”质量管理，即全员的质量管理、全过程的质量管理、全企业的质量管理、多方法的质量管理。

三、食品质量管理

1. 食品质量管理定义

食品质量管理是质量管理理论、技术和方法在食品加工和储藏工程中的应用，也是为保证和提高食品生产的产品质量或工程质量所进行的调查、计划、组织、协调、控制、检查、处理及信息反馈等各项活动的总称。主要包括以下内容：

(1) 食品生产线内质量管理

食品生产线内质量管理一般指在食品生产过程中所进行的质量管理。

(2) 食品生产线外质量管理

食品生产线外质量管理是指食品产品开发、设计过程中的质量管理，是提高产品质量的关键。

2. **食品质量管理特征**

食品是一种与人类健康有着密切关系的特殊有形产品，它既符合一般有形产品的质量特性和质量管理特征，可以利用质量管理基本理论和技术去进行食品质量管理，又因为具有独有的产品特性和质量特性，使其质量管理有一定的特殊性。具体体现在以下六个方面：

（1）管理空间和时间上的广泛性

食品质量管理在空间上贯穿于从田间到餐桌所有影响质量的空间环境，在时间上包括原料生产阶段、加工阶段、消费阶段三个主要时间段。期间的任何一个与食品质量相关的环境达不到要求或任何一个时间段的疏忽都可使食品丧失食用价值。食品生产专业化越强，对其他时间段的质量管理状况越无法掌握。

（2）食品质量管理对象的复杂性

在食品生产过程中，影响食品质量的因素多且杂，有人、机器、原料、辅料、包装材料等，这些都属于食品质量管理的范畴，管理对象的复杂性增加了食品质量管理的难度，只有让以上因素都受到有效控制，才能保证产品的质量。

（3）安全性放在食品质量管理的首位

在众多的食品质量特性中，安全性始终放在质量管理首要考虑的位置，因为它与人体健康息息相关。确保产品的食用安全是食品工作者的首要任务，获取安全食品是消费者的基本权利。目前，保证食品安全已经被列为世界卫生组织的工作重点和最优先解决的领域。

（4）质量监控方面难度大

食品质量检测包括化学成分、风味成分、质地、卫生等方面的检测，检验项目杂，需要的机器、设备多，检测技术性强，尤其是微量和痕量成分的检测程度较大。对于一些未知成分的检测难度更大。需要监控的内容多，技术的不成熟和人员配备的匮乏加大了食品质量监控的难度。

（5）建立在产品功能性和适用性上的特殊食品质量管理

食品功能性除了内在性能、外在性能以外，还有潜在的文化性能，因此，在食品质量管理上不仅要严格遵循有关法律、道德规范，还应尊重风俗习惯的规定。消费者对食品的口味要求不断变化，要求食品质量管理必须不断进行市场调查，及时调整工艺参数，提高产品的适应性。同时，还要注意食品与人群适宜性之间的关系，避免食品对不适宜人群的无意伤害。

（6）管理水平上的参差不齐

食品行业古老而传统，因设置门槛低，中、小型企业偏多，产品老化，设备陈旧，科技含量低，管理水平低，质量的保证能力普遍不够。优化产业，改造设备，培训人员，引进先进食品质量管理理论和技术将成为今后提高整个食品行业质量管理水平的重要途径。

3. **食品质量管理的典型模式（技术—管理学途径）**

食品质量管理学是质量管理学原理、技术和方法在食品领域中的应用，但食品质量管理有其自身的特殊复杂性，一般工业上常用的质量分析方法在食品质量分析中并不适用。这主要是因为食品和农产品的性质、化学和微生物状况甚至风味会不断变化。这种多变性使得食品工程技术在质量管理中非常重要，只有充分了解和理解这其中的关系，才能很好地应用管理学理论进行食品质量管理。

技术和管理学的结合应用按照作用方式可产生三种质量管理途径：一是以管理学为主，利用管理学原理来管理技术领域中的质量，简称管理学途径；二是通过技术途径来解决管理学因素，简称技术途径；三是使用技术和管理学的理论及模型来预测食品生产体系的行为，并适当地改良这一体系（见图1—3），如利用质量统计原理发现主要质量问题，利用技术知识分析原因，采取纠正措施解决问题。这种技术与管理学原理相互融合的方法，就是目前现代食品质量管理体系中广为推崇的技术—管理学途径食品质量管理模式。前两种途径因各自存在的缺陷使其在管理中不能做到应用自如。

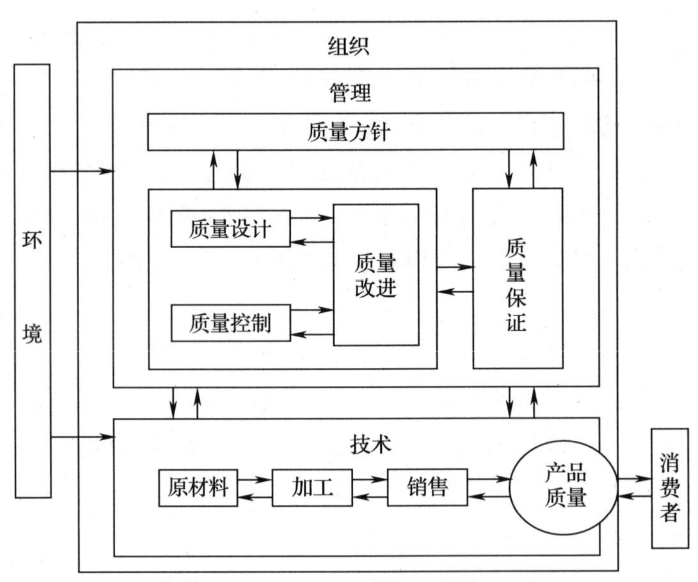

图1—3　技术—管理学途径

技术—管理学途径的重点是将技术和管理学集合为一个系统，系统内的各个元素相互作用，质量问题就是技术和管理学相互作用的结果。它克服了管理学途径中的技术不足和技术途径中的管理知识缺陷而造成的考虑不周，并比较直观地显示了食品质量管理的活动过程，以及怎样为提高质量而开展相应的质量活动。

4. **食品质量管理的主要内容**

技术—管理学途径的食品质量管理模式清晰地展现了组织为提高顾客满意度而进行的各种活动，以及这些活动的相互影响。这些活动构成了食品质量管理的主要内容——质量方针、质量设计、质量控制、质量改进、质量保证和质量教育等。具体如下：

（1）以明确相对稳定的质量目标为纲领，充分考虑消费者需求，以满足顾客需要为目标，在产品设计开发过程中融合质量设计。

(2) 在生产过程中，通过质量控制使产品达到设计要求。

(3) 通过质量反馈和问题的发现，不断改进质量。

(4) 通过建立质量保证体系确保食品质量。

(5) 通过各种质量教育活动，增强组织全体工作人员的质量意识，提高组织中从事与产品符合性相关工作人员的业务水平，共同推动组织进步。

至于如何开展以上质量管理活动，将在后面的章节里详细介绍。

第二节 食品安全控制概述

一、食品安全的基本概念

1. 食品安全概念的提出和演变

通常意义上的食品安全（food safety）是指食品无毒、无害，符合应当有的营养要求，对人体健康不造成任何急性、亚急性或者慢性危害。

食品安全概念从20世纪70年代的正式提出，到20世纪90年代的第三次界定，其中的内涵随社会的发展和人类生存危机面临的问题而变化。其演变见表1—3。

表1—3　食品安全概念的演变

概念的提出	概念提出的要因	食品安全内容	食品安全的目标
1974年11月（联合国粮食与农业组织FAO提出）	世界性粮食危机，造成粮食短缺	食品安全是指人类一种基本生存权利，即保证任何人在任何地方都能得到为了生存和健康所需要的足够食品	保证食品数量安全
1983年4月（联合国粮食与农业组织FAO解释）	粮食供给不足的发展中国家购买力不足	食品安全的最终目标是确保所有的人在任何时候买得到又能买得起所需的足够食品	保证食品数量安全，同时追求食品的多样化
1992年（国际营养大会）	食品的质量和营养问题变得越来越重要	在任何时候人人都可以获得安全营养的食品来维持健康的生活	增加了安全和富有营养的限定语
1996年（世界卫生组织WHO界定）	食品安全与可持续发展的关系更加密切	对食品按其原定用途进行制作，食用时不会使消费者健康受到损害的一种担保	确保食品的食用安全。使食品的安全生产与经营管理制度化、法制化

食品安全是一个发展的概念，在同一国家的不同发展阶段，由于食品安全系统的风险因素和风险程度不同，食品安全的内容和目标也不同，本质上是指一个国家抵御食物生产、流通及国内外贸易中可能出现的不测事件的能力，以及一个国家在一定的经济发展水平下的食品供给能力及消费能力。

2. 食品安全与其他食品相关概念的联系

食品安全、食品卫生、食品质量在食品管理领域中经常同时出现，关于它们各自的概念以及三者之间的关系，有关国际组织在不同文献中有不同的表述。1996 年，世界卫生组织（WHO）分别对食品安全、食品卫生和食品质量做了以下界定。

食品安全是指对食品按其原定用途进行制作、食用时不会使消费者健康受到损害的一种担保。

食品卫生是为了确保食品安全性和适用性在食物链的所有阶段必须采取的一切条件和措施。

食品质量是指（食品中）一组固有特性满足要求的程度。

按照以上的界定，可以这样去理解它们之间的区别和联系。

（1）食品安全与食品卫生

从内涵与外延来说，食品安全是种概念，食品卫生是属概念。两者在范围和侧重点上存在区别，食品安全包括食品（食物）的种植、养殖、加工、包装、储藏、运输、销售、消费等环节的安全，而食品卫生通常并不包含种植、养殖环节的安全。食品安全是结果安全和过程安全的完整统一。食品卫生也包含上述两项内容，但更侧重于过程安全，即为保证食品安全而采取的一些措施。

（2）食品安全与食品质量

两者关注的重点不同，食品安全以食品本身为研究对象，重点关注食品对消费者健康的影响，而食品质量关注的重点是食品本身的使用价值和性状。如食品中添加工业用染料苏丹红，引发的是食品安全事件，因为苏丹红对人体有害。在制作火腿肠时，用大量的淀粉代替猪肉，火腿肠变成了淀粉肠，产生的只是质量问题，因为淀粉对人体无害，但对于婴幼儿的主、辅食品则除外。另外，食品安全是政治概念，与人的生存权相联系，具有唯一性和强制性；而食品质量与发展权有关，具有层次性和选择性。

三者之间不相互平行，也不相互交叉。食品安全包括食品卫生与食品质量，而食品卫生与食品质量之间存在着一定的交叉。以上食品安全的概念涵盖食品卫生、食品质量的概念，并不是否定或者取消食品卫生、食品质量的概念，而是在更加科学的体系下，以更加宏观的视角来看待食品卫生和食品质量工作。

二、国内外食品安全现状

1. 国际食品安全现状

自 20 世纪 90 年代以来，国际上食品安全恶性事件不断发生，给世界各国造成严重的经济损失。比较典型的事件包括英国的疯牛病事件、比利时的二恶英污染事件、日本雪印牌牛奶金黄色葡萄球菌食物中毒事件。其中英国自 1986 年公布发生疯牛病以来，仅禁止牛肉贸易一项，每年就损失 52 亿美元；比利时因二恶英污染造成其动物性食品被禁止上市并大量销毁，估计其经济损失达几百亿欧元；日本雪印牌牛奶在 2000 年致使 1.45 万人中毒，使占全国市场总份额 14%的雪印牌牛奶全部被回收，厂家全部停产整顿。

食品安全问题的发生不仅使经济受到严重损害，还会影响到消费者对政府的信任，乃至危及社会稳定和国家安全。欧洲消费者强烈反对转基因食品，这在很大程度上是反映了对政府的不信任，加强食品安全监管成为全世界大多数国家的共识。

2. 国际上防止食品安全事件的措施

为了防止食品污染，保障消费者的健康权益，世界卫生组织（WHO）、联合国粮食与农业组织（FAO）以及世界各国近年来均加强了食品安全工作。包括机构设置、强化或调整政策法规、加大监督管理和科技投入。2000年在日内瓦召开的第53届世界卫生大会首次通过了有关加强食品安全的决议，将食品安全列为世界卫生组织的工作重点和最优先解决的领域。近年来各国政府纷纷采取措施建立和完善食品安全管理体系和法律法规。美国及欧洲的一些发达国家不仅对食品原料、加工品有较为完善的标准与检测体系，而且对食品生产的环境以及食品生产对环境的影响都有相应的标准、检测体系及有关法律法规。欧盟于2001年发布了《食品安全白皮书》，就应优先开展的食品安全问题提出建议，并于2002年建立了欧盟食品安全局。

3. 我国食品安全现状及主要食品安全问题

（1）我国食品安全现状

食品质量安全状况是一个国家经济发展水平和人民生活质量的重要标志。我国政府坚持以人为本，高度重视食品安全，一直把加强食品质量安全摆在重要的位置。多年来，我国立足从源头抓质量的工作方针，建立健全食品安全监管体系和制度，全面加强食品安全立法和标准体系建设，对食品实行严格的质量安全监管，积极推行食品安全的国际交流与合作，全社会的食品安全意识明显提高。经过努力，我国食品质量总体水平稳步提高，食品安全状况不断改善，食品生产经营秩序显著好转。但近年来国内食品质量安全问题却频繁发生，表1—4所列为我国2000—2011年间发生的典型食品安全事件。这暴露出我国目前在食品安全监管上存在很多亟待解决的食品安全问题。

表1—4　　我国2000—2011年间发生的典型食品安全事件

事件关键词	发生时间（年．月）	事件梗概
有毒大米	2000	2000年开始，掺杂有害工业原料石蜡油的有毒大米先后见于广东、吉林、甘肃、四川等地市场
海城学生豆奶中毒	2003.3	3月19日，辽宁海城3 000多名小学生同时饮用了一种“高乳营养学生豆奶”，先后有2 500多人出现了腹痛、恶心、头晕等症状，并致1人死亡。中毒病因是豆粉中含有未彻底灭活的抗营养因子
重庆石蜡火锅底料	2004.2	重庆市一些火锅底料生产企业将石蜡加入火锅底料中，石蜡在高温下裂解后会产生致癌的多环烃类化合物。这是继罂粟壳、福尔马林浸泡毛肚、泔水油事件后，重庆火锅面临的又一信誉危机
阜阳劣质奶粉	2004.4	劣质婴儿奶粉中蛋白质含量不足2%，远远低于国家食品药品监督管理局12%的要求，造成患儿头大身子小，身体虚弱，反应迟钝，并伴有大面积皮肤溃烂，内脏发育肿大，十余名患儿为此付出生命的代价
陈化粮	2004.7	7月16日长沙市查获80 t来自湖北的陈化粮。陈化粮中黄曲霉菌超标
苏丹红	2005.3 2006.11	肯德基烤翅、红心鸭蛋先后分别成为事件中的焦点产品

续表

事件关键词	发生时间（年．月）	事件梗概
瘦肉精中毒	2006.9	广东5名工人中毒，所吃肉食中瘦肉精超标1 000倍；同年，上海二百余人瘦肉精中毒
三聚氰胺	2008.9	震惊世界的食品安全事件，我国乳业承受了空前的行业危机
海南毒豇豆	2010.2	在武汉和合肥查获海南产有毒豇豆。所涉高毒农药水胺硫磷为高毒杀虫剂，禁止用于果、茶、烟以及中草药植物上
地沟油风波	2010.3	在我国数百个城市中，但凡有餐饮业的地方就有地沟油回收业务。长期摄入地沟油会对人体造成明显伤害
双汇瘦肉精事件	2011.3	2011年3·15特别行动中，中央电视台曝光了双汇“瘦肉精”养猪一事
冷冻食品致病菌事件	2011.11	思念、三全、蒙牛、湾仔码头等知名品牌的冷冻食品中检出金黄色葡萄球菌

（2）我国食品安全监管领域存在的主要问题

1）源头控制缺失。食品行业是一个特殊的行业，其原材料直接来源于农牧渔业，农牧渔产品的质量状况决定着最终食品的质量水平。在农牧渔产品的生产过程中，影响其质量的因素很多，如环境污染、农业投入品的不合理使用等，以不符合食品质量安全要求的原料生产的食品不可能是优质、安全的食品。因农牧渔业分散生产，质量控制难度大，一直没有得到足够的重视。三鹿毒奶粉事件的原因就在于原料奶中加入了有害物质三聚氰胺，集中暴露了我国食品生产企业源头控制上的薄弱问题。

2）企业内控不严。企业的行为对食品安全起着最为关键的作用，然而，由于社会责任的缺失、管理水平低下、技术水平落后等因素的影响，我国生产经营企业的食品安全状况依然严峻。有相当大比例的企业是小作坊式的，不具备食品安全生产所需的食品检验检疫能力；同时，这些厂家由于缺乏有效的引导规范机制，不对进厂原料进行任何把关，其工作人员的生产经营职业资格证书及健康状况不符合要求，生产的基本条件未达到食品安全生产的要求。另外，大量私营业主由于道德缺失而进行仿名牌或无任何生产标志的生产，这给人们的身体健康埋下了巨大的隐患。

3）外部监管不力。长期以来，我国完全由政府行使监管权利，在食品安全领域政府作为社会公共利益的主要代表，必然出现政府监管失灵、监管低效等一系列问题，导致政府供给公共产品的社会成本增加。同时，现存的食品安全监管的职责归属难以清晰界定，缺乏统一协调，责任不清。食品监管的部门分割和“九龙治水”局面是我国食品安全的主要矛盾。由此导致食品安全漏洞大，难以实现对食品企业的有效监管。

三、食品安全的未来发展趋势

1. 食品安全监管体制的统一化

食品安全涉及种植、养殖、生产等一直到消费的诸多环节。世界各国均对食品生产经营的各个环节进行适当的监管，以通过提高生产经营过程的安全实现最终消费的安全。这样做一是将过去分散的管理部门予以适当统一；二是对传统分散的管理部门予以统一；三是做到食品安全监管要素的统一。《食品安全法》的颁布实施，使我国的食品安全监管采取分段监管为主、品种监管为辅的方式，理顺了食品安全监管职能，明确了责任。这项改革将有利于我国食品监管效能的提高。

2. 食品安全保障规则的法典化

近年来，在食品安全监管体制逐步统一化的进程中，各国政府逐步开始统一食品安全的各项保障规则，其显著标志就是食品安全法律和标准的法典化，其根本目标在于基于共同的原则形成体系完整、价值和谐的科学体系，从而避免因制定机关过滥、制定层次过多而增加治理成本，降低治理效能。

我国已初步建立起了保障食品安全的法律框架和标准框架，但与建立起价值统一、体系科学、结构合理、制度完备的食品安全法律和标准体系还有较大距离。有关食品法律制度和标准缺乏一定的系统性和协调性，还不能涵盖食品生产经营的所有环节和相关领域，还存在着交叉与空白，致使有些执法部门无法可依甚至有法难依。

3. 食品安全技术服务机构的社会化

在食品安全技术服务机构的认识上，国际社会经历了若干转变。即在属性定位上，经历了从行政权力到技术服务的转变；在服务对象的把握上，经历了从权力服务到社会服务的转变；在资源价值的发挥上，经历了封闭所有到开放利用的转变。在市场经济社会，政府购买社会服务而不是自营社会服务，政府不应建立大而全、小而全的自我封闭体系，而是应当充分利用各种社会资源，走社会分工与社会协作的道路。

长期以来，我国食品安全监管部门自营食品安全技术服务机构，部门所有，重复建设，自成体系，各自为战，造成了资源的极大浪费。全面提升我国食品安全技术服务机构的服务质量，必须按照社会化、公益化的要求重新构建我国的食品安全技术服务体系，逐步统一食品安全技术服务机构的资质、人员的资格以及服务的程序、标准，实现食品安全技术服务资源的优化配置。

食品安全管理是一项系统工程，需要全社会的共同努力。

~思考与练习~

1. 解释下列名词

质量　质量管理　食品质量　食品质量管理　技术—管理途径

2. 质量管理的发展经历了哪些过程？各阶段的特点是什么？

3. 什么是食品安全？它与食品卫生、食品质量有什么联系？

4. 试述我国食品安全现状及存在的主要问题。

第二章　食品中的危害

学习目标：

1. 掌握食品中主要细菌性危害、真菌性危害和寄生虫危害以及它们的控制措施。

2. 了解食品中农药残留、兽药残留的危害及来源，了解食品中重金属污染的种类、危害及来源。

3. 了解食品添加剂应用中存在的问题及危害。

4. 了解食品包装材料与食品安全的关系。

5. 了解食品中的物理性危害和其他危害。

第一节　食品中的生物性危害

食品危害是指食品中含有的可导致食品对人类健康造成潜在威胁的生物、化学或物理等因素。一旦食品含有这些危害因素或者受到这些危害因素的污染，就会成为具有潜在危害的食品。这种危害可以发生在食物链的各个环节。从危害的性质上可分为生物性危害、化学性危害、物理性危害、食品新技术危害。它们种类繁多，性质各异，对食品的污染方式和程度多种多样，给人体造成的危害也有很大不同。了解和掌握各类危害的污染途径、危害特征和预防措施，对于实现食品危害的有效控制非常必要。

生物性危害是指生物本身及其代谢过程、代谢产物对食品原料、加工过程和成品造成的污染。按生物的种类不同，分为细菌性危害、真菌性危害、病毒性危害、寄生虫病危害、立克次氏体危害和昆虫危害，其中前四种为主要危害。

一、食品中的细菌性危害

细菌性危害是指细菌及其毒素污染食品后产生的生物性危害。细菌性危害的性质与程度取决于污染食品的细菌种类和数量。以杂菌为主的细菌污染主要引起食品变质，导致食品质量下降。当肠道致病菌污染食品时，能引起借食品传播的传染病或食物中毒。食物中毒可以是致病菌的直接作用，也可以由致病菌在食品中产生的毒素引起，有时还可能是两者的混合作用。通常情况下，引起人类细菌性食物中毒的主要食物是动物性食物。当然，无论因食品腐败变质而造成的食品废弃，还是诱发人类疾病都会伴随着一定的经济损失，据WHO统计，每年全球仅因食品腐败变质而造成的经济损失就多达几百亿美元。

1．**食品中细菌性危害的来源**

食品中细菌性危害可以来自原料、加工过程及储藏过程。当运输工具、容器具不符合卫生条件时，也会造成食品在运输、销售过程中的细菌污染。即便是进入消费环节，一些不合理的操作还是会引起食品细菌性危害，如生熟不分，在冰箱中存放时间过长，烹调用具不卫生等。

在生产中，通常把作为食品原料的动、植物本身带有微生物而造成食品的污染称为内源性污染，也称为第一次污染（初始污染），如畜禽的病原细菌（布鲁氏杆菌）和植物体中的病原细菌（黄单胞杆菌）等。把食品在生产加工、运输、储藏、销售、食用过程中，通过水、空气、人、动物、机械设备及用具等而使食品发生微生物污染的称为外源性污染，也称第二次污染（次生污染）。

2．**引起食品细菌性危害的主要细菌及预防、控制措施**

共存于食品中的细菌种类和相对数量统称为食品的细菌菌相，其中相对量较大的细菌称为优势菌种（属、株）。菌相可因细菌污染来源、食品的理化性质、所处环境条件等因素不同而不同，因此，通过对食品性质及其所处条件的调查可预测食品菌相；检测食品中的细菌菌相又可对食品变化的程度和特征做出估计。

由细菌引起的食品腐败变质常常呈现一定的感官变化，例如，肉表面发黏（产碱菌属等产生的黏液）、产生荧光（荧光假单胞菌），罐头出现胀罐现象（嗜热梭状芽孢杆菌）等。因此，通过观察食品感官变化，也可以大致了解食品是否腐败变质及变质程度。

食品中主要的细菌性危害源及相关食品见表2—1。

表2—1　　食品中主要的细菌性危害源及相关食品

致病菌	主要寄主或携带者	传播方式			在食物中是否繁殖	常污染的有关食物
		水	食物	由人到人		
沙门氏菌（非伤寒性）	人和动物	是	是	是	是	肉类、家禽、蛋类、乳制品、巧克力
伤寒沙门氏菌	人	是	是	是	是	乳制品、肉类制品、贝类、蔬菜色拉
金黄色葡萄球菌	人	否	是	否	是	火腿、家禽、鸡蛋色拉
肉毒梭状芽孢杆菌	哺乳动物、禽类、鱼类	否	是	否	是	家庭腌制的鱼类、肉类和蔬菜
蜡状芽孢杆菌	土壤	是	是	否	是	米饭、熟肉、蔬菜、含淀粉的布丁
大肠杆菌	人	是	是	否	是	色拉、生菜、乳、乳酪

续表

致病菌	主要寄主或携带者	传播方式			在食物中是否繁殖	常污染的有关食物
		水	食物	由人到人		
产气夹膜梭状芽孢杆菌	土壤、人、动物	是	是	否	是	熟肉、家禽、肉汁、豆类
01 霍乱弧菌	海生生物、人	是	是	是	是	色拉、贝类
非 01 霍乱弧菌	海生生物、人和动物	是	是	是	是	贝类
副溶血性弧菌	海水、海生生物	是	是	否	是	生鱼、蟹和贝类
空肠弯曲菌	野生禽类、鸡、狗、猫、牛、猪	是	是	否	是	生乳、家禽
志贺氏菌	人	是	是	是	是	土豆、鸡蛋色拉
牛结核分枝杆菌	牛	是	是	是	否	生乳
布鲁氏杆菌	牛、山羊、绵羊	是	是	是	是	生乳、乳制品

（1）沙门氏菌（*Salmonella*）

沙门氏菌属（*Salmonella*）分类属肠杆菌科，是一种主要的肠道致病菌。在世界各国细菌性食物中毒中，沙门氏菌引起的食物中毒常位列首位。我国内陆地区的食物中毒也以沙门氏菌为主。

沙门氏菌的菌群菌型很多，有 2 000 余种血清型，常见引起食物中毒的有鼠伤寒沙门氏菌、猪霍乱沙门氏菌和肠炎沙门氏菌等。由沙门氏菌所引起的食物中毒包括胃肠炎型、类伤寒型、败血症型三种表现型。大多数沙门氏菌食物中毒是沙门氏菌活体侵袭肠黏膜而导致的感染型中毒。它们各自的症状及病因见表 2—2。

沙门氏菌引起食物中毒的常见食品有各种肉类、鱼类、蛋类和乳类，其中以肉类占多数。肉中的来源主要为两个，一是家畜宰前感染；二是宰后污染，即家畜在宰后被带菌的粪便、容器、污水等污染，但主要来自宰前污染。

表 2—2　　沙门氏菌的致病症状及病因

表现型	症状	病因
胃肠炎型	突然发病，发烧，体温可达 38～40℃，伴有恶寒、恶心、呕吐、腹泻、腹痛等症状	肠炎沙门氏菌 伤寒沙门氏菌
类伤寒型	病情缓和，有高烧，体温可达 40℃以上，头痛、全身无力、四肢痛、腓肠肌痛或痉挛、腰痛及神经系统功能紊乱	甲、乙、丙型 副伤寒沙门氏菌
败血症型	起病突然，有高烧、恶寒、出冷汗和轻重不一的胃肠炎症状	猪霍乱沙门氏菌

根据沙门氏菌的生理特性及污染方式，可采取一定的措施来控制沙门氏菌食物中毒。因食品的沙门氏菌污染主要来源于动物，所以，减少动物源食品携带沙门氏菌是最根本的措施。由于沙门氏菌对热敏感，消除食品中沙门氏菌最常用的方法就是热加工处理。普通的巴氏杀菌或烹饪都足以杀死沙门氏菌。除此之外，多数食品企业还采用酸化或降低 A_W（水分活度）的方法来消除食品中的沙门氏菌。香肠发酵过程中酸和氯化钠是造成沙门氏菌死亡的主要原因。在蛋黄酱和色拉味料中造成沙门氏菌死亡的主要因素是酸，其次是 A_W的降低。这些因素对控制发酵奶、肉和蔬菜中的沙门氏菌都非常有效。

对于高水分、易腐食品，一般通过低温储存来控制食品中沙门氏菌的繁殖，但储存时间不宜过长。针对热处理加工后食品可能受到的沙门氏菌污染，也可以按同样方法处理。

（2）副溶血性弧菌（*Vibrio parahaemolytcus*）

副溶血性弧菌是广泛分布的海洋性细菌，造成对海产品的污染，常见于各种海鱼、贝蛤类食品，在腌菜、腌鱼、腌肉等盐渍食品中也会存在。

由副溶血性弧菌污染引起的食物中毒具有很强的地域性和季节性。日本及我国沿海地区是副溶血性弧菌食物中毒发病率的高发区。7～9 月常是副溶血性弧菌食物中毒的高发季节。副溶血性弧菌引起的食物中毒潜伏期为 2～24 h，发病急，以腹痛为主，伴有腹泻、恶心、呕吐、发热等症状，腹泻可呈黄水样便，有时出现洗肉样血水便或转为黏液、脓血便，易被误诊为痢疾。

由于副溶血性弧菌引起的食物中毒大多是副溶血性弧菌的活菌侵入肠道所致，少数才由其产生的溶血素所引起，因此，对副溶血性弧菌食物中毒的预防要抓住防止污染、控制繁殖和杀灭病原菌几个方面。如采用低温储藏的方式，熟制品煮熟时需加热到 100℃并持续 30 min；凉拌食物要清洗干净后置于食醋中浸泡 10 min 或在 100℃沸水中焯烫数分钟，以杀灭副溶血性弧菌。

（3）大肠埃希氏菌（*Escherichia coli*）

大肠埃希氏菌（*Escherichia coli*）通常称为大肠杆菌，属于肠杆菌科的埃希氏菌属，为人和大多数温血动物肠道中的正常寄居菌。引起食物中毒的致病性大肠埃希氏菌有四类，其中肠出血性大肠埃希氏菌（EHEC）中的血清型 O157：H7，毒力极强。1999 年爆发的苏皖大肠杆菌食物中毒事件就是由它引起的，死亡人数达 177 人。

大肠杆菌可以引起婴幼儿甚至所有年龄段人的急性肠炎，引起感染者腹泻、痢疾、出血性结肠炎等。

任何受粪便污染的食品都有可能受到大肠埃希氏菌的污染，引起食物中毒。烹饪欠熟的汉堡包几乎与所有大肠杆菌 O157：H7 爆发及散发性病例的发生有关，生奶也是重要的传播载体，果汁、发酵香肠、酸奶、蔬菜也可以成为传播途径。

预防和控制大肠埃希氏菌食物中毒的措施可参考沙门氏菌进行，但大肠埃希氏菌易侵染少年儿童，造成食品受到大肠埃希氏菌污染的途径多，所以要采取一些特殊的措施。大肠埃希氏菌对热比较敏感，常利用热处理达到消除危害的目的，如在使用绞碎的牛肉泥制作肉馅时，推荐的加热温度要使饼的中心温度达到 68.3℃，维持时间不少于15 s。烹调之后的汉堡和其他肉类食品在44.4～60℃下的存放时间不能超过3～4 h。

(4) 金黄色葡萄球菌(*Staphylococcal aureus*)

金黄色葡萄球菌(*Staphylococcal aureus*)因堆聚成葡萄串状而得名，为最常见的化脓性球菌。本菌广泛分布于水、空气、灰尘、污物、食品加工设备表面。金黄色葡萄球菌多为致病菌。

金黄色葡萄球菌可以在许多食品，尤其是蛋白质丰富的食品中生长。乳及乳制品、蛋及蛋制品和各类熟肉制品是最容易受到金黄色葡萄球菌污染的食品，其次为含乳冷冻食品和淀粉类食品。

金黄色葡萄球菌引起毒素型食物中毒，进食含金黄色葡萄球菌毒素的食物1～5 h，就会先后出现恶心、呕吐、上腹痛、腹泻等症状，多数病人在1～2天内能够恢复。金黄色葡萄球菌产生的肠毒素对热抗性强，能在100℃的条件下保持毒力30 min，并能抵抗胃肠道中蛋白酶的水解。

食品中金黄色葡萄球菌的来源很广泛，空气、土壤、水、粪便都可能存在，但主要通过鼻腔、化脓性病灶、患乳腺炎的乳房传播而污染食品。根据金黄色葡萄球菌及其毒素引发的食物中毒条件，主要应从三个方面着手做好有关预防工作：一是避免手部有伤口的从业人员上岗；二是食品加工过程中手部接触身体后应洗手消毒；三是严格控制食品加工与食用时间间隔及食品保存温度。

(5) 肉毒梭菌(*Clostridium botulinum*)

肉毒梭菌是肉毒梭状芽孢杆菌的简称，是致死性最高的病原体之一，通过产生强烈的神经毒素引起肉毒中毒，其毒性比氰化钾大一万倍。引起中毒的食品主要有罐装食品、鱼制品、发酵食品等。另外也可见于乳类和蔬菜。

肉毒梭菌在中性或弱碱性基质中生长良好，能产生耐热芽孢，煮沸1～6 h或在121℃下4～10 min才能将其杀死。由于它是引起食物中毒病原菌中对热抵抗力最强的菌种之一，所以常被作为判断罐装食品杀菌效果的指示菌。

按抗原性不同，肉毒梭菌可分为A、B、C、D、E、F、G七种血清型，对人致病的以A、B和E型为主，F型较少见，C、D型主要见于禽畜感染。各种血清型均能产生外毒素。进食含有肉毒梭菌外毒素的食物可引起食源性疾病。如不及时治疗，死亡率可高达70%。

适合于肉毒梭菌生长和产毒的条件包括高湿、低盐、低酸(pH值大于4.6)、缺氧、非低温保藏环境。因此，在食品工业上对肉毒梭菌中毒的预防大多采用一些物理或化学方法来杀灭肉毒梭菌芽孢，控制其生长及毒素产生。例如，通过高温热处理(主要是高压蒸汽灭菌)来杀灭罐装肉类食品中肉毒梭菌繁殖体和芽孢数量，获得“商业无菌”食品。对于不耐热食品(如果冻等)，则采用较低的温度(巴氏消毒)结合密封缺氧以及增加食品酸度的控制措施。对于低酸性食品，添加安全剂量的亚硝酸盐也能有效控制肉毒梭菌的繁殖。发酵酱类时，将含盐量提高到14%以上，同时提高发酵温度，可以抑制肉毒梭菌产毒。

加工后的食品应迅速冷却并低温储藏，避免再次污染和在较高温度或缺氧条件下存放，以防止毒素的产生。产酸的方法可用于腌制食品、蛋黄酱和罐装水果食品。将湿度降低到 $A_W<0.93$ 时就可以抑制一些食品中肉毒梭菌的生长。至今为止，冷冻储藏是控制肉毒梭菌生长和毒素产生的重要措施。

（6）其他致病菌

食品除了受到以上常见致病性细菌污染外，还有可能受到其他一些致病细菌的污染，从而引起食物中毒。

1）变形杆菌（*Proteusbacillus vulgaris*）。变形杆菌属于肠杆菌科，一般不致病，在4～7℃即可繁殖，是低温菌，可造成低温储藏食品的污染。引起变形杆菌食物中毒的食品主要是动物性食品，特别是熟肉以及内脏的熟制品。因其污染的熟制品通常无感官性状的变化，极易被忽视而引起感染型食物中毒。防止污染、控制繁殖和食用前彻底加热杀灭病原菌是预防变形杆菌食物中毒的三个主要环节。

2）志贺氏菌（Shigella）。志贺氏菌是人类细菌性痢疾最为常见的病原菌，俗称痢疾杆菌。志贺氏菌对理化因素的抵抗力比其他肠道杆菌弱。对酸和化学消毒剂敏感，不耐热，耐低温，在冰块中能存活 96 天。致病因子包括侵袭力（利用菌毛黏附于人体肠壁上皮细胞）、内毒素和外毒素。与志贺氏菌食物中毒相关的食品是色拉、海产品、水果、蔬菜、禽肉等，大多是污染食品冷藏不当而引发疾病。

3）布鲁氏杆菌（Brucella）。布鲁氏杆菌经直接接触受污染动物的分泌物和排泄物传播，饮用未经消毒的牛奶、羊奶或食入含有活的布鲁氏杆菌的奶制品都会引起布鲁氏杆菌病。本病流行于世界各地，我国多见于内蒙古及东北、西北等地的牧区。

4）单核细胞增生李斯特氏菌（*Listeria monocytogenes*）。单核细胞增生李斯特氏菌能在低温条件下生长，且患者死亡率高，为 20%～30%，为人兽共患的致病菌和细胞类寄生菌。所引起的食物中毒主要是大量李斯特氏菌的活菌侵入肠道所致，此外与其溶血素 O 有关。易感者为新生儿、孕妇及 40 岁以上的成人。除人类外，至少有 42 种野生和家养的哺乳动物和 17 种禽类携带单核细胞增生李斯特氏菌；同时，在腐烂的植物、土壤、动物粪便、污水、青储饲料中也发现有单核细胞增生李斯特氏菌的存在。带菌食品主要有牛乳、冰箱冷藏肉制品等。

5）蜡状芽孢杆菌（*Bacillus cereus*）。蜡状芽孢杆菌常存在于土壤、水、空气和食品中，少数菌株能产生毒素，人类进食受这类蜡状芽孢杆菌污染的食品后，会引起食物中毒。在美国，炒米饭是引发蜡状芽孢杆菌呕吐型食物中毒的主要原因；在欧洲，主要由甜点、肉饼、沙拉和乳、肉类食品引起；在我国主要与受污染的米饭或淀粉类制品有关。蜡状芽孢杆菌食物中毒的发生为大量活菌侵入肠道所产生的肠毒素所致。

二、食品中的真菌性危害

真菌广泛分布于自然界，许多真菌对人类有益，也有一些真菌对人类有害：一是引起食品霉变，使食品失去商品价值；二是真菌产毒素污染食品，引起食物中毒。到目前为止，已经发现了 300 多种化学结构不同的真菌毒素。这些毒素中有些可引起脏器及系统的损害，表现出细胞毒性和遗传毒性，部分真菌毒素已经被证实具有致癌、致畸、致细胞突变的“三致”作用。

由于真菌的生物学特性，作为其次级代谢产物的真菌毒素，广泛污染农作物、食品及饲料等植物性产品。据联合国粮食与农业组织（FAO）报告，全球每年约有25%的农作物遭受真菌及其毒素污染，约有2%的农作物因污染严重而失去营养和经济价值。全球每年因真菌毒素污染而造成的直接及间接损失可能达到数百亿美元。

要有效控制真菌及毒素对食品的污染，预防与食品真菌性危害相关的食源性疾病，保障人类健康，必须对产毒真菌和所产常见毒素有基本的了解，以便在具体实施过程中做到有的放矢。

1. 主要产毒真菌及产毒条件

（1）常见产毒真菌

可以产生毒素的真菌种类很多，但主要是集中在曲霉属（*Aspergillus*）、青霉属（*Penicillium*）和镰孢霉属（*Fusarium*）中的真菌，如产生黄曲霉毒素的黄曲霉菌、产生橘青霉素的橘青霉菌以及产生赤霉烯酮毒素的禾谷镰刀菌。另外，还有引起甘蔗霉变食物中毒的节菱孢属（*Arthrinium*）真菌中的个别种也能产生毒素。

产毒的真菌与真菌毒素间不是绝对的对应关系。一种霉菌菌株可以产生几种霉菌毒素，而同一种霉菌毒素又可以由几种霉菌产生，如岛青霉可产生黄天精、红天精、岛青霉素以及环青霉素等几种毒素，而杂色曲霉毒素则可以由杂色曲霉素、黄曲霉素和构巢曲霉素产生。

几种常见产毒真菌的个体形态如图2—1所示。

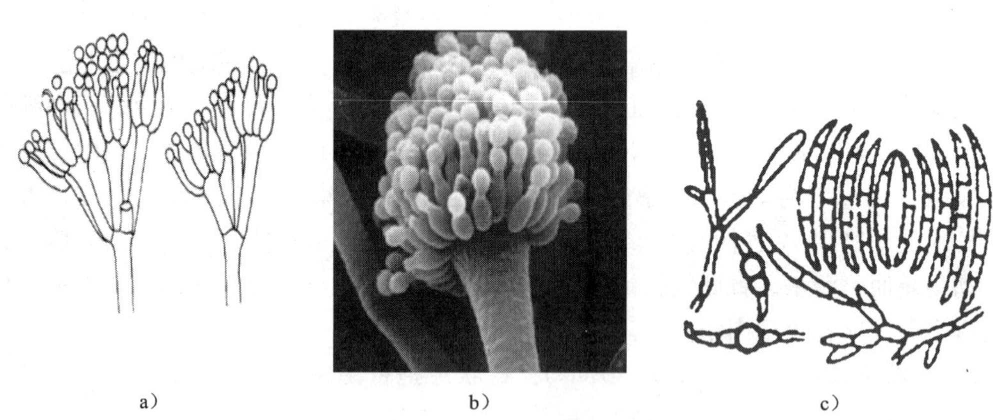

a） b） c）

图2—1 几种常见产毒真菌的个体形态

a）橘青霉 b）黄曲霉 c）镰刀菌

（2）真菌产毒条件

食品被产毒真菌污染，但不一定能在食品中检测出真菌毒素的存在，这种现象的发生有时是受当时检测手段和分析技术手段所限，有时是产毒真菌菌株并没有产生毒素，因为真菌产毒是有条件的，客观条件在很大程度上会影响到产毒能力。即使同一菌株，也会因培养基质的不同使其产毒能力呈现很大的差别。就同一菌株而言，在同样培养条件下，以富含糖类的小麦、大米为基质比以油料为基质的毒素产量要高。不同的营养特性导致不同的产毒真菌在其天然基质的选择上存在一定的差异。同样是粮食作物，镰刀菌在小麦种子上容易繁殖，黄曲霉及黄曲霉毒素在花生、大豆类食品中的污染要比在其他粮食作物中严重得多，而青霉菌则主要污染大米，产生“黄变米”。

另一个影响真菌繁殖和产毒的重要因素是天然基质中的水分含量和所放置环境的相对湿度。食品在储存的过程中，其水分随周围环境的湿度而变化，最终达到平衡水分即水分活度（A_W）。通常情况下，天然基质的水分活度在0.80左右时适合大多数污染真菌产毒，个别真菌需要达到0.91左右。如黄曲霉在水分含量为18.5%的玉米、稻谷、小麦上生长时，于第三天开始产生黄曲霉毒素，于第十天产毒量达到高峰，以后便逐渐减少。黄曲霉的这种产毒迟滞现象意味着高水分粮食需在两天内进行干燥，使粮食水分降至13%以下。棕曲霉和纯绿青霉在粮食含水量为18%以上时产毒量最多。

其次，食品储存的环境温度也在很大程度上影响真菌的增殖和产毒。一般常见的储藏真菌，生长适宜温度为20～28℃，在低于10℃或高于30℃的环境中，生长速率减弱，0℃时几乎不生长。真菌产毒温度略低于生长最适温度。如黄曲霉最适产毒温度为28～32℃，但它最适宜生长温度则为34～37℃。

2. 几种典型的真菌毒素及其危害

癌症目前已成为危害人类健康的大敌，现已查明，粮食、油料及其制品中感染的某些真菌产生的真菌毒素是致癌的重要因素之一。

粮食和油料中自然污染的真菌近百种。在已知化学结构的近300种真菌毒素中，污染普遍、危害严重的主要有十多种，包括：黄曲霉毒素B1和M1；赭（棕）曲霉毒素A（Ochratoxin A，OA）；杂色（柄）曲霉毒素（Terigmatocystin）；展青霉素（Patulin，PTL）；玉米赤霉烯酮（Zearalenone，ZEN（F－2））；三硝基丙酸以及属于单端孢霉烯族化合物（Trichothecenes）的T－2毒素（T－2toxin，T－2）；脱氧雪腐镰刀菌烯醇（呕吐毒素）（Deoxynivalenol，DON）。

（1）黄曲霉毒素

黄曲霉毒素（Aflatoxin，AFT）是由黄曲霉和寄生曲霉所产生的次生代谢产物。具有极强的致癌性和毒性。它是一类化学组成相似的混合物，均有二呋喃环和氧杂萘邻酮（香豆素），并在紫外线的照射下都能发出荧光，黄曲霉毒素的化学结构如图2—2所示。根据荧光颜色的不同，可以把黄曲霉毒素分为B族和G族及其衍生物。发蓝色荧光的为B族，发绿色荧光的为G族。

黄曲霉毒素的主要种类有黄曲霉毒素B1、B2、G1及G2，另外还有两种这些毒素的代谢产物M1和M2。在天然污染的食品中，以黄曲霉毒素B1最常见，其毒性也最强，为真菌毒素中致癌力最强的一种。黄曲霉毒素M1是动物摄入黄曲霉毒素B1后在体内经羟基化代谢的产物，一部分以尿和乳汁的形式排出，一部分存在于动物的可食部分，如乳、肝、蛋类、肾、血和肌肉中，其中以乳最为常见。黄曲霉毒素M1的毒性和致癌性与黄曲霉毒素B1基本相似。由于牛乳及其制品是人类、特别是婴儿的主要食品，所以其危害性更大。

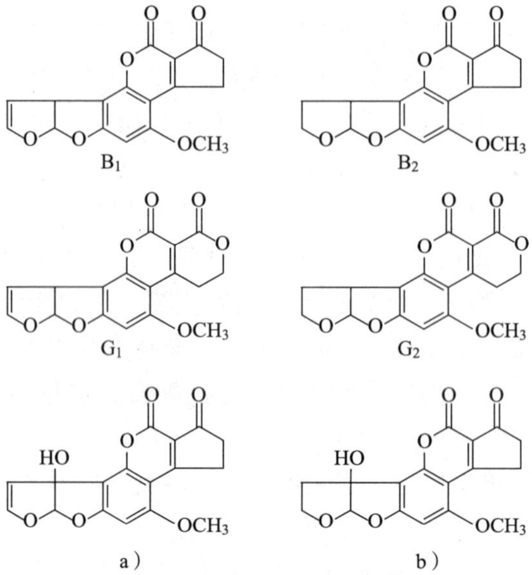

图 2—2 黄曲霉毒素的化学结构

a）M1 b）M2

AFT 主要污染粮油食品、动植物食品等，如花生、玉米、大米、小麦、豆类、坚果类、肉类、乳及乳制品、水产品等均可被黄曲霉毒素污染。其中以花生和玉米污染最严重。家庭自制发酵食品也能检出黄曲霉毒素，尤其是高温、高湿地区的粮油及制品中检出率更高。

黄曲霉毒素的稳定性强。耐热，在 280℃时才会发生裂解而被破坏，所以一般的烹调加工很难将其清除；在中性、酸性溶液中很稳定，在 pH 值为 9～10 的强碱性溶液中能迅速分解，产生钠盐，但此反应是可逆的，在酸性条件下又能形成带有荧光的 AFT。

鉴于黄曲霉毒素对人的严重危害性、对食品污染的广泛性以及强化学稳定性，世界各国对于其污染食品的情况都很重视，并对其在食品中的含量做了严格限制。我国在 1976 年全国食品卫生标准会议上，对食品中的黄曲霉毒素最大允许限量提出了建议，以后制定并颁布了食品中黄曲霉毒素的限量指标，作为食品安全标准，最新版本为 2011 年修订的。食品中黄曲霉毒素 B1 的限量见表 2—3。

表 2—3　　食品中黄曲霉毒素 B1 的限量　　μg/kg

食品类别和名称		最大允许量
谷类及其制品	玉米及其制品	20
	大米	10
	其他谷类	5
豆类及其制品		5
坚果及子类	花生及其制品	20
	其他熟制坚果及子类	5

续表

食品类别和名称		最大允许量
植物油脂	花生油、玉米油	20
	其他植物油	10
酱油、醋、酱		5
婴幼儿配方食品（以粉状计）		0.5
婴幼儿谷类辅助食品		0.5

（2）赭曲霉毒素

赭曲霉毒素（Ochratoxin，OT）是曲霉菌属和青霉菌属的某些种产生的二级代谢产物，基本结构为苯甲酸异香豆素，包含七种结构类似的化合物。其中赭曲霉毒素A（Ochratoxin A，OTA）在自然界分布最广泛，毒性强，对人类和动植物影响大。它是一种稳定的无色结晶化合物，溶于极性溶剂和碳酸氢钠溶液，微溶于水，在紫外线照射下呈绿色荧光。OTA的熔点为134℃，耐热，焙烤只能使其毒性减少20%，蒸煮对其毒性不具有破坏作用。但在谷物中会随时间的延长而降解。

赭曲霉毒素的产毒菌较多，包括赭曲霉、疣孢青霉和碳黑曲霉，在自然界分布广泛，因此可污染多种农作物和食品。包括谷类、豆类及豆制品、干果、咖啡、葡萄及葡萄酒、香料、油料作物、啤酒、茶叶等均可被污染。动物饲料中污染也较严重，动物进食被污染的饲料后会在体内蓄积，因此在动物性食品，尤其是猪的肾脏、肝脏、肌肉、血液及奶和奶制品等中常被检出。

赭曲霉毒素的急性毒性较强，对雏鸭的经口LD50仅为0.5 mg/kg体重，属于极毒类物质。赭曲霉毒素中毒死亡的原因是肝、肾的坏死性病变。此外，已发现赭曲霉毒素具有致畸性，但未发现其具有致癌和致突变作用。

（3）杂色曲霉毒素

杂色曲霉毒素（Sterigmatocystin，ST）是由杂色曲霉（Aspergillus uersicolor）和构巢曲霉（A. nidulans）等真菌产生的一类结构类似的化合物，也是黄曲霉和寄生曲霉合成AFT过程后期的中间代谢产物。环境温度和湿度是影响ST产生的重要因素，环境湿度提高，其毒性水平也提高。杂色曲霉毒素耐热，熔点为246℃，不溶于水。

杂色曲霉毒素主要污染玉米、花生、大米和小麦等谷物，但污染范围和程度不如黄曲霉毒素。

杂色曲霉毒素的急性毒性不强，对小鼠的经口LD50为800 mg/kg体重以上，其慢性毒性主要表现为肝和肾中毒。杂色曲霉毒素具有较强的致癌性，以0.15～2.25 mg/只的剂量饲喂大鼠42周，有78%的大鼠发生原发性肝癌，且有明显的量效关系。在Ames试验（污染物致突变性检测）中杂色曲霉毒素也显示出强致突变性。

（4）玉米赤霉烯酮（ZEA）

玉米赤霉烯酮即F2雌性发情毒素，首先从赤霉病玉米种分离得到，是由禾谷镰孢、黄色镰孢、木贼镰孢、半裸镰孢、茄病镰孢等菌种产生的。镰孢菌种在玉米上生长繁殖一般需要22%～25%的湿度。

玉米赤霉烯酮为白色晶体，耐热，熔点为164～165℃。在长波紫外线下，ZEA呈蓝绿的荧光。

ZEA主要作用于生殖系统，家畜ZEA中毒的病理改变主要表现为阴道和子宫颈膜间质水肿、细胞退行性病变和变形。人误食一定量的ZEA污染食品后会对女性妊娠、排卵及胎儿的发育造成影响。

玉米赤霉烯酮主要污染玉米，大麦、小麦、燕麦、稻谷、蚕豆、甘薯、甜菜、芝麻等也可被污染。虫害、潮湿气候及储存不当均可诱发玉米赤霉烯酮的产生。

国家标准《粮食卫生标准》（GB 2715—2005）规定小麦、玉米中玉米赤霉烯酮的限量为60 μg/kg。

（5）橘青霉素

橘青霉素是一种柠檬黄色针状结晶，熔点为172℃，纯橘青霉素很难溶于水，对荧光敏感，无论在酸性还是碱性溶液中均可受热分解。橘青霉素具有显著的抗细菌活性。

橘青霉素产生菌很多，主要是橘青霉，另外还有纠缠青霉、扩展青霉等。橘青霉易侵染大米，尤其是加工精磨后的大米，被侵染的米粒呈蛋黄色，无病斑，进一步发展便会在黄色米粒上出现青色菌丝，受到侵染的米粒在紫外线照射下会发出黄色荧光。在花生、小麦、大麦、燕麦和黑麦中都曾有检出橘青霉素的报告。

橘青霉素是一种肾毒素。它所引起的食物中毒临床表现为急性或慢性肾病，并伴随多尿、口渴、呼吸困难的症状。它对小肠平滑肌具有兴奋作用，可导致动物机体胃肠功能紊乱，发生腹泻；另外，橘青霉素可与人体血液中的白蛋白结合，阻碍其正常的生理功能。

（6）黄天精

黄天精在苯溶剂中重结晶后呈黄色的六面体针状结晶，熔点为287℃。

黄天精曾被称为黄变米毒素。在$Na_2S_2O_3$水溶液中，黄天精可成为岛青霉素；用甲酸处理，则其可成为虹天精和岛青霉素。

产生黄天精和环氯素的霉菌主要是岛青霉。

受岛青霉侵染的稻米米粒呈黄褐色，后为白垩色，有臭味，无荧光。黄变米可引起肝硬变。稻谷在收获后如不及时脱粒、干燥就堆放，很容易引起发霉。发霉谷物脱粒后即形成“黄变米”或“沤黄米”，黄变米在我国南方、日本以及其他热带和亚热带地区比较普遍。除稻米外，岛青霉还可侵染玉米、小麦和大麦。

黄天精已经被证明对动物有致癌作用。中毒时主要表现为肝脏病变。如果小鼠每天饲喂0.05 g黄变米，持续两年可诱发肝癌。流行病学调查发现，肝癌发病率与居民过多食用霉变的大米有关。吃黄变米的人会引起中毒（肝坏死和肝昏迷）和肝硬化。

除了以上几种真菌毒素外，麦角菌污染高粱是近年来一些国家出现的新问题。麦角菌污染小麦或高粱后，在小麦或高粱中可能会有麦角生物碱存在。该生物碱会使外周毛细血管收缩，进而导致缺氧和四肢的坏疽。目前，麦角毒素案件仍有发生。

3-硝基丙酸是节菱孢属（Arthrinium）真菌中的一些种污染甘蔗后所产生的烈性毒

素，属神经毒素。人误食霉变甘蔗后，可造成脑水肿和肺、肝、肾等脏器充血，从而出现恶心、呕吐、头晕、抽搐、大小便失禁等症状，如治疗不及时会得后遗症，甚至会导致中毒病人因呼吸衰竭而死亡。

3. 防止真菌污染及真菌毒素危害的措施

真菌种类多，生长条件各异，其产毒的要求和所产生的真菌毒素的毒性也不同，但大多数真菌（事实上的霉菌）的生长都要求较高的温度和湿度。同时，真菌毒素大多不溶于水，有很强的耐热性，通常的加工方法很难将食品中的毒素去除。所以，采取积极主动的预防措施，防止产毒真菌直接污染食品，是防止真菌毒素污染和真菌毒素危害的一种经济、方便的方法。

预防真菌毒素污染食品可采取以下措施：

（1）隔离和消灭产毒真菌源区，尽量减少产毒真菌及其毒素污染无毒食品。

（2）严格控制食品的储藏、运输等环境条件，抑制易染真菌在食品中大量繁殖及产生毒素。

（3）抗病育种。

（4）做好食品加工前的原料毒素检测。

三、食源性病毒危害

病毒是导致食源性疾病的重要原因之一，美国每年发生的食源性疾病中，超过半数是由病毒感染引起的，绝大多数病毒引起的食源性疾病是由于消费者食用了含有病毒的水、土壤污染的食品，或者食用了经病毒携带者手工加工的食品而引起的。通常把这种以食物为载体导致人类患病的病毒（包括以粪—口途径传播的病毒和以畜产品为载体传播的病毒）称为食源性病毒。这些食源性病毒在其蛋白质外壳保护下，对极端 pH 环境和肠道中的消化酶都很稳定，能够在食品加工、储藏以及人体消化过程中生存和潜伏下来，然后以食品作为媒介，通过感染病人的粪便，经口传播和扩散造成食源性疾病大规模爆发流行。

1. 食源性病毒危害的特点

与食品中的其他微生物危害相比，食源性病毒危害存在以下特征：

（1）食源性病毒在食品中无力扩增，需要借助哺乳动物细胞进行复制。

（2）在食品中存在的数量比其他微生物少，但病毒能够在食品中存活数天甚至数周而不丧失感染性。

（3）许多抑制食品中微生物的传统工艺（如 pH 值、温度、水分活度等）不能很好地控制病毒繁殖。

（4）人类感染食源性病毒需要的量低。

（5）受病毒污染食品的感官性状变化难以察觉。

（6）爆发具有自限性。

2. 主要食源性病毒的种类

目前已经发现 150 多种病毒，但是从食品安全的角度只需考虑对人类有致病作用的病毒。与食源性感染有关的（指那些能感染肠道细胞，并经粪便或呕吐物排泄出来的病毒）只有数种。

根据病毒引起人类疾病的流行病学和临床特点，可将食源性病毒分为：呕吐类，如诺瓦克病毒等；肝炎类，如肝炎病毒等；水样腹泻类，如轮状病毒、星状病毒、肠道腺病毒、诺瓦克病毒等；其他。

（1）甲型肝炎病毒（Hepatitis A Virus，HAV）

HAV是通过食品传播的最常见的一种病毒，可导致爆发性、流行性病毒性肝炎。其病毒颗粒能耐受80℃的高温、pH低至3的酸性条件等外界因素，被认为是在各种条件下抵抗外界条件变化能力最强的病毒。易感人群随所属国家的卫生条件而异。发展中国家，特别是热带地区，易感人群一般为幼儿；在一些经济发达、民族众多的大国，HAV感染率随年龄而递增；在北欧、瑞士等经济和文化发达、人口较少的国家，HAV抗体基本只存在于40岁以上的人群中。

粪—口途径是HAV的主要传播途径，水和食物的传播是爆发性流行的主要传播方式。

（2）疯牛病病毒

引起牛海绵状脑病（Bovine Spongiform Encephaiopathy，BSE），又称疯牛病。BSE的病程一般为14～90天，潜伏期长达4～6年。这种病多发生在4岁左右的成年牛身上。其症状不尽相同，多数病牛中枢神经系统出现变化，行为反常，烦躁不安，对声音和触摸，尤其是对头部触摸过分敏感，步态不稳，经常乱踢以至于摔倒、抽搐。发病初期无上述症状，后期出现强直性痉挛，粪便坚硬，两耳对称性活动困难，心搏缓慢（平均50次/min），呼吸频率增快，体重下降，极度消瘦，以至于死亡。

食用被疯牛病污染了的牛肉、牛脊髓的人，有可能染上致命的克罗伊茨费尔德—雅各布氏症（简称克—雅氏症），其典型临床症状为出现痴呆或神经错乱，视觉模糊，平衡障碍，肌肉收缩等。病人最终因精神错乱而死亡。

（3）禽流感病毒（Avian Influenza）

禽流感病毒引起禽流感，属于甲型流感病毒，也称为高致病性禽流感（HPAI）。禽流感病毒主要是H5和H7亚型，我国香港地区1997年爆发的禽流感为H5型。由于禽流感病毒的变异，H5N1亚型高致病性禽流感病毒对人有感染性，越南有几十个人确证死于H5N1亚型禽流感病毒的感染。

禽流感病毒在外界环境中存活能力较差，耐热力较低，加热至60℃、持续10 min或加热至700℃、持续2 min即可使其侵染性减弱。常用消毒剂就能杀死环境中的病毒。

病禽和带毒的禽是主要的传染源。禽流感病毒主要存在于病禽或感染禽的消化道和呼吸道，也存在于病禽的所有组织中，即使稀释几亿倍，仍可使易感的成年鸡发病死亡。它可随眼、鼻等分泌物及粪便排出体外。

禽流感能够突破种间屏障，直接感染人并可造成死亡。人患禽流感的症状主要表现为高热、咳嗽、流涕、肌肉疼痛等，多数伴有严重的肺炎，严重者心、肾衰竭而死亡。

与部分病毒传染相关的食品见表2—4。

表 2—4　与部分病毒传染相关的食品

病毒	相关食品
甲型肝炎病毒	污染水域的贝类、色拉、原料和饮用水，未煮过的食品与煮熟的、经带菌者接触而未再加热的食品
诺瓦克病毒	未充分加热的贝类、感染病毒的食品加工人员接触后的即食食品（如色拉、三明治、冰糕、饼干和水果等）
轮状病毒	被粪便污染的食品、感染病毒的食品加工人员接触后的即食食品（如色拉和水果等）
腺病毒、杯状病毒、星状病毒等	被粪便污染的食品、感染病毒的食品加工人员接触后的即食食品、某些贝类

3. 食源性病毒危害的预防及控制措施

许多食源性病毒引起的疾病还没有很好的治疗方法，控制病毒对食品和水源等的污染是预防及控制食源性病毒危害的关键环节。主要措施包括规范农业生产；提高贝类高危食品的标准（应包括病毒指标）；加强动物及动物性食品检验检疫，有效控制疫情；加强食品从业人员的卫生教育等。就食品加工业来说，讲究卫生和严格食品加工的安全操作是预防和杜绝食源性病毒危害所必需的，具体可从以下三个方面考虑：

（1）保证食品从业人员的健康。携带病毒的食品从业人员是食源性病毒污染食物（尤其是即食食品）的一个主要原因，所以，出现病毒感染症状的员工应远离食品，同时，食品企业员工应及时接种疫苗。

（2）在生产过程中遵循良好的卫生操作规范，感染的食物应废弃，场地应彻底消毒。

（3）完善清洗和消毒工艺。目前对水果、蔬菜、双壳贝类等生鲜食品的清洗大多只能除去表面的灰尘、昆虫、杂物等，去除微生物的效果不是很好，尤其是病毒。有学者报道，用饮用水清洗鲜切的莴苣、胡萝卜、茴香 5 min，只能使 HAV 减少 0.1～1 个对数含量；有些肠道病毒能够在无生命环境表面（如不锈钢、玻璃和塑料等）存活并保持感染性。另外，冷却、冷冻、酸化、降低水分活度、气调保藏、热处理等用来降低细菌含量的传统保藏方法中，除热处理可以明显减少病毒含量外，其他方法对病毒的杀灭效果都不理想。由此可见，以抑制和消灭病原菌为目的的食品保藏工艺不能有效地防止食源性病毒的感染，需要开发杀灭病毒的安全新工艺。

四、食品中的寄生虫危害

寄生虫是需要有寄主才能存活的生物。世界上存在几千种寄生虫。其中约 20%的寄生虫在食物或水中发现。迄今为止，所知的通过食品感染人类的寄生虫不到 100 种。对大多数食品中的寄生虫而言，食品是它们自然生命循环的一个环节，它们将随着食品被食入而感染人类，并引起人类这个宿主发病。通常把由于摄入了被寄生虫或其虫卵污染的食物而感染的寄生虫病称为食源性寄生虫病，将通过食品感染人体的寄生虫称为食源性寄生虫。

食源性寄生虫主要包括原虫、吸虫、绦虫和线虫等。

1. **囊尾蚴**（Cysticercus cellulosae）

囊尾蚴是绦虫的幼虫，因寄生在寄主的横纹肌和结缔组织中呈包囊状而得名，引起动物的囊虫病。动物体内的囊尾蚴有多种，包括猪囊虫、牛囊虫、羊和骆驼的囊虫。除羊囊虫外，猪、牛、骆驼的囊尾蚴均可感染人，使人患绦虫病。

（1）病原体

囊尾蚴的一生大致包括四个时期，即成虫—虫卵和孕节—六钩蚴—囊尾蚴。虫卵期、孕节期、囊尾蚴期都会感染人类。

成虫可以是有钩绦虫（如猪肉绦虫），也可以是无钩绦虫（如牛肉绦虫）。绦虫一般为乳白色，扁长如带，由800～1 000个节片组成，略透明，体长2～5 m。

幼虫阶段是囊尾蚴，又称囊虫，呈卵圆形白色半透明的囊，尺寸为（6～10）mm×5 mm。包囊的一端为乳白色不透明的头节，头节有吸盘和钩，牛囊虫的头节有吸盘没有钩。囊虫位于肌纤维的结缔组织中，长径与肌纤维平行。

（2）致病机理和临床症状

猪囊尾蚴主要寄生在骨骼肌，其次是心肌和大脑。含有猪囊尾蚴的病猪肉，瘦肉中有呈黄豆样大小不等，乳白色，半透明的水泡，犹如肉中夹着米粒，俗称“米猪肉”。人如果食用了囊尾蚴未死亡的米猪肉，在人体肠液和胆汁的刺激下，囊中的头节可伸出包囊，以带钩的吸盘牢固地吸附在人的肠壁上，从中吸取营养并发育成成虫，即绦虫，使人患绦虫病。在人体内寄生的绦虫可以存活3～10年之久，甚至15～17年。除了人以外，犬、猫等动物也可作为终寄主。另外，人还可以做中间寄主，即人食用受虫卵污染的食物后，由于胃肠道逆蠕动，把自身小肠中寄生的绦虫孕卵节片逆行入胃，这些虫卵经消化道进入人体各组织，特别在横纹肌中发育成囊尾蚴，使人患囊尾蚴病。

以牛肉绦虫为代表的无钩绦虫的终末寄主也是人，感染过程与上述有钩绦虫相似，但中间寄主只有牛，且囊尾蚴只寄生在横纹肌中。

无论人患绦虫病还是囊尾蚴病，人体健康均会受到影响，尤其是囊尾蚴的危害更大。如囊尾蚴侵入肌肉时，会让人感到肌肉酸痛和僵硬。侵害皮肤，皮下会有囊尾蚴结节。侵入眼中，会影响视力，甚至失明。寄生在脑内，会出现神经症状，造成抽搐、癫痫、瘫痪等症状，严重时会导致突然死亡。

（3）控制措施

控制的原则是切断病原体从一个寄主转移到另一个寄主。综合考虑病原体的生理特性和污染途径，通常应从以下几个方面来开展相关预防及控制工作：加强肉品卫生检验，防止患囊尾蚴的猪肉或牛肉进入消费市场；加强对消费者的宣传教育，注意饮食卫生，做到不食用生肉或半生不熟的肉，及时清洗跟肉发生接触的刀、砧板等用具和器皿，坚持生熟分开的原则；加强人类粪便的处理和厕所管理，杜绝猪或牛吞食人类粪便中可能存在的绦虫的节片或虫卵。

2. **旋毛虫**（Trichinella spiralis；Trichina）

旋毛虫属于线虫，可引起人畜共患的旋毛虫病。对人危害很大，能致人死亡。在一些高发省份和地区猪的感染率高达10%～30%，狗的感染率高达30%～50%。因此，旋毛虫病的预防及控制在食品卫生学中有着重要的意义。

（1）病原体

旋毛虫为很小的线虫，肉眼不易看见，雌雄异体。成虫寄生在寄主的小肠内，幼虫寄生在寄主的横纹肌内，卷曲成螺旋形，外面有一层呈柠檬状的包囊，包裹大小为（0.25～0.66）mm×（0.21～0.42）mm。一个囊包内通常含1～2条卷曲的幼虫，也可多达6～7条。

（2）致病机理和临床症状

旋毛虫的主要致病阶段是幼虫。致病过程包括连续的三个过程，即侵入期、幼虫移行期和囊包形成期。

人感染旋毛虫主要是通过生食或半生食含活幼虫囊包的肉类及其制品（尤其是猪肉及其制品）所致，被感染者常终生带虫，通常表现为原因不明的常年肌肉酸痛和无力，似风湿，重者丧失劳动能力。急性期患者主要表现为发烧、面部水肿、肌痛、腹泻症状，往往持续数周，从而造成机体严重衰竭；重度感染者可造成严重的心肌及大脑损伤，从而导致死亡。

（3）控制措施

猪的肌肉旋毛虫对热（77℃左右）及低温抵抗力不强，但包囊内的幼虫抵抗力很强，盐腌、烟熏都不能杀死肉块深部的虫体。盐腌肉块深部的包囊幼虫可保持活力达1年以上，腐败的肉中幼虫能活100天以上，并保持感染力。因此，控制旋毛虫病流行的关键是避免食用含旋毛虫的肉类或被其污染的动物组织；同时，避免用肉类下脚料饲喂动物，防止疾病在动物之间进行传播。控制措施包括两个方面，一是做好传染源的管理。通过严格进行动物屠宰检疫，防止感染旋毛虫的动物产品流入市场；提倡圈养和用熟饲料喂养动物，避免动物感染；大力消灭老鼠，防止其污染食物。二是切断传播途径。通过卫生宣传教育，使消费者对旋毛虫有所认识，改善个人卫生习惯，改变吃生或半熟肉制品的不良饮食习惯。

3. 刚地弓形虫（Toxoplasma）

刚地弓形虫是一种细胞内寄生的原虫，宿主十分广泛，可寄生在人和多种动物中，引起人畜共患的弓形虫病。

（1）病原体

刚地弓形虫发育包括无性生殖和有性生殖两个阶段，全程需要两个宿主。猫为终宿主（有性生殖阶段），人和其他动物是中间宿主（无性生殖阶段）。

刚地弓形虫的生活史包括滋养体、包囊、裂殖体、配子体和卵囊五种形态，但对人体致病及与传播有关的发育期为滋养体、假包囊、包囊和卵囊。

滋养体呈弓形或半月形，对温度敏感，不是主要传染源；假包裹是由宿主细胞膜包绕的虫体（速殖子）集合体。假包裹中的速殖子在分裂的同时还分泌出一层富有弹性的坚韧囊壁，形成内含数个至数千个虫体（缓殖子）的包裹。包囊能长期在寄主组织内生存，在猪、犬体内可生存7～10个月；还对低温有强的抵抗力，冰冻状态下可存活30

天。卵囊呈圆形或椭圆形，具有两层光滑、透明的囊壁，内含两个孢子囊，每个孢子囊含4个新月形孢子。卵囊在自然界也可长期生存。

（2）致病机理和临床症状

滋养体和假包囊是弓形虫的主要致病阶段，其在细胞内寄生和迅速繁殖，以至于细胞被破坏，速殖子逸出后又侵犯邻近的细胞，如此反复破坏，引起组织的急性炎症反应、水肿、单核细胞和少数多核细胞浸润。包囊在宿主体内一般反应轻微，包囊内缓殖子是引起慢性感染的主要形式，包囊也是中间宿主之间或中间宿主与终宿主之间互相传播的主要感染虫期。包囊常因缓殖子增殖而体积增大，挤压器官，可导致功能障碍。

由于刚地弓形虫可寄生在除红细胞外的几乎所有有核细胞中，因此，弓形虫感染可引起多脏器损害，临床表现有发热、不适、夜间出汗、肌肉疼痛、咽喉疼痛，并常累及脑和眼部，如脑炎、视网膜脉络膜炎、癫痫等。部分病人还有淋巴结肿大、肝炎、心肌炎等症状。

（3）控制措施

加强对动物饲养的管理，定期对畜牧业从业人员进行健康检查，做好粪便无害化处理工作；加强肉品检验的监测，防止携带刚地弓形虫的肉品进入市场；加强对食品加工从业人员的教育与培训，严格操作规范，坚持生熟食品隔离。

4. 其他寄生虫

（1）华支睾吸虫

华支睾吸虫又称肝吸虫，是肝吸虫病的病原体，肝吸虫病主要分布于东亚和东南亚地区。

华支睾吸虫雌雄同体，一生经过成虫、卵、毛蚴、胞蚴、雷蚴、尾蚴、囊蚴七个阶段，需要两个或两个以上的宿主，对人和哺乳动物的感染期为囊蚴。动物或人食入带囊蚴的食物（淡水鱼、虾类）后，囊蚴会在人体或动物体内继续生长发育为成虫，最后进入肝胆管内寄生，并产出虫卵，虫卵随粪便排出体外，进入水中，被淡水螺（第一中间宿主）吞食。在螺体内，毛蚴从卵内孵出，经胞蚴、雷蚴、尾蚴的发育，释放出大量尾蚴，进入第二中间宿主——鱼、虾的体内，再发育成囊蚴。

华支睾吸虫侵入人体后，主要造成肝部受损，受损的程度取决于感染的轻重，还与病人的健康与营养状况有关，中度感染者以消化系统的症状为主，感染严重时可造成肝硬变性腹水，甚至死亡。

肝吸虫病流行需要传染源、中间宿主、人们的饮食习惯三个环节，所以，华支睾吸虫的控制关键是：改变生吃鱼、虾的饮食习惯；合理处理粪便；对鱼塘消毒。

（2）布氏姜片吸虫

布氏姜片吸虫（Fasciolopsis buski）简称姜片虫，是寄生于人体小肠中的大型吸虫，可致姜片虫病。布氏姜片吸虫需有两种宿主才能完成其生活史。中间宿主是扁卷螺，终宿主是人和猪（或野猪）。以菱角、荸荠、茭白、水浮莲、浮萍等水生植物为传播媒介。布氏姜片吸虫对人体的危害包括机械性损伤及由虫体代谢产物引起的变态反应。感染严重时出现腹痛和腹泻，并表现消化不良，排便量多，稀薄而臭，或腹泻与便秘交替出现，甚至发生肠梗阻。

(3) 兰氏贾第鞭毛虫

兰氏贾第鞭毛虫（Giardia lamblia Stiles，1915）简称贾第虫，是单细胞原生动物，借助鞭毛运动，引起贾第鞭毛虫病。兰氏贾第鞭毛虫存在于水域环境中，其细胞可形成包囊，包囊是兰氏贾第鞭毛虫存在于水和食品中的主要形式，也是其感染形式。人摄入包囊一周后发病，症状有腹泻、腹绞痛、恶心、体重下降，疾病可以持续1～2周，但有的慢性病例可以持续数月到数年，该病难以治愈，感染剂量低，摄入1个以上包囊就可发病。流行主要与污染的水及进而造成的食品污染有关。各种人群都可发生感染，但儿童比成年人发病率更高，而成年人慢性病例多于儿童。

第二节 食品中的化学性危害

食品的化学性危害是指有毒的化学物质污染食品而引起的危害，包括常见的化学性食物中毒。食品中的化学性危害对人类健康的影响可以是长期的（即慢性危害），如三致作用；也可以是短期的（即急性危害），如误食农药而导致的急性中毒。食品中的化学性危害可以发生在食品生产过程中的任一阶段，即“从农田到餐桌”。导致食品出现化学性危害的因素包括来自食品原料本身存在的天然毒素或其代谢产物；食品原料种（养）植（殖）过程中所遭受的环境污染物、农药残留、兽药残留；食品加工、储藏过程中滥用、乱用的食品添加剂；不合格的食品包装材料及食品在加工烹调过程中产生的有害物质。

一、食品中的天然毒素

人们总以为天然的食品就是安全的，事实上并非如此。在人类最重要的动植物食物资源中，有些含有天然有毒物质，如果在食用之前处理不当或不合理食用，同样会引起人类食源性中毒，对人类健康和生命有较大的危害。了解这些天然有毒物质的相关特性对于安全饮食和食品的合理加工有着重要的意义。

1. 概述

(1) 基本概念

1) 动植物天然有毒物质。是指有些动植物中存在的某种对人体健康有害的非营养性天然物质成分；或者因储存方法不当，在一定条件下产生的某种有毒成分。

2) 天然毒素。是指生物本身含有的或者是生物在代谢过程中产生的某种物质中存在的天然有毒物质成分。

3) 食物过敏与过敏原。食物过敏是指人体免疫系统对特定食物产生的不正常的免疫反应。食物过敏原也称食品过敏原，是指那些能对特定人群产生免疫反应或过敏反应的蛋白质。食物过敏问题属于食品安全的范畴，人们大都经历过不良食物反应，但只有少数人产生过敏反应。

目前，大约有160多种食物含有可导致过敏反应的食物过敏原，常见的食品有奶、树果、菜子、豆类、蛋类、巧克力、香辛料、鲜果、海产品（虾、贝壳类）等。

（2）引起天然动植物食物中毒的因素

引起天然动植物食物中毒的因素是多方面的。大多数情况出现的天然动植物食物中毒是由于食品成分不正常，食用后引起相应的中毒症状，如鲜黄花菜、发芽的马铃薯等，少量食用就可引起中毒。但是，有时动植物食物中并不含有人们所说的有毒物质，也会造成一些人食物中毒，这里面有遗传因素，也有因食用不当而发生的中毒现象。如乳糖不耐症的人摄入含乳糖的牛奶会出现腹泻症状，有人对菠萝中的蛋白酶过敏；食用不当造成的食物中毒可因食用量过大而引起，如因连日大量食用富含维生素C的荔枝而引起“荔枝病”。

2. 植物源食品中的天然毒素

（1）生物碱

生物碱是一类具有复杂环状结构的含氮有机化合物，主要分布于罂粟科、茄科、毛茛科、豆科、夹竹桃科等120多个属的植物中，有类似于碱的性质，可与酸结合成盐，在植物体内大多以有机酸盐的形式存在。生物碱的种类很多，已知的生物碱有2 000种以上，其生理作用差异很大，引起的中毒症状各不相同。常见的有毒生物碱包括烟碱、吗啡碱、罂粟碱、麻黄碱、黄连碱和颠茄碱（阿托品与可卡因）等。存在于食用植物中的有毒生物碱主要是龙葵碱、秋水仙碱及吡啶烷生物碱。

1）龙葵碱。龙葵碱又叫茄碱、龙葵毒素、马铃薯毒素，在马铃薯、番茄及茄子等茄科植物的块茎（或果实）中广泛存在，但其含量与果实（或块茎）所处状态和部位有关。未成熟的青绿色番茄含有龙葵碱；龙葵碱在马铃薯中的含量在储藏过程中会逐渐增加，并主要集中在马铃薯的芽眼和表皮的绿色部分。

龙葵碱口服毒性较低，人食入0.2～0.4 g才引起中毒，中毒症状在进食毒素10 min～10 h内出现，表现为胃痛加剧，恶心、呕吐，呼吸困难、急促，伴随全身虚弱和衰竭，严重者可导致死亡。龙葵碱食物中毒主要是通过抑制胆碱酯酶的活性造成乙酰胆碱不能被清除而导致。

预防龙葵碱中毒的措施首先是将马铃薯储存在低温、无直射阳光照射的地方，防止其发芽。不吃生芽过多、有黑绿色皮的马铃薯。轻度发芽的马铃薯在食用时应彻底挖去芽和芽眼，并充分削去芽眼周围的表皮，以免食入毒素而引起中毒。不要食用未成熟的番茄。

2）秋水仙碱。秋水仙碱因最初从百合科植物秋水仙中提取出来而得名。它本身并无毒性，但进入人体并在组织间被氧化后，便迅速生成毒性较大的二秋水仙碱，而二秋水仙碱是一种剧毒物质，可毒害人体胃肠道、泌尿系统，严重威胁人类健康。

秋水仙碱主要存在于鲜黄花菜等百合科植物中，食用未经处理或处理不当的黄花菜常会引起中毒。中毒症状一般在进食鲜黄花菜后4 h内出现。轻者口渴、喉干、心慌、胸闷、头痛、呕吐、腹痛、腹泻；重者出现血便、血尿、尿闭和昏厥等。成年人如果一次食入0.1～0.2 mg秋水仙碱（相当于50～100 g鲜黄花菜）即可引起中毒，一次摄入

3～20 mg 可导致死亡。

因秋水仙碱具有易溶于水，加热后易降解的特性，人们在食用鲜黄花菜之前只要做好适当处理即可避免中毒。如在烹调鲜黄花菜前去掉长柄，用沸水焯烫，再用清水浸泡 2～3 h（中间需换一次水）；制作鲜黄花菜必须加热至熟透再食用。当然，将黄花菜加工成干品最好，既利于保藏，又保证消费者的食用安全。

（2）苷类

苷类又称配糖体，是糖或糖的衍生物与另一类非糖物质通过糖的端基碳原子连接形成的化合物。苷类一般味苦，可溶于水和醇中；易在酸性条件下水解或被酶水解，水解的最终产物为糖及苷元。

苷的种类很多，引起植物源食物中毒的苷类物质主要是硫苷（如芥子苷等）、氰苷和皂苷，与食品安全密切相关的主要是后两种。

1）氰苷。氰苷是由氰醇衍生物的羟基和 D-葡萄糖缩合形成的糖苷，因它水解后生成高毒性氰氢酸，所以又叫生氰糖苷。氰苷在植物中分布广泛，具有麻痹咳嗽中枢的药理作用，但食用过量可引起中毒。氰苷对人的致死量以体重计为 18 mg/kg。氰苷的毒性主要来自氰氢酸和醛类化合物的毒性。氰氢酸的毒性主要由其在体内释放的氰根而引起，氰根离子在体内能很快与细胞色素氧化酶中的三价铁离子结合，抑制该酶的活性，使组织不能利用氧。

氰苷的种类很多，与植物源食物中毒有关的化合物主要是苦杏仁苷和亚麻苦苷。苦杏仁苷存在于蔷薇科植物（如杏、桃、李、枇杷等），的核仁中。亚麻苦苷存在于木薯的块根和菜豆中。在我国，引起食物性氰氢酸中毒最常见的食物就是苦杏仁（也有一部分苦桃仁、苦枇杷仁）和木薯。苦杏仁中毒的原因一般是误食生水果核仁，特别是苦杏仁和苦桃仁。而木薯中毒是生食或食入未煮熟透的木薯或喝煮木薯的汤所致。

对食源性氰苷中毒的预防和治疗可根据氰苷的相关特性及中毒机制而进行。首先，不直接食用各种生果仁，对杏仁、桃仁等果仁及豆类在食用前反复用清水浸泡，充分加热，以去除或破坏其中的氰苷；其次，在习惯食用木薯的地区，严禁生食木薯，加工木薯时应水浸去皮；最后，发生氰苷类食物中毒时，应立刻给病人口服亚硝酸盐或亚硝酸酯，解除氰氢酸对细胞色素氧化酶的抑制作用，使细胞继续进行呼吸，再给中毒者服用一定量的硫代硫酸钠进行解毒，使被机体吸收的氰化物转化为硫氰化物而随尿排出。

2）皂苷。皂苷是苷元为三萜或螺旋甾烷类糖苷化合物的总称。因其水溶液或胶体溶液振荡时能形成大量似肥皂状泡沫物而得名“皂苷”，别称皂素、皂甙和皂角苷。皂苷对黏膜尤其是鼻黏膜的刺激较大，内服量过大可引起食物中毒。皂苷主要分布于陆地高等植物中（如豆科、蔷薇科、葫芦科、苋科等），也有少量存在于海星和海参等海洋生物中。

引发食物中毒的主要是菜豆和大豆中的皂苷，一般是食物烹调不当、炒煮不够熟透所致。中毒症状主要是胃肠炎。潜伏期一般为 2～4 h，症状为呕吐、腹泻、头痛、胸闷、四肢发麻，病程短，恢复快，预后良好。

（3）毒蛋白

蛋白质是生物体内最复杂，也是最重要的物质之一。但有些异体蛋白质注入人体组织后会干扰人体中其他大分子作用，导致生物机能受到破坏，这类蛋白质对于该生物体来说就是毒性蛋白质。毒蛋白可以存在于微生物、植物和动物体中。来自于植物源食物的毒性蛋白质主要包括两类，一是植物外源凝集素，二是消化酶抑制剂。

1）植物外源凝集素。植物外源凝集素又称植物性血细胞凝集素，是植物合成的一类对红细胞有凝聚作用的糖蛋白，如红细胞凝集素、蓖麻凝集素等。外源凝集素广泛存在于800多种植物（主要是豆科植物）的种子和荚果中。其中有许多种是人类重要的食物原料，如大豆、菜豆、刀豆、豌豆、小扁豆、蚕豆和花生等。

外源凝集素由多个糖分子蛋白质亚基结合而成，为天然的红细胞抗原，具有凝聚和溶解红细胞的作用；同时，外源凝集素可专一性结合碳水化合物，当它与人肠道上皮细胞的碳水化合物结合时，可造成消化道对营养成分吸收能力的下降，从而造成动物营养素缺乏和生长迟缓。外源凝集素急性中毒的潜伏期为30 min～5 h，发病初期多数患者感到胃部不适，继而以恶心、呕吐、腹痛为主，部分病人可有头晕、头痛、出汗、畏寒、四肢麻木、胃部灼烧、腹泻的症状，一般不发热，病程为数小时或1～2天，预后良好。儿童对大豆血球凝集素较敏感。

外源凝集素比较耐热，80℃数小时不能使之失活，但100℃下1 h可破坏其活性。因此，扁豆等豆类中毒常见于加热不彻底，如开水漂烫后做凉拌菜、冷面料等。而炖食一般不会发生中毒现象。豆浆应煮沸后继续加热数分钟才可食用，避免“假沸”现象；用蓖麻作为动物饲料时，必须严格加热，以去除饲料中的蓖麻凝集素。

2）消化酶抑制剂。许多植物的种子和荚果中存在动物消化酶的抑制剂，如胰蛋白酶抑制剂、胰凝乳蛋白酶抑制剂和α-淀粉酶抑制剂。这类物质实质上是植物为繁衍后代，防止动物啃食的防御性物质，豆类和谷类是含有消化酶抑制剂最多的食物，其他如土豆、茄子、洋葱等也含有此类物质。

胰蛋白酶抑制剂对热稳定性较高。在加热到80℃仍残存80％以上的活性，延长保温时间，并不能降低其活性。采用100℃处理20 min或120℃处理3 min的方法，可使胰蛋白酶抑制剂丧失90％的活性。这种热处理失活条件在大豆食品的加工中完全可以达到，所以，食物中大豆胰蛋白酶抑制剂的活性可通过加热工序降低。

（4）蔬菜中的硝酸盐和亚硝酸盐

在叶类蔬菜（如菠菜、小白菜、甜菜叶、萝卜叶、韭菜等）中含有较多的硝酸盐和极少的亚硝酸盐。因为能主动从土壤中富集硝酸盐，蔬菜中硝酸盐的含量一般高于粮食谷物类，尤以叶菜类蔬菜中含量最高。人体摄入的NO^{3-}中80％以上来自所吃的蔬菜。当蔬菜中的硝酸盐在一定条件下还原为亚硝酸盐，并蓄积到一定浓度时，食用后就会引起中毒。短时间内摄入大量含亚硝酸盐的蔬菜而引起的植物中毒称为肠源性紫绀或肠源性青紫病。

亚硝酸盐是强氧化剂，进入血液后，迅速将血液中的低铁血红蛋白氧化成高铁血红蛋白，形成高铁血红蛋白症，而使血红蛋白失去运输氧气的功能，导致机体组织缺氧，出现青紫症状而中毒。因中枢神经系统对缺氧最为敏感，所以首先受到损害，引起呼吸困难、循环衰竭、昏迷等。正常人体内高铁血红蛋白仅占血红蛋白总量的0.5%～2%；高铁血红蛋白占血红蛋白总量为30%以下时，通常不出现症状；高铁血红蛋白含量达30%～40%时出现轻微症状；超过60%时即有明显缺氧的症状；超过70%时可导致人死亡。亚硝酸盐对人毒性大，摄入0.3～0.5 g纯亚硝酸盐即可引起中毒，致死量为3 g。

蔬菜中的亚硝酸盐含量与蔬菜的新鲜程度、腌制时间和食用前的存放时间存在一定关系。通常情况下，腐烂蔬菜中的亚硝酸盐含量比新鲜蔬菜高；蔬菜腌制2～4天内亚硝酸盐含量逐渐增多，20天后又降到低水平；熟菜存放过久会增加亚硝酸盐的含量。

（5）酚类—棉酚

棉酚是棉籽中的一种芳香酚，存在于棉花的叶、茎、根和种子中，在棉籽饼与粗制棉籽油中的含量均较高。人食入含游离棉酚较高的棉子油后会出现急性中毒和慢性中毒症状。

游离棉酚是一种细胞原浆毒，具体毒作用机制还不十分清楚。人食入后，由胃肠道吸收，对胃肠道黏膜有强烈的刺激作用。吸收后随血液分布于全身各个器官。它能损害人体肝、肾、心等脏器及中枢神经，中毒症状主要表现是引起“烧热病”，有皮肤潮红、烧灼难忍、口干、无汗或少汗，并伴有四肢麻木、心慌无力等症状。同时，影响生殖系统的功能，如引起男性睾丸损伤，导致多数病人精液中无精子或精子减少；引起女性出现闭经、子宫萎缩，导致不育症。还能引起低血钾，出现肢体瘫软等症状。

因治疗棉酚中毒无特效解毒剂，故加强宣传教育，做好预防工作是关键。一是在产棉区宣传生棉子油的毒性，做到勿食粗制生棉子油，棉子应经粉碎、蒸炒、加热、脱毒后再榨油，榨出的毛油再加碱精炼，以破坏其中的棉酚；其次是生产厂家的质检部门应对棉子油中的游离棉酚进行严格检验，产品符合国家标准《食用植物油卫生标准》（GB 2716—2005）的规定方可出厂，以免棉酚超标的棉子油流入市场被食用。

（6）其他

1）硫胺素酶。蕨类植物（蕨菜）的全株幼叶、鲜叶中含有硫胺素酶等多种有毒物质。毒素即使经蒸煮、腌渍、浸泡也不能完全除去。牛、马长期大量取食幼苗、蕨叶可引起慢性中毒：发病2～3天后，体温突然升高，全身渗出性出血，腹痛便血，呼吸困难，心跳加速，最终因呼吸衰竭而死亡。蕨类植物中的这种有毒物质既是一种毒素，也是致癌物质，可致人有患食道癌的危险。

2）植酸。又名环己六醇六磷酸，可与钙、镁、铁、锌结合生成不溶性的化合物。谷类、豆类和坚果含有较高的植酸盐，尤其在荞麦、燕麦、玉米中含量较高。食品中的植酸形成不溶性的钙盐、镁盐，不仅影响人体对食物本身所含钙的吸收和利用，而且膳食中来自其他食物的钙也将与它反应而失去营养价值。植酸盐可在烹调中被部分破坏。

3）草酸。草酸在人体内可与钙结合生成不溶性的草酸钙而沉积于组织中，尤其是肾脏，可引起肾结石。大量食用含草酸的食品可影响人体对钙的吸收。

含草酸的植物有盐生草、苋属植物以及菠菜、甜菜叶、可可、茶叶等。食用此类植物性食品时，应在烹调前先用沸水焯一下再炒，以除去大部分草酸。

4）血管活性胺。一些植物（如香蕉和鲜梨等）本身含有天然的生物活性胺，如多巴胺和酪胺，这些外源多胺对动物血管系统有明显的影响，故称血管活性胺。多巴胺又称儿茶酚胺，是重要的肾上腺素型神经细胞释放的神经递质。该物质可直接收缩动脉血管，明显提高血压，故又称增压胺。

酪胺是哺乳动物的异常代谢产物，它可通过调节神经细胞的多巴胺水平间接提高血压。酪胺可将多巴胺从储存颗粒中解离出来，使其重新参与血压的升高调节。啤酒中含有较多的酪胺，糖尿病、高血压、胃溃疡和肾病患者往往因为饮用啤酒而导致高血压的急性发作。其他含有酪胺的植物性食品也可引起相似的反应。

3. 动物源食品中的天然毒素

（1）河豚毒素

河豚毒素（TTX）主要存在于鱼纲硬骨鱼亚纲豚形目的近百种河豚鱼和其他生物体内，属生物碱类天然毒素，毒性极大，比氰化钠的毒性大 1 000 倍，0.5 mg 即可使人中毒死亡。

河豚毒素含量的多少因鱼的种类、部位及季节等而有差异，一般在卵巢孕育阶段，即春、夏季毒性最强。河豚的有毒部位主要是卵巢和肝脏，其次是肾脏、血液、眼睛、腮和皮肤，精巢和肌肉一般毒性很小。

河豚毒素是无色针状结晶体，是一种毒性剧烈的小分子量非蛋白类神经毒素，理化性质比较稳定，一般的加热和盐腌制均不能破坏其毒性。河豚毒素毒理作用的主要表征是阻碍神经和肌肉的传导，阻止肌肉、神经细胞膜的离子通道，使神经末梢及神经中枢麻痹，使机体不能运动。毒素量大时，迷走神经麻痹，呼吸减慢至停止，迅速死亡。

由于河豚毒素的理化性质稳定，需加热至 120℃并持续 60 min 才可将其破坏，一般家庭烹调方法难以去除毒素。所以，最有效的预防河豚毒素中毒的措施是：掌握河豚鱼的特征，学会识别河豚鱼的方法，不食用河豚。

（2）贝类毒素

贝类是动物性蛋白食品的来源之一，现存贝类有 1.1 万种左右。贝类中绝大多数种均可食用，但贝类对人类也有一定危害，有些贝类含有一定数量的有毒物质，人类食用后会引起食物中毒。通常，贝类本身并不产生毒性物质，但贝类生物体通过食物链，将有毒藻类产生的毒素在体内累积放大，转化为有机毒素，这些毒素统称为贝类毒素。这种非蛋白类贝类毒素在贝类食品中的存在严重影响贝类的品质和安全性，威胁到贝类食用者的健康。

贝类毒素种类很多，传统上根据贝类毒素的毒性机制将这些毒素分为四大类，即麻痹性贝类毒素（PSP）、腹泻性贝类毒素（DSP）、失忆性贝类毒素（ASP）和神经性贝类毒素（NSP）。除此之外，还发现了两大新型贝类毒素（鲍鱼贝毒和氨代螺旋酸贝毒）。但了解较为透彻的只有前面四大类贝类毒素，它们的有关性状特点见表 2—5。

表 2—5 四大贝类毒素的性状特点

贝类毒素	化学本质	中毒机制及表现	污染贝类	病原藻
麻痹性贝类毒素（PSP）	烷基氢化嘌呤化合物	导致动物麻痹，抑制血管运动中枢和呼吸中枢，至呼吸困难而死亡	蛤和贻贝等双壳贝类	单细胞甲藻
腹泻性贝类毒素（DSP）	多元醚化合物	直接作用于平滑肌，可使人平滑肌系统持续性收缩。临床中毒症状以腹泻为主	贻贝、文贝、扇贝、杂色蛤、赤贝、牡蛎等	鳍藻
失忆性贝类毒素（ASP）	聚醚化合物	肠内不适，重症时引起面部怪相或咬牙的表情，短期记忆丧失和呼吸困难，也可导致死亡	贻贝	拟菱形藻属和菱形藻中硅藻的某些变种
神经性贝类毒素（NSP）	聚醚类化合物	可选择性地开放钠通道，抑制快速钠离子的失活，而使细胞膜去极化，并与钠通道结合。症状有腹痛、恶心、呕吐、腹泻，并伴随嘴周围区域和四肢的麻木，还可伴随眩晕、乏力、肌肉和骨骼疼痛等	牡蛎、文蛤、峨螺、海扇、绿壳贻贝等贝类	短裸甲藻

贝毒危害具有突发性和广泛性，且毒性大，反应快，无适宜解毒剂，做好贝类食物中毒的预防工作显得非常重要。防止贝类毒素中毒的措施有以下几点：

1）定期对海水进行监测，及时掌握藻类和贝类的活动情况。与赤潮相关，当海水中大量存在有毒的藻类时，应同时监测当时捕捞的贝类所含的毒素量。

2）食用贝类食品时，要反复清洗、浸泡，并采取适当的烹饪方法，以清除或减少食品中的毒素。

3）制定该类毒素在食品中限量标准。

4）发现中毒者应及时采取措施，结合对症治疗，采取催吐、洗胃、导泻等措施，尽早排除体内毒素。

（3）组胺

组胺是广泛存在于动植物体内的一种生物胺，是由组氨酸脱羧而形成的，通常储存于组织的肥大细胞中，当机体受到某种刺激引发抗原—抗体反应时，引起肥大细胞的细胞膜通透性改变，释放出组胺，与组胺受体作用产生病理生理效应。在海产品中，鲭鱼亚目的鱼类（如青花色、金枪鱼、蓝鱼和飞鱼等）在捕获后易产生组胺，所以，海产品中毒常常与这些种群有关，并称为鲭鱼中毒。其他鱼类，如沙丁鱼、凤尾鱼和鲱鱼中毒也与组胺有关。

鲭鱼中毒的症状主要是人体对组胺的过敏反应，中毒症状可在摄入污染鱼类后 2 h 出现，病程通常持续 16 h，一般没有后遗症，死亡也很少发生。因组胺对人胃肠道和支气管的平滑肌有兴奋作用，一般会导致人呼吸紧促、疼痛、恶心、呕吐和腹泻，这些症状经常伴随神经性和皮肤的症状，如头痛、刺痛、发红或荨麻疹等。

组胺为碱性物质，烹饪鱼类时加入食醋可降低其毒性。对易于形成组胺的鱼类来说，要在冷冻条件下运输和储藏，防止其腐败变质产生组胺。

（4）螺类毒素

螺类已知有 8 万多种，其中少数种类含有毒物质。有毒部位分别在螺的肝脏或鳃下腺、唾液腺、肉和卵内。人类误食或食用过量可引起中毒。这类毒素属于非蛋白类麻痹型神经毒素，易溶于水，耐热、耐酸，且不被消化酶分解破坏。能使颈动脉窦的受体兴奋，刺激呼吸和兴奋交感神经带，并阻碍神经与肌肉间的神经冲动传导作用。

（5）肉毒鱼毒素

在加勒比海和大部分太平洋中，一些鲨鱼、梭鱼、鲈鱼、鲶鱼、八目鱼、龟和鳖，特别是红色的甲鱼等海产鱼可引起肉毒鱼中毒。

鱼类的肉毒鱼毒素是由浮游生物中的有毒藻类产生的，通过食物链间接摄入并蓄积于鱼体内。以脂溶性的类脂化合物存在于鱼的肝脏、生殖腺等内脏及肌肉中。

人食用含肉毒鱼毒素的海产鱼后，初期感觉口渴，唇舌和手指发麻，伴有恶心、呕吐、头疼、腹痛、肌肉痛和肌无力等，身体虚弱者发展到不能行走，几周后可恢复。但在极少情况下也会发生心脏衰竭，导致死亡。

由于此毒素不能在日常烹调、蒸煮或日晒、干燥中去除，故必须确认无毒才可食用。

（6）鱼卵毒素与鱼胆毒素

鱼卵毒素为一类毒性球蛋白，具有较强的耐热性，加热至 100℃、持续约 30 min 的条件能使毒性部分被破坏，加热至 120℃、持续约 30 min 的条件能使毒性全部消失。我国能产生鱼卵毒素的鱼有十多种，其中包括淡水石斑鱼、鳇鱼和鲶鱼等。一般而言，耐热性强的鱼卵蛋白毒性强，其毒性反应包括恶心、呕吐、腹泻和肝脏损伤，严重者可出现吞咽困难、全身抽搐甚至休克等现象。

鱼胆毒素存在于鱼的胆汁中，是一种细胞毒和神经毒，可引起胃肠道的剧烈反应，肝、肾损伤及神经系统异常。胆汁中含有毒素的鱼类有草鱼、鲢鱼、鲤鱼、青鱼等我国主要的淡水经济鱼类。

（7）甲状腺激素

食用未摘除甲状腺的家畜的血脖肉即可引起中毒，以猪（牛、羊）的甲状腺中毒较为常见。潜伏期为 1～10 天，一般为 12～36 h。主要临床症状有头晕、头疼、胸闷、烦躁、乏力，四肢肌肉和关节痛，伴有出汗、心悸等症状，同时发生恶心、呕吐、腹泻或便秘等胃肠道症状。

由于甲状腺激素的理化性质非常稳定，在 600℃以上的高温才可被破坏，所以最有效的方法是注意检查并除净家畜的甲状腺。

（8）肾上腺皮质激素

肾上腺俗称“小腰子”，人们常因误食而引起中毒。引起中毒潜伏期短，食后 15～30 min 发病。主要表现是恶心、呕吐、头晕和头痛，心窝部位疼痛，血压急剧升高。四肢和口舌发麻，肌肉震颤；严重者面色苍白，血压高，心跳过速；冠心病患者可诱发中

风、心绞痛、心肌梗塞等，危及生命。

肾上腺皮质激素中毒的预防措施是加强兽医监督，屠宰家畜时将肾上腺除净，以防误食。

（9）动物肝脏中的毒素

动物肝脏是富含蛋白质、维生素 A 和叶酸的营养食品，但动物肝脏同时也含有胆固醇及胆酸等对营养吸收不利的成分。熊、牛、羊、山羊和兔等动物肝脏中主要的毒素是胆酸。动物食品中的胆汁酸是胆酸、脱氧胆酸和牛磺胆酸的混合物，其中牛磺胆酸的毒性最强，脱氧胆酸次之。在世界各地普遍用做食物的猪肝并不含足够数量的胆酸，因而不会产生毒作用，但是当大量摄入动物肝脏，特别是处理不当时，可能会引起中毒症状。

许多动物研究者发现，胆酸的代谢物——脱氧胆酸对人类的肠道上皮细胞癌（如结肠癌、直肠癌等）有促进作用。实际上，人类肠道内的微生物菌群可将胆酸代谢为脱氧胆酸。

二、化学农药残留危害

根据《中华人民共和国农药管理条例》的定义，农药是指用于预防、消灭或者控制危害农业、林业的病、虫、草和其他有害生物，以及有目的地调节植物、昆虫生长的化学合成或者来源于生物、其他天然物质的一种物质或者几种物质的混合物及其制剂。

作为农业生产中的重要生产资料之一，农药在防治病虫害，去除杂草，控制人畜传染病，提高农产品的产量和质量等方面起着积极作用，农药的发明和使用大大提高了农作物的产量。但随着农药的大量及不合理地使用，食品中的农药残留对人类健康造成的负面作用也日益显露出来，包括致畸性、致突变性、致癌性和对生殖以及下一代的影响。

目前，食品中农药残留已成为全球性的共性问题和一些国际贸易纠纷的起因，也是当前我国农畜产品出口的重要限制因素之一。为了保证食品安全和人体健康，必须防止农药的污染和食品中的农药残留量超标。

1. 食品中农药残留的来源

农药残留是指农药使用后残留于环境、生物体和食品中农药母体、衍生物、代谢物和杂质的总称。残留的数量称为残留量。

动植物在生长期间或食品在加工和流通中均可受到农药的污染，导致食品中农药残留。食品中的农药残留通常来自以下四种途径：

（1）施药后的直接污染

在农业生产中，农药直接喷洒于农作物的茎、叶、花和果实等表面，造成农产品污染。部分农药被作物吸收进入植株内部，经过生理作用运转到植物的根、茎、叶和果实，代谢后残留于农作物中，尤其是皮、壳和根茎部的农药残留量高。

在兽医临床上，使用广谱驱虫和杀螨药物（如有机磷、拟除虫菊酯、氨基甲酸酯类等制剂）杀灭动物体表寄生虫时，如果药物用量过大，被动物吸收或舔食，在一定时间内可造成畜禽产品中农药残留。

在农产品储藏中，为了防止其霉变、腐烂或植物发芽，施用农药造成食用农产品直接污染。如在粮食储藏中使用熏蒸剂，柑橘和香蕉用杀菌剂，马铃薯、洋葱和大蒜用抑芽剂等，均可导致这些食品中农药残留。

（2）从环境中吸收

农田、草场和森林施药后，有40%～60%的农药降落至土壤，5%～30%的药剂扩散于大气中，逐渐积累，通过多种途径进入生物体内（见图2—3），致使农产品、畜产品和水产品出现农药残留问题。

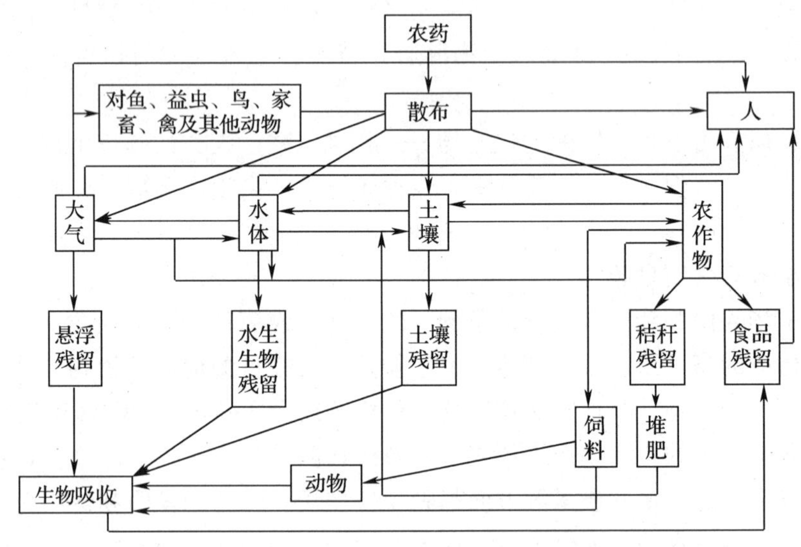

图2—3　农药通过环境进入生物体的途径

1）从土壤中吸收。当农药落入土壤后，逐渐被土壤粒子吸附，植物通过根茎部从土壤中吸收农药，引起植物性食品中农药残留。农药能从土壤直接进入花生、胡萝卜、甜菜、马铃薯等块茎或根用食物的可食部分，也可经输导进入农作物的其他可食部分。

2）从水体中吸收。水体被污染后，鱼、虾、贝和藻类等水生生物从水体中吸收农药，引起组织内农药残留。用含农药的工业废水灌溉农田或水田，也可导致农产品中农药残留。甚至地下水也可能受到污染，畜禽可以从饮用水中吸收农药，引起畜产品中农药残留。

3）从大气中吸收。虽然大气中农药含量甚微，但农药的微粒可以随风向、大气漂浮、降雨等自然现象造成很远距离的土壤和水源的污染，进而影响栖息在陆地和水体中的生物。

（3）通过食物链污染

农药污染环境，经食物链传递时可发生生物浓集、生物积累和生物放大，从而使农药的轻微污染造成食品中农药的高浓度残留。

饲料常以农作物的皮、壳和根等部分加工而成，其农药残留量较高，饲喂畜禽或鱼、贝类后，导致其产品中农药残留。

蜜蜂采食被农药污染的蜜粉源植物后，生产的蜂蜜、花粉和王浆等蜂产品农药残留。

水生动物也可通过水生生物食物链，从其食物中受到农药的污染。

（4）其他途径

1）加工和储运中污染。食品在加工、储藏和运输中，使用被农药污染的容器、运输工具，或者与农药混放、混装均可造成农药污染。

2）意外污染。拌过农药的种子常含大量农药，不能食用。1972 年伊拉克爆发了甲基汞中毒，造成 6 530 人住院，459 人死亡，其发生原因是食入了曾用有机汞农药处理过的小麦种子磨成面粉而制成的面包。

3）非农用杀虫剂污染。各种驱虫剂、灭蚊剂和杀蟑螂剂逐渐进入食品厂、医院、家庭、公共场所，使人类食品受农药污染的机会增多，范围不断扩大。

食品中农药的残留量主要受农药的种类、性质、剂型、使用方法、施药浓度、使用次数、施药时间、环境条件、动植物的种类等因素影响。

一般而言，性质稳定、生物半衰期长、与机体组织亲和力较高及脂溶性的农药，很容易经食物链进行生物富集，致使食品中残留量高；施药次数多、浓度大、间隔时间短，也容易造成食品中残留量高；此外，由于农药在大棚作物中降解缓慢，而且沉降后再次污染农作物，因此，大棚农产品（如蔬菜、瓜果等）的农药残留量比露地农产品的农药残留量高。

2．食品中的主要农药残留及危害

食品中的主要残留农药主要有九大类，包括有机氯杀虫剂、有机磷杀虫剂、氨基甲酸酯类杀虫剂、拟除虫菊酯类农药、多菌灵杀菌剂、有机汞杀菌剂、有机砷杀菌剂、熏蒸剂和除草剂。各类残留农药的相关特性及对食品安全性的影响见表 2—6。

表 2—6　　主要残留农药的相关特性及对食品安全性的影响

类型	代表农药	稳定性	食品中残留	毒性	食品中消除方法
有机氯杀虫剂	DDT、六六六、林丹、毒杀酚、氯丹等	具有高度的物理、化学、生物稳定性，自然界不容易分解，脂溶性	畜禽肉、蛋、奶等动物性食品中残留高，在水果、蔬菜中也有一定残留	人口服 DDT 致死量为 150 mg/kg 体重，慢性毒理作用是侵害肝脏和神经系统，具有致癌性	去皮（壳）、加热可除去部分有机氯农药
有机磷杀虫剂	乐果、敌百虫、内吸磷、辛硫磷、甲胺磷、敌敌畏	脂溶性，化学性质不稳定，易分解，不能累积长期残留	水果、蔬菜、水稻	神经毒，抑制胆碱酯酶，引起乙酰胆碱中毒	通过加工、淘洗、烹饪等过程可以降低
氨基甲酸酯类杀虫剂	西维因、残杀威、速灭威、涕灭威、呋喃丹	白色晶体，在水中有一定溶解度，常温、水、光、空气中比较稳定，在碱性条件下易水解	禽、畜肉、谷物、水果、蔬菜	神经毒作用与有机磷相似	—

续表

类型	代表农药	稳定性	食品中残留	毒性	食品中消除方法
拟除虫菊酯类农药	氰戊菊酯、氰氯菊酯、速灭杀丁、敌杀威	降解快，残留低	多次性采收的蔬菜	中枢神经毒剂，可使神经传导受阻，出现痉挛等症状	—
多菌灵杀菌剂	多菌灵	半衰期短，残留少	水果		
有机汞杀菌剂	赛力散、磷酰乙基汞、氯化乙基汞、富民隆	土壤中残留时间长、半衰期可达10～30年	谷物、动物性食品	侵犯神经系统和肝脏，引起头痛、失眠、记忆力减退，口腔、手指等处震颤	一般的清洗、蒸煮都不容易除去
有机砷杀菌剂	稻角青（甲基砷酸锌）	在土壤中残留时间长，不易降解	谷物、蔬菜、水果、肉、蛋、发酵饮料	肝、肾为其靶器官，可致癌	不容易去除
熏蒸剂	氯化苦、磷化铝、溴甲烷、四氯化碳	易挥发，残留低	谷物	—	—
除草剂	苯氧乙酸类、取代尿苯类、除草醚、敌稗	稳定性高，可积累在植物体内	谷物、蔬菜、水果、鱼、肉	可致畸、致癌，影响动物繁殖	通过食品加工可以除去

3. 控制食品中农药残留的措施

鉴于食品中农药残留给人类健康带来的严重危害，为了确保食品安全，必须采取正确对策和综合防治措施，防止食品中农药残留。

（1）加强农药管理

加强农药管理最主要的是建立农药生产和农药经营登记注册制度。目前，许多国家都设有专门的农药管理机构，并有严格的登记制度和相关法规。我国在1982年就颁布了《农药登记规定》，要求农药在投产之前或国外农药进口之前必须进行登记，凡需登记的农药必须提供农药的毒理学评价资料和产品的性质、药效、残留、对环境影响等资料。1997颁布、2001年修订的《农药管理条例》，规定农药的登记和监督管理工作主要归属农业行政主管部门，并实行农药登记制度、农药生产许可证制度、产品检验合格证制度和农药经营许可证制度，未经登记的农药不准用于生产、进口、销售和使用。

（2）合理安全使用农药

为了合理安全使用农药，我国自20世纪70年代后相继禁止或限制一些高毒、高残留、有“三致”作用的农药。1971年农业部发布命令，禁止生产、销售和使用有机汞农药，1974年禁止在茶叶生产中使用“六六六”和“DDT”，1982年颁布了《农药安全使用规定》，将农药分为高毒、中毒、低毒三类，规定了各种农药的使用范围。《农药安全使用标准》（GB 4285—1989）和《农药合理使用准则》（GB 8321.1～GB 8321.6）规定了常用农药所适用的作物、防治对象、施药时间、最高使用剂量、稀释倍数、施药方法、最多使用次数和安全间隔期、最大残留量等，以保证农产品中农药残留量不超过食品卫生标准中规定的最大残留限量标准。

（3）建立和完善农药在食品中的残留量标准

一般化学农药都具有一定的毒性，要实现安全食品的生产，必须制定食品中的残留量标准。FAO/WHO及世界各国对食品中农药残留量都有相应规定，并进行广泛监督。我国政府也非常重视食品中农药残留，制定了食品中农药残留限量标准和相应的残留限量检测方法，确定了部分农药的日允许摄入量（Acceptable dailg intakes，ADI），并对食品中农药进行监测。今后还应建立先进的农药残留分析检测系统，加强食品中农药残留的风险分析。

（4）消减食品中的农药残留

农产品中的农药主要残留在粮食糠麸、蔬菜表面和水果表皮，可用机械的或热处理的方法予以消除或减少，尤其是化学性质不稳定、易溶于水的农药，在食品的洗涤、浸泡、去壳、去皮、加热等处理过程中均可大幅度消减。食品在食用前要去皮，充分洗涤、烹饪和加热处理。粮食中的有机磷农药在研磨、烹调加工及发酵后能不同程度地消减。例如，马铃薯经洗涤后，马拉硫磷可消除95%，去皮后消除99%；食品中的克菌丹通过洗涤可以除去，经烹调加热或加工成罐头后均能被破坏。

除了采取上述措施外，还应积极研制和推广使用低毒、低残留、高效的农药新品种，尤其是开发和利用生物农药，逐步取代高毒、高残留的化学农药。在农业生产中，应用病虫害综合防治措施，大力提倡生物防治。进一步加强环境中农药残留检测工作，健全农田环境监控体系，防止农药经环境或食物链污染食品和饮用水。此外，还须加强农药在储藏和运输中的管理工作，防止农药污染食品，或者被人畜误食而中毒。大力发展无公害食品、绿色食品和有机食品。开展食品卫生宣传教育，增强生产者、经营者和消费者的食品安全知识，严防食品农药残留，杜绝农药残留对人体健康和生命的危害。

三、兽药残留危害

兽药也称兽用药或动物用药，是指用于预防、治疗、诊断动物疾病或者有目的地调节动物生理机能的物质（含药物饲料添加剂）。

畜牧业的迅猛发展推动了兽药和饲料添加剂在养殖业的广泛、大量使用，它们在提高畜牧业经济效益的同时，也带来了动物源性食品中的药物残留。由此引发的动物源性食品安全事件的相继发生严重打击了消费者的信心，不仅给经济造成了巨大损失，也损害了人们的健康和我国在国际贸易上的声誉。因此，人们应该充分挖掘和认识造成兽药残留的原因及其带来的危害，加强对动物性食品中兽药残留的监测力度，最大限度地保障畜禽产品的安全，减少环境污染，促进和保证养殖业的健康持续发展。

1. **兽药残留的来源**

兽药进入动物体内的方式包括：预防和治疗畜禽疾病用药；饲料添加剂中兽药的使用；食品保鲜中的药物引入。

集约化养殖下的动物饲养存在密度高、疾病易蔓延等特点，致使用药频率增加。同时，由于改善营养和防病的需要，必然在天然饲料中添加一些化学物质来改善饲喂效果，例如，提高饲料利用率，促进动物生长繁殖，预防动物疾病，改进畜、禽、鱼等产品的品质等。这样往往造成药物残留于动物组织中。

造成动物性食品兽药残留的原因主要有两个方面：一是兽药自身质量的问题；二是兽药违规使用。前者属兽药生产的质量问题，后者属用药环节问题。国内外的兽药残留调查结果表明，兽药使用环节的违规是引起当前兽药残留超标的主要因素。

兽药使用过程中的违规表现有以下几点：

（1）兽药使用不当。

（2）休药期的规定未得到严格遵守。

（3）用药方法错误，或不按规定做用药记录。

（4）恶意添加违禁药物。

（5）乱用、滥用药物。

（6）饲料在加工或运输过程中受到兽药污染。

兽药使用中的违规表现差异，导致了其对兽药残留的影响程度不同。20 世纪 70 年代，美国对兽药残留进行调查，发现其中有 76%是不遵守休药期所致。另外，饲料加工或运输过程中的污染占 12%，储存不当占 6%，其余 6%是药品使用不正确所致。1985 美国兽药中心对兽药残留的调查结果显示：未做用药记录所造成的兽药残留占兽药残留总量的 12%。

2. **食品中的主要兽药残留**

FAO/WHO 联合组织的食品中兽药残留立法委员会把兽药残留定义为：兽药残留是指动物产品的任何可食部分所含的兽药母体化合物或其代谢物，以及与兽药有关的杂质的残留。所以，兽药残留既包括原药，也包括药物在动物体内的代谢物。另外，药物或其他代谢产物与内源大分子共价结合产物称为结合残留。动物组织中存在共价结合物（结合残留）则表明药物对靶标动物具有潜在毒性作用。

动物性食品中的主要残留兽药有抗生素类、磺胺类、呋喃类、抗寄生虫类、激素类。

（1）抗生素类药物残留

抗生素是用于人类和兽类疾病治疗的最常用药物。根据应用目标和方法分为治疗动物临床疾病的抗生素和治疗亚临床疾病的抗生素。治疗用抗生素主要有青霉素类、四环素类、杆菌肽、庆大霉素、链霉素、红霉素、新霉素和林可霉素；饲料药物添加剂主要有盐霉素、马杜霉素、黄霉素、土霉素、金霉素、潮霉素、伊维菌素、庆大霉素和泰乐霉素。

抗生素药物在防病、治病中的广泛应用为动物养殖业持续、快速、健康地发展作出了巨大的贡献，也不可避免地造成了动物性食品中残留抗生素。美国曾检测出12%的肉牛、58%的犊牛、23%的猪、20%的禽肉有抗生素残留。日本曾有60%的牛和93%的猪被检测出有抗生素残留。但是，许多调查结果表明，抗生素残留很少超过法定的允许量标准，个别使用抗生素类兽药治疗的动物则含有不能接受的残留水平。我国出产的内销及出口的鱼、虾、禽肉、兔肉和奶制品中均曾被检出含有抗生素类药物，各种抗生素的检出率在3.3%～50%不等。

另外，在蜜蜂的养殖过程中，蜂农常添加抗生素用于防治蜜蜂疾病，致使蜂产品存在抗生素残留。蜂蜜中残留抗生素有四环素、土霉素、金霉素等。

（2）磺胺类药物残留

磺胺类药物是一类具有广谱抗菌活性化学合成药物，于20世纪30年代后期开始用于治疗人的细菌性疾病，并于1940年开始用于家畜，1950年起广泛应用于畜牧业生产，用以控制某些动物性疾病的发生和促进动物生长。磺胺类药物根据其应用情况可分为三类，即用于全身感染的磺胺药（如磺胺嘧啶、磺胺甲基嘧啶、磺胺二甲嘧啶）、用于肠道感染类内服难吸收的磺胺药和用于局部的磺胺药（如磺胺醋）。

磺胺类药物残留问题已经出现很长时间了，并且在近年来磺胺类药物残留超标现象比其他任何兽药残留都严重。磺胺类药物可在肉、蛋、乳中残留，也可在海产贝类水产品中残留。很多研究表明，猪肉及其制品中磺胺类药物超标发生较为普遍。如给猪内服1%推荐剂量的氨苯磺胺，在休药期内也可造成肝脏中药物残留超标。

磺胺类药物大部分都以原形态自机体排出，而且在自然环境中不容易被生物降解，从而容易导致再污染，引起其他食品兽药残留超标的现象。有资料表明，生长在受磺胺类药物污染土壤中的多种蔬菜，均可不同程度检出磺胺类药物，但不同药物的残留污染状况差异很大。

（3）呋喃类药物残留

呋喃类兽药是人工合成的具有5-硝基呋喃基本结构的广谱抗菌药物，对大多数革兰氏阳性菌和革兰氏阴性菌、某些真菌和原虫均有作用，曾经在养殖业中较为广泛使用。但是硝基呋喃类药物的副作用已引起人们的高度关注。欧盟和美国分别在1995年和2002年全面禁止将硝基呋喃类药物用于食源性动物。2002年3月，我国也将硝基呋喃类药物列为禁用兽药。我国近几年来出口的动物源性食品曾多次被国外检出硝基呋喃代谢物超标，曾一度引起国内外的普遍关注，且使我国出口动物源性产品企业遭受重创。不但在我国，在欧洲、亚洲等其他国家，特别是一些发展中国家出口的动物源性食品也同样出现了很多被进口国检出硝基呋喃代谢物超标的问题。在进出口动物源性食品中检测硝基呋喃代谢物已成为世界各国的必检项目，且越来越被重视，成为各个国家进口动物源性食品的重要技术壁垒之一。

（4）其他药物的残留

除以上兽药残留问题外，还存在激素类药物残留、抗寄生虫药物残留。

激素是由机体某一部分分泌的特种有机物，可影响其机能活动并协调机体各个部分的作用，促进畜禽生长。激素按化学结构不同可分为固醇或类固醇（肾上腺皮质激素、雄性激素、雌性激素）和多肽或多肽衍生物（垂体激素、甲状腺素等）；按来源分为天然激素和人工合成激素。激素在畜禽饲养上主要用于加速催肥、提高胴体的瘦肉与脂肪的比例、提高增重率和饲料转化率。残留于动物性食品中的激素主要是性激素、生长激素和β-兴奋剂。

苯并咪唑类药物是一类现代广谱、高效率、低毒抗蠕虫药，包括甲苯咪唑、阿苯哒唑、丙氧咪唑、奥芬达唑、芬苯达唑、氟苯哒唑等。该类药物特别对胃肠线虫具有强驱杀作用，目前被广泛用于治疗鱼类指环虫病、伪指环虫病、三代虫病。苯并咪唑类药物在试验动物和靶动物上显示致畸和致突变作用，目前使用的苯并咪唑类药物多数仍然是食品残留中重要的监控对象。我国以及联合国粮农组织、欧盟、美国、日本等国家和组织都将苯并咪唑类药物列入限制使用的兽药中。

3. 兽药残留对人体的危害

人类食用了含有残留兽药的动物性食品后，虽然不表现为急性中毒，但人类如果经常摄入低剂量的兽药残留物，一定时间后，残留物可在体内慢慢蓄积而导致各种器官的病变，对人体产生一些不良反应，主要表现如下：

（1）毒性作用

人长期摄入含兽药残留的动物性食品后，药物不断在体内蓄积，当浓度达到一定量后，就对人体产生毒性作用，如磺胺类药物可引起肾损害，特别是乙酰化的磺胺在酸性尿中溶解降低，析出结晶后损害肾脏。

（2）过敏反应和变态反应

经常食用一些含低剂量抗菌药物残留的食品能使易感的个体出现过敏反应，这些药物包括青霉素、四环素、磺胺类药物及某些氨基糖苷类抗生素等。它们具有抗原性，刺激体内抗体的形成，造成过敏反应，严重者可引起休克，短时间内出现血压下降、皮疹、喉头水肿、呼吸困难等严重症状。

（3）细菌性药性

动物在经常反复接触某一种抗菌药物后，其体内的敏感菌株将受到选择性的抑制，从而使耐药菌株大量繁殖。在某些情况下，经常食用含药物残留的动物性食品，动物体内的耐药菌株可通过动物性食品传播给人体，当人体发生疾病时，就给临床上感染性疾病的治疗带来一定的困难，耐药菌株感染往往会延误正常的治疗过程，已经发现长期食用低剂量的抗生素能导致金黄色葡萄球菌与耐药菌株体的出现。也能引起大肠杆菌耐药菌体的产生，当这些食品（如肉馅、牛肉调味酱等）被人食用后，耐药菌体可能进入消费者消化道内。

（4）菌群失调

在正常条件下，人体肠道内的菌群由于在多年的共同进化中与人体能互相适应，如某些菌群能抑制其他菌群的过度繁殖。某些菌群能合成B族维生素和维生素K以供机体使用。过多应用药物会使这种平衡发生紊乱，造成一些非致病菌的死亡，使菌群的平衡失调，从而导致长期腹泻或引起维生素的缺乏等反应，造成人体的危害。

（5）“三致”作用

“三致”作用主要包括致畸、致突变、致癌作用以及生殖毒性作用。苯丙咪唑类药物是兽医临床上常用的广谱抗蠕虫病的药物，可持久性残留于肝内并对动物具有潜在的致畸性和致突变性。另外，残留于食品中的丁苯咪唑、苯咪唑、丙硫咪唑具有致畸作用。克菌酚、雌激素则具有致癌作用。

（6）激素的副作用

激素类物质具有很强的作用效果，但也会带来很大的副作用。人们长期食用含低剂量激素的动物性食品，由于积累效应，有可能干扰人体的激素分泌体系和身体正常机能。特别是类固醇类和β-兴奋剂类在体内不易被代谢破坏，其残留对食品安全威胁很大。

4．食品中兽药残留的控制

对于食品中兽药残留的控制，政府应加强兽药立法工作，确保残留监控工作有法可依，从源头抓起，强化兽药和饲料行业的使用监管，指导合理用药，提高饲养水平。同时，还应完善兽药残留检测体系与标准体系建设，形成以国家标准、行业标准为主体，地方标准和企业标准相衔接、相配套的比较健全的标准体系，为畜禽质量安全检验检测体系的运行提供强有力的技术支撑。作为动物养殖行业，应严格遵守兽药使用规范，科学合理使用兽用药物。

四、食品添加剂的安全性

在现代食品工业中，食品添加剂作为一种不可缺少的辅料，对食品生产和质量改善起着至关重要的作用。日常生活中的许多食品都离不开食品添加剂。一些食品添加剂还能满足人们的特殊需求。如在肥胖病、糖尿病人的食品中使用的各种甜味剂安全性高，不影响血糖值，对健康有利。因此，食品添加剂已经成了食品加工的重要组成部分。与此同时，源于食品添加剂滥用或非法添加化学物的食品安全事件的不断出现，引起了大众对食品安全的担忧，对食品添加剂在食品中存在的必要性和安全性产生了怀疑。本节将重点介绍食品添加剂的安全问题，以便合理应用食品添加剂。

1．食品添加剂的定义和内涵

《中华人民共和国食品安全法》对食品添加剂做出明确的定义，是指为改善食品品质和色、香、味以及为防腐、保鲜和加工工艺的需要而加入食品的人工合成或者天然物质。从维持生命、促进健康的角度出发，食品添加剂与食品最大的区别是，它不是人们获取并食用的一种本能需要，缺少它不会殃及人类生命。

食品添加剂的使用受到一定的规定，即通常意义上的使用标准。食品添加剂的使用标准包括允许使用的食品添加剂品种、使用范围、使用目的（工艺效果）及使用限量或残留量，其中使用限量即 ADI 值，是使用标准的主要数据。食品添加剂在较低使用量下具有显著效果，超限量使用将严重威胁人体健康，引发食品安全危机。为此，我国已明确规定，食品添加剂应当在技术上明确有必要且经过风险评估证明安全可靠，在达到预期效果的前提基础上尽可能降低在食品中的用量。这也是食品添加剂与食品的又一大不同之处。

2. **食品添加剂的分类**

（1）按其来源分类

食品添加剂按来源分为天然食品添加剂和化学合成食品添加剂两大类。前者是指利用动植物或微生物的代谢产物为原料，经提取所获得的天然物质；后者是指利用各种化学反应制得的物质，其中又可分为一般化学合成品与人工合成天然等同物。目前使用的大多属于化学合成食品添加剂。

（2）按其用途分类

由于各国对食品添加剂的定义不同，因而按用途分类也有所不同。FAO/WTO 将食品添加剂分为 40 类；欧共体对食品添加剂的分类较为简单，共分为 9 类；日本分为 30 类；美国在联邦法规（CFR）中规定分为 32 类。我国卫生部在最新版的国家标准《食品添加剂使用卫生标准》（GB 276—2007，2008 年 6 月 1 日起使用）中，按其主要功能作用的不同分为 23 类（1812 种）。

（3）按安全评价分类

联合国食品添加剂法规委员会（CCFA）曾在 FAO/WHO 联合食品添加剂专家委员会（JECFA）讨论的基础上将食品添加剂分为 A、B、C 三类，每类再细分为两类。

A 类：①已制定人体每日容许摄入量（ADI）；②暂定 ADI 者。

B 类：①曾进行过安全评价，但未建立 ADI 值；②未进行过安全评价者。

C 类：①认为在食品中使用不安全；②应该严格限制作为某些特殊用途者。

3. **食品添加剂应用中存在的问题及危害**

（1）食品添加剂应用中存在的问题

除营养强化剂外，大部分食品添加剂不具备营养功能，甚至有些食品添加剂尤其是化学合成类食品添加剂大多具有或大或小的毒性，但也并非是直接影响食品安全的“罪魁祸首”，只要在科学、规范及合理的基础上使用，一般对人体健康无害。事实证明，由食品添加剂引发的食品安全问题大多属应用领域的问题。主要体现如下：

1）在食品生产经营中违法添加非食用物质，如苏丹红、三聚氰胺、丙烯酰胺等。

2）在食品生产经营中滥用食品添加剂，包括超剂量使用和超范围使用，主要集中在防腐剂、着色剂、甜味剂的使用上。前者如饮料中超量加入甜蜜素、糖精钠等；蜜饯类食品大量使用甜味剂、漂白剂等。后者如染色馒头，违规者将可用于汽水饮料的添加剂柠檬黄加入馒头中；在熟肉制品中超范围添加苯甲酸钠。

3）在食品生产经营中使用非食品级食品添加剂，如老酸奶、果冻被曝光添加工业明胶，湿米粉中滥用工业漂白剂次硫酸氢钠甲醛（吊白块）。

（2）不正确使用食品添加剂的危害

1）急性和慢性中毒。食品中滥用食品添加剂（尤其是化学合成食品添加剂），可引起急性和慢性中毒。如肉制品中亚硝酸盐过量可导致人体血红蛋白改变，出现缺氧症状。消费者如果经常食用甜蜜素含量超标的饮料或其他食品，就会因摄入过量对人体的肝脏和神经系统造成危害，特别是对代谢排毒的能力较弱的老人危害更大。

2）过敏反应。近年来添加剂引起的过敏反应报道日益增多，有的过敏反应已经查

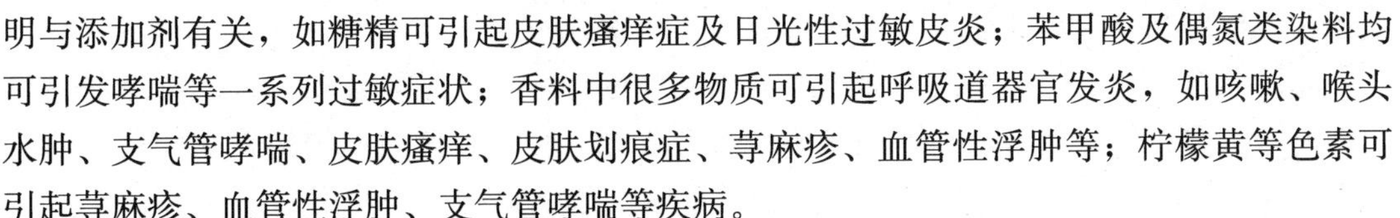

明与添加剂有关，如糖精可引起皮肤瘙痒症及日光性过敏皮炎；苯甲酸及偶氮类染料均可引发哮喘等一系列过敏症状；香料中很多物质可引起呼吸道器官发炎，如咳嗽、喉头水肿、支气管哮喘、皮肤瘙痒、皮肤划痕症、荨麻疹、血管性浮肿等；柠檬黄等色素可引起荨麻疹、血管性浮肿、支气管哮喘等疾病。

3）致癌、致畸、致突变。有的食品添加剂本身即可致癌，作为牛奶酸化剂的花楸酸、淀粉变性剂的琥珀酐、面包防硬剂的聚氧化乙烯乙醇硬脂酸等，在动物实验中都具有致癌活性；有的添加剂可在使用过程中与食品中所存在的成分发生作用转化为致癌物质，如能保持肉色鲜嫩的亚硝酸盐会与蛋白质代谢后产生的胺类物质结合，形成亚硝胺，具有很强的致癌性。其他种类的防腐剂，如苯甲酸、苯甲酸钠、山梨酸等，经毒理验证，较多剂量的摄入也会影响人体的正常机能，削减人的免疫力，这就为人体细胞的变异提供了前提。

4）在人体内的蓄积毒性。在国外，维生素A常作为强化剂加入儿童食品中，它是脂溶性维生素，在人体内可以蓄积，如在蛋黄酱、奶粉、饮料中加入这些强化剂，经摄食后3～6个月总摄入量达到25～84万单位时，则出现食欲不振、便秘、体重停止增加、失眠、兴奋、肝大、脱毛、脂溢、脱屑、口唇龟裂，甚至出现神经症状。经动物实验，大量食用则会发生畸形。此外，维生素D过多摄入也会引起慢性中毒。

4. 食品生产企业添加剂的使用与管理

食品安全问题不仅涉及广大消费者的健康，还涉及食品企业的生存，关系到整个食品行业的发展。为确保食品添加剂的安全使用和人体的健康，必须加强从源头到产品验证全过程对食品添加剂的控制管理，才能确保食品安全。

（1）准确把握食品添加剂的使用原则

食品添加剂是因食品加工工艺需要而使用的，食品企业要准确把握使用食品添加剂的基本要求和使用目的，不得利用添加剂来掩盖食品本身的质量缺陷。在达到预期的效果下尽可能降低在食品中的用量，食品工业用加工助剂一般应在制成最后成品之前除去。有规定食品中残留量的除外。

（2）掌握食品添加剂标准

产品在出口或上市销售之前，必须了解和执行国内外相关标准。不但要掌握产品卫生标准，而且也要掌握卫生控制体系规范和原辅料食品添加剂质量和使用卫生标准。注意不得使用过期或作废标准。我国食品添加剂都有各自对应的产品标准，规定了对食品添加剂本身的质量要求。在标准名称上，应当注意显示的是否是标准号〈食品添加剂×××〉，以及是否是允许使用的添加剂品种。

（3）做好添加剂使用中的计量与配制管理

应用有效的计量与配制管理制度，做到配制现场整齐、规范，各种辅料添加剂定置存放，统一标示、加贴和管理。对计量器具应及时校准，配制和计量人员应经培训及考核合格，确保计量的准确性、有效性。计量和监控方法应妥当，人工计量配制的，现场应有同步计量复核验证人员。利用设备计量的，现场监控人员应对计量设备和添加量进行有效监控，发生偏离时能够及时采取控制措施，并对偏离的产品进行隔离、评估和正确处置。根据配方合理计量，不得使用非配方物质。

此外，食品加工企业要注意对添加剂供应商进行评估，采购合格、优质的产品，避免因使用劣质添加剂所带来的不利影响；作为政府，应做好食品添加剂安全使用的监管工作和食品添加剂的安全评价工作，以此确保食品添加剂的合理使用。

五、重金属污染危害

重金属是指密度在 5×10^3 kg/m^3 以上的金属元素，如金（Au）、银（Ag）、汞（Hg）、铜（Cu）、铅（Pb）、镉（Cd）、铬（Cr）等。随着自然资源的大量开发使用，使隐藏在地壳中的这些金属元素大量进入人类环境，其中有些重金属通过食物进入人体，干扰人体正常生理功能，危害人体健康，被称为有毒重金属，主要指铅（Pb）、镉（Cd）、锌（Zn）、铜（Cu）、锰（Mn）、汞（Hg）等。砷（As）本属于非金属元素，但根据其化学性质，又鉴于其毒性，一般将其列在有毒重金属元素中。由于食品中的重金属通常含量微小，进入人体后，毒性效应需要经过一段时间的积累才能显示，表现为强蓄积性和慢性中毒，往往不易被人们所察觉和重视，具有很大的潜在危害性。

1. 食品中重金属来源

食品中的重金属主要来源于三种途径，一是食品原料的污染，包括来自自然地理环境、工业“三废”、农药与化肥、兽药与饲料添加剂及生物浓缩效应等的污染。二是食品加工、储藏、运输过程中的污染。在食品加工过程中，一些机械设施、管道、容器和添加剂中的某些重金属在一定条件下会直接进入食品。三是作为食品“贴身内衣”的食品包装，其材料中的有毒、有害物质会直接迁移进入食品，如包装用纸中的铅、砷等。

2. 食品中典型的重金属污染物及危害

对食品造成污染的重金属元素很多，包括锰（Mn）、铜（Cu）、锌（Zn）、镉（Cd）、铅（Pb）等，但以镉、铅、汞和砷污染最为常见，有关它们的危害特征见表2—7，它们在部分食品中的允许限量见表 2—8。

表 2—7　　食品中常见的重金属污染物的危害特征

重金属	污染途径	在人体内的代谢	对人体的危害
铅（Pb）	➢ 工业污染 ➢ 食品生产设备、管道、容器和包装材料 ➢ 含铅食品添加剂、加工助剂的使用	➢ 经口摄入（随食物和饮水）以及皮肤吸收的方式进入机体 ➢ 进入人体中的铅经肾脏和肠道排出，也可以汗液和头发排出	➢ 急性中毒 ➢ 慢性中毒，可引起造血系统、胃肠道及神经系统病变。早期有贫血现象，有些病人牙齿上可出现黑色的铅线
汞（Hg）	➢ 含汞农药的使用 ➢ 污水灌溉及用含汞废水养鱼	➢ 可经过呼吸道进入人体产生危害，人体吸收的汞分布于全身组织和器官，但肝、肾、脑等器官含量最高 ➢ 通过尿液、粪便和毛发排出	➢ 甲基汞主要侵犯神经系统，特别是中枢神经系统，损害最严重的是大脑和小脑 ➢ 中毒早期肢体末端和口唇周围麻木，后出现手部动作、知觉、视力等障碍，伴有语态、步态失调，甚至发生全身瘫痪、精神紊乱

续表

重金属	污染途径	在人体内的代谢	对人体的危害
镉（Cd）	➢ 自然本底 ➢ 工业污染 ➢ 食品容器及包装材料的污染 ➢ 施肥的污染	➢ 主要通过食物和香烟摄入镉，并蓄积在肾、肝、心等处 ➢ 再通过粪便、尿液、汗液和毛发等途径排出体外	➢ 主要损害肾脏、骨骼和消化系统 ➢ 临床上可表现为蛋白尿、氨基酸尿、糖尿和高钙尿，造成钙、蛋白质等营养素的流失，因骨钙迁出而发生骨质疏松和病理性骨折
砷（As）	➢ 工业“三废”污染 ➢ 含砷农药和兽药的使用 ➢ 海洋生物的富集作用 ➢ 自然本底 ➢ 食品加工过程中原料、添加剂、容器和包装材料的污染	➢ 可以通过食道、呼吸道和皮肤黏膜进入人体 ➢ 主要由粪便和尿液排出，其次可通过毛发和指甲排出	➢ 急性中毒 ➢ 慢性中毒，表现为食欲下降、体重下降、胃肠障碍、末梢神经炎、结膜炎、角膜硬化和皮肤变黑。长期受砷的毒害时皮肤出现白斑，后逐渐变黑，角化增厚，呈橡皮状，出现龟裂性溃疡 ➢ 致癌性、致畸性和致突变性

表 2—8　　食品中铅、镉、汞、砷的允许限量　　mg/kg

食品	铅（Pb）	汞（Hg）		镉（Cd）	砷（As）
		总汞	甲基汞		
谷类	0.2	0.02	—	0.2	0.15
豆类	0.2		—	0.2	0.1
薯类	0.2	0.01	—		
畜禽肉类	0.2	0.01	—		0.05
鱼类（不包括食肉鱼）	0.5	—	0.5	0.1	0.1
根茎类蔬菜	0.3	0.01		0.1	0.05
叶类蔬菜	0.3	0.01		0.2	0.05
水果	0.1	0.01		0.05	0.05
鲜蛋	0.2	0.02			0.05
鲜乳	0.05	0.02			0.1
奶粉					0.25
茶叶	5				

3. 食品中重金属污染危害的控制

（1）积极治理工业“三废”，减少环境污染

工业“三废”是造成食品有害重金属污染的重要途径之一，应严格按照环境标准执行工业废气、废水、废渣的处理和达标排放，避免有害重金属污染农田和水源，保证农产品安全。

(2) 加强农用化学物质的管理

含汞、砷农药的使用是食品汞、砷污染的主要来源，而镉可以来自镉超标的磷肥或复合肥，应禁止使用含以上有毒重金属的农药、化肥等农用化学物质，严格管理和控制农药、化肥的使用剂量、使用范围、使用时间及允许使用的农药品种，减少农产品中重金属污染。

(3) 加强食品生产加工过程中的质量安全管理

针对来自于食品加工环节中的重金属污染，通过控制生产加工、储藏、包装中的容器、工具、器械、管道、包装材料的卫生质量来减轻食品重金属污染，如对镀锡、焊锡中的含铅量严格控制，限制使用含砷、铅等金属的上述材料；同时，在使用食品添加剂或其他化学物质时应遵守食品安全法规定，禁止使用已经禁用的食品添加剂或其他化学物质。

(4) 加强食品安全监督与检验

制定和完善食品中有害重金属允许限量标准，加强对食品的安全监督检查工作，进行安全膳食研究和食品安全性研究工作。

六、食品加工过程中产生的有害化学物质

人类采用适当的加工技术，如烘烤、熏蒸、煎炸等方法，可创造出适口悦人、丰富多彩的食品，提高食品可被吸收利用的程度，降低生物性病原的威胁，延长食品保藏的期限。但是有些食品在加工及制作过程中会产生一些有害物质。

1. 多环芳烃化合物

多环芳烃化合物（PAH）是分子中包括两个或两个以上苯环结构的碳氢化合物的统称。按化学结构分为非稠环型和稠环型，是人类最早发现的致癌物。这类化合物种类很多，最典型的是 3，4—苯并芘，即苯并［α］芘（以 BAP 表示）。

苯并［α］芘是环芳烃类化合物中一种主要的污染物，具有强致癌性。

食品中的苯并［α］芘来源于食品加工过程中的污染；食品储藏、运输过程中的污染；饲料污染；环境污染。

食品加工过程中的污染是构成食品污染的主要因素。食品在加工过程中，经过烟熏、油炸、烧烤处理可受到 BAP 污染；烘烤时，食品与燃料产物直接接触，可受到烟尘中 BAP 污染；经过烟熏、油炸、烧烤等高温处理，有机物质受热分解，经环化和聚合而生成 BAP。

要控制食品加工中的 PAH 危害，须改进烟熏、烘烤等加工工艺，避免采用高温煎炸加工食品，油温控制在 200℃以下。

2. 杂环胺类化合物

杂环胺（Heterocyclic Amines，HCAs）是在食品加工、烹调过程中由于蛋白质、氨基酸热解产生的一类化合物。具有强烈的致突变作用，可以在多种动物的不同组织或器官诱发肿瘤。迄今为止，已发现的 HCAs 有 20 多种，其中对动物致癌的有 10 种。

食品中杂环胺的产生需要一定条件，这些条件包括：

(1) 杂环胺产生的前体物，如肌酸/肌酸酐、游离氨基酸和糖类是氨基咪唑氮杂芳烃的前体。

（2）食品的种类。

（3）水和脂的作用。

（4）烹调温度和烹调时间。

（5）烹调的类型和食物的处理方式。

一般情况下，经过相同处理后，蛋白质含量丰富的食物中生成的杂环胺含量高于碳水化合物含量丰富的食物的杂环胺含量；烹调过程中，水和脂的存在可促进 HCA 的生成，水作为水溶性突变体的溶剂，食物中的脂有利于热的传导；烹调中生成的 HCA 随着反应温度和时间的增加而增加；用间接的热对流加热食物的烤、烘等烹饪方式，可使富含蛋白质的食物生成一定量的致突变物，而热辐射和热传导（煎、烤）的烹调方式可增加致突变物的生成。

3．N-亚硝基化合物

N-亚硝基化合物是对动物有较强致癌作用的一类化合物，截至 20 世纪 80 年代，已研究了 300 多种亚硝基化合物，其中 90％具有致癌性。

食品中较常见的 N-亚硝基化合物是亚硝胺和亚硝酰胺。亚硝胺是间接致癌物，需经体内肝脏微粒体细胞色素 P450 代谢为烷基偶氮羟基化物后才具有致癌活性；而亚硝酰胺为直接致癌物，只需经过水解生成烷基偶氮羟基化物，就能对接触部位直接致癌。

硝酸盐、亚硝酸盐是两大 N-亚硝基化合物的前体物质。因此，食品中 N-亚硝基化合物在形成前首先要保证食品中含有硝酸盐或亚硝酸盐。食品中的硝酸盐或亚硝酸盐可以由植物性原料在生长过程中从土壤中吸收，也可以通过加入的方式形成，后者一般只针对畜肉。

在有硝酸盐或亚硝酸盐存在的前提下，N-亚硝基化合物很容易通过亚硝酸盐与二级胺或三级胺相互作用而形成，特别是在酸性条件下更易形成。其次，食品在明火中用热空气干燥也会形成 N-亚硝基化合物；食品与食品包装材料或容器的直接接触可以使挥发性亚硝胺进入食品，该方式常叫做食品迁移。还有某些食品添加剂含有挥发性亚硝胺，当这些材料加入食品后是就将亚硝胺带入食品。

因此，N-亚硝基化合物主要存在于加工食品中，如烟熏、烘烤、发酵、腌渍食品，其中以腌咸鱼、油煎咸肉片、腌菜之类含量较高。天然食品一般不含或含量甚微。

4．丙烯酰胺

丙烯酰胺又叫丙毒（AA），是聚丙烯酰胺合成的中间体，近些年来广受关注。1994 年国际癌症研究协会认为丙烯酰胺可能使人致癌。

食品中的丙烯酰胺主要产生于高温加工食品中，食品在 120℃下加工就会产生丙烯酰胺。目前认为，丙烯酰胺主要通过美拉德反应产生。

食品的组成和加工条件是影响丙烯酰胺产生的重要因素。氨基酸组成中含天冬酰胺多的食品，糖类组成中含葡萄糖、果糖、乳糖等还原糖多的食品，一般容易生成丙烯酰胺；相同条件下，高温处理时间越长、温度越高的加工食品，其产生的丙烯酰胺量大。如马铃薯片于 180℃油炸 5 min 生成的丙烯酰胺是油炸 3.5 min 的 80 倍之多；马铃薯片油炸 4 min、180℃下生成的丙烯酰胺是在 160℃下生成的 12 倍。

世界卫生组织建议，可以通过降低烹调的温度和缩短烹调的时间来减低食物中含丙烯酰胺的风险。但所有食物，特别是肉类及肉类制品应彻底烹调，才能确保消灭食物中的致病细菌。

七、食品包装材料和容器的安全性

食品包装是现代食品工业的最后一道工序，它起着保护商品质量和卫生，不损失原始成分和营养，方便储运，促进销售，延长货架期和提高商品价值的重要作用，而且在一定程度上，食品包装已经成为食品不可分割的重要组成部分。食品作为日常消费的特殊商品，其营养卫生极其重要，但又极易腐败变质，包装作为食品的保护手段，必须保证食品作为商品在其流通储运过程中的品质和安全卫生，在材料的安全性上应达到两个基本要求：一是不能向食品中释放有害物质；二是不与食品中成分发生反应。

常用的食品包装材料和容器有纸和纸包装容器、塑料和塑料包装容器、金属和金属包装容器、复合材料及其包装容器、组合容器、玻璃陶瓷容器、木质容器以及其他麻袋、布袋、草、竹等包装物。纸、塑料、金属和玻璃已成为包装工业的四大支柱材料。

1. 纸及其制品

纸质包装材料可以制成袋、盒、罐、箱等容器，在食品行业被广泛应用。纯净的纸无害、无毒，但由于生产包装纸的原材料受到污染；或在加工处理中，纸和纸板中通常会有一些杂质、细菌和某些化学残留物，如清洁剂、涂料、改良剂等，从而影响包装食品的安全性。目前，食品包装用纸存在安全性问题的主要原因如下：

（1）原料本身的问题。生产食品包装纸的原材料本身不洁净，存在重金属、农药残留等污染问题；或采用了霉变的原料，使成品染上大量霉菌；甚至使用社会回收废纸作为原料，造成化学物质残留。

（2）生产过程中添加了荧光增白剂，使包装纸和原料纸中含有荧光化学污染物。

（3）包装纸涂蜡，使其含有较多的多环芳烃化合物。

（4）彩色颜料污染。如糖果所使用的彩色包装纸，涂彩层接触糖果造成污染。

（5）存在油墨印染问题。

2. 塑料制品

塑料是以合成树脂的单体为原料，加入适量的稳定剂、增塑剂、抗氧化剂、着色剂、杀虫剂和防腐剂等助剂制成的一种高分子材料。在众多的食品包装材料中，塑料包装材料具有质量轻，运输、销售方便，化学稳定，易于加工，装饰效果好，食品保护作用良好等优点，但也存在一定的安全、卫生问题。

（1）食品塑料包装制品中的污染来源

1）塑料包装表面污染问题。塑料包装表面污染因塑料易于带静电，造成包装表面微尘、杂质污染食品。

2）塑料包装材料本身的有毒残留物迁移。塑料材料本身含有部分的有毒残留物质，主要包括有毒单体残留、有毒添加剂残留、聚合物中的低聚物残留和老化产生的有毒物，它们将会迁移进入食品中造成污染。

3）包装材料回收或处理不当。包装材料由于回收和处理不当，带入污染物，不符合卫生要求，再利用时引起食品的污染。

（2）常用塑料及其制品的安全性

1）聚乙烯（PE）。聚乙烯本身无毒，一般用做薄膜食品袋、保鲜膜和塑料桶。聚乙烯塑料延展性好，但耐热性不强，遇温度超过110℃会出现热熔现象，会留下一些人体无法分解的塑料制剂。

聚乙烯塑料的残留物包括以下几种：

①聚乙烯单体乙烯（有低毒）。

②低相对分子质量聚乙烯（溶于油脂，有蜡味）。

③回收制品污染物残留。

④添加色素残留（涂料色素）。

一般规定聚乙烯回收再生品不能再用于制作食品的包装容器。

2）聚丙烯（PP）。聚丙烯常被制成薄膜材料用于食品包装，可代替玻璃纸。可用于含油食品包装，可制成热收缩薄膜，用于食品热收缩包装。由于耐热性好，可制成微波炉餐盒，这是唯一可以放进微波炉的塑料盒。

聚丙烯塑料残留物主要是添加剂和回收再利用品残留，由于其易老化，需要加入抗氧化剂和紫外线吸收剂等添加剂，造成添加剂残留污染，其回收再利用品残留与聚乙烯塑料类似。一般认为聚丙烯作为食品包装材料较安全，其安全性高于聚乙烯塑料。

3）聚苯乙烯（PS）。聚苯乙烯树脂本身无味、无臭、无毒、不易长霉，卫生安全性好。主要制成透明食品盒、水果盘、小餐具等。还可制成收缩膜，用于食品收缩包装以及低发泡薄片材料，热塑成型一次性使用的快餐食品盒、盘等。聚苯乙烯制品只耐60～70℃的温度，装热饮料会产生毒素，燃烧时会释放苯乙烯。

聚苯乙烯塑料的危害在于含有多种残留物，包括苯乙烯单体、乙苯、异丙苯和甲苯等挥发性物质，它们能向食品中迁移，引起动物慢性毒性。美国FDA（食品药物管理局）规定PS中苯乙烯含量小于1%，英国、荷兰等国家规定小于0.5%。我国规定苯乙烯单体的最大允许限量为0.5%；乙苯的含量不大于0.3%；挥发物的含量不大于1%；正己烷提取物不大于1.5%。

4）聚偏二氯乙烯（PVDC）。PVDC由聚偏二氯乙烯和少量增塑剂、稳定剂等添加剂组成，主要用于薄膜，也可用做食品肠衣。PVDC常用于需长期保存的食品包装。

残留物分为两类，一类是偏二氯乙烯（VDC）单体，其代谢产物为致突变阳性；另一类是添加剂。日本试验结果表明，PVDC的单体偏二氯乙烯残留量小于6 mg/kg时，就不会迁移进入食品中，我国目前还没有此类添加剂的残留限量标准规定。

5）聚氯乙烯（PVC）。聚氯乙烯是由聚氯乙烯树脂为主要原料，再加以增塑剂、稳定剂等添加剂组成的。聚氯乙烯本身无毒，危害主要来自于聚氯乙烯单体，再就是降解产物和添加剂（增塑剂、热稳定剂和紫外线吸收剂等）溶出残留。聚氯乙烯具有麻醉作用，可引起人体四肢血管的收缩而产生痛感，同时还具有致癌和致畸作用；增塑剂中的邻苯二甲酸二己酯、邻苯二甲酸二甲氧乙酯具有致癌性，它们可向外溶出而进入包装食品中。因此使用上具局限性。

聚氯乙烯塑料有软质和硬质之分，软质 PVC 增塑剂含量较大，一般不用于直接的食品包装，常用于生鲜水果和蔬菜包装。硬质 PVC 中不含或极少含增塑剂，安全性好，一般用于食品包装。

6）聚对苯二甲酸乙二醇酯（PET）。属于聚对苯二甲酸类塑料，别名聚对苯二甲酸乙二酯，涤纶。耐热至 70℃，耐酸，不耐碱，一般用来加工成矿泉水瓶、碳酸饮料瓶，只适合装暖饮或冷饮，装高温液体或加热则易变形，有对人体有害的物质融出。并且，科学家发现，1 号塑料品用了 10 个月后，可能释放出致癌物邻苯二甲酸二（2-乙基己）酯（DEHP，增加弹性的作用），对睾丸具有毒性。因此，饮料瓶不能循环使用装热水。

3. 金属制品

金属包装材料具有优良的阻隔性能和力学性能，表面装饰性能好，废弃物处理性能好。但其化学稳定性差，特别是包装酸性内容物时，金属离子易析出而影响食品风味。铁和铝是目前使用的两种主要的金属包装材料，其中最常用的是马口铁、无锡钢板、铝和铝箔等。马口铁罐头盒罐身为镀锡的薄钢板，锡起保护作用，但有时锡也会溶出而污染罐内食品。随着罐藏技术的改进，已避免了焊接处铅的迁移，也避免了罐内层锡的迁移，如可在马口铁罐头盒内壁涂上涂料。但有试验表明：由于表面涂料而使罐中的迁移物质变得更为复杂。铝制包装材料主要是指铝合金薄板和铝箔。其主要的食品安全性问题在于铸铝和回收铝中的杂质。目前使用的铝原料纯度较高，有害金属较少，而回收铝中的杂质和金属难以控制，易造成食品污染。

4. 玻璃

玻璃是一种惰性材料，无毒，无味。一般认为玻璃与绝大多数内容物不发生化学反应，其化学稳定性极好，并且具有光亮、透明、美观、阻隔性能好、可回收再利用等优点。其中最显著的特征是其光亮和透明，但玻璃的高度透明性对某些内容食品是不利的，为了防止有害光线对内容物的损害，通常用各种着色剂使玻璃着色。绿色、琥珀色和乳白色称为玻璃的标准三色。玻璃中的迁移物质主要是无机盐和离子，从玻璃中溶出的物质是二氧化硅。

5. 搪瓷和陶瓷

搪瓷器皿是将瓷釉涂覆在金属坯胎上，经过烧烤而制成的产品，搪瓷的釉配料配方复杂。陶瓷器皿是将瓷釉涂覆在由黏土、长石和石英等混合物烧结成的坯胎上，再经焙烧而制成的产品。搪瓷、陶瓷容器在食品包装上主要用于装酒、咸菜和传统风味食品。陶瓷容器美观大方，在保护食品风味上有很好的作用。但由于其材料来源广泛、反复使用以及加工过程中添加的化学物质造成了食品安全性问题。其危害主要由制作过程中在坯胎上涂覆的瓷釉、陶釉、彩釉引起。釉料主要由铅、锌、锑、钡、钛、铜、铬、钴等多种金属氧化物及其盐类组成。当陶瓷容器或搪瓷容器盛装酸性食品（如醋、果汁等）和酒时，这些物质容易溶出而迁移入食品。

6. 橡胶及橡胶制品

橡胶制品用做奶瓶、瓶盖、高压锅垫圈及输送食品原材料、辅料、水的管道等。有天然橡胶和合成橡胶两大类。天然橡胶是以异戊二烯为主要成分的天然高分子化合物，本身既不分解，在人体内部也不被消化吸收，因而被认为是一种安全、无毒的包装材料。但由于加工的需要，常在其中加入多种助剂，如促进剂、防老剂、填充剂等，给食品带来安全隐患。

第三节　食品中的物理性危害

物理性危害通常是指食品生产过程中外来的物体或异物，包括产品消费过程中可能使人致病或导致伤害的任何非正常的物理物质。物理危害可以发生在食品加工生产过程的任何环节。食品中常见的物理物质包括玻璃、铁钉、石块、骨头、鱼钩、贝壳、金属碎片、竹签等。只要在食品中有上述异物存在，就可能对消费者造成人体伤害，如卡住咽喉或食道、划破人体组织和器官特别是消化道器官、损坏牙齿、堵住气管引起窒息等。

一、食品中物理性危害的来源

1. 由原材料引入的物理性危害

（1）植物性原料在收获过程中混入的异物有铁钉、铁丝、钢丝、石头及玻璃、陶瓷、塑料、橡胶等碎片。

（2）动物性原料在饲养过程中引入的异物包括随饲料进入动物体内的铁钉、铁丝、玻璃、陶瓷碎片等；射击用的子弹和注射用的针头。

（3）水产品原料在捕捞过程中引入的鱼钩、铅块等。

2. 加工过程中混入的异物

加工设备上脱落的螺母、螺栓、螺钉、金属碎片、不锈钢丝、玻璃及陶瓷碎片、工具、灯具、温度计、包装材料、纽扣、首饰等。

3. 畜、禽和水产品因加工处理不当引入的物理性危害

剔除畜、禽、鱼的骨、刺时处理不当，致使上述物质碎片在食品中遗留；加工贝、蟹、虾类食品时动物外壳残留在食品中；蛋壳留在以蛋类为原料的加工食品中。

二、食品中物理性危害的控制

食品中物理性危害的控制主要靠预防及利用适当仪器和手段进行甄别及筛选，表2—9所列为常见物理性危害及控制措施。

表2—9　　常见物理性危害及控制措施

物理性危害	控制措施
原料本身的物理污染： 如肉、鱼中的骨头，果汁中的果仁、果梗等	液体：过滤、磁选、离心分离 粉尘：过筛、磁选、金属探测
原料中外来物理污染： 如玻璃、木屑、金属、塑料、害虫	液体：过滤 固体：肉眼观察、过筛、金属探测

续表

物理性危害	控制措施
加工过程中的物理交叉污染：如玻璃、木屑、金属、螺钉、头发、纤维、虫害尸体、塑料等	根据物理交叉污染物的来源和性质选择适当的控制措施： 对加工现场的玻璃加贴防护膜，食品加工上方灯具采用防护罩 不采用木制的工器具，以免由于破损而造成木屑污染加工食品 对来自机械设备、管道、传送带等位置的污染，应定期对螺钉、螺帽等有可能脱落的部位进行检查并及时更换破损部件，以免造成螺帽等的交叉污染，同时配备金属检测器进行产品包装前的监测 对头发、线头等污染物应控制好操作员工的个人卫生，使用粘辊、风淋等设施 加工场所配备严密的纱窗并保持完好，以控制虫害 对主要来自包装材料的塑料污染，采用隔离的方法来控制

1. 原料中物理性危害的控制。建立完整供货商保证体系；利用金属探测、磁铁吸附、过筛、水选、人工挑选等方法在生产前对原料进行筛选。

2. 在生产过程中的关键过程，根据实际情况制定和实施甄别及筛选工序，对有可能混入金属碎片的半成品采用金属探测器检查。

3. 对可能成为食品中物理性危害来源的因素进行控制，例如，经常检修设备、生产用具，应保证其安全和完整性；对生产场所的周边环境进行控制，清除可能带来危害的物质；对员工加强教育和培训，提高员工的安全卫生意识；制定相关的规章制度，以减少人为因素造成的物理性危害。

第四节　食品中的其他危害

前几节介绍了食品中常见的三大类危害，这些危害是造成食品安全隐患的主要原因。但随着科学技术的发展和人们认识的深入，食品中的一些新危害［如环境激素（二噁英、多氯联苯）、放射性核素污染、转基因技术等］逐渐被发现，并引起重视，例如，1999 年发生在荷兰的含二噁英的工业用油污染饲料引发的奶粉、畜禽制品的二噁英污染，2011 年 5 月日本福岛地震发生的核泄漏引起周边农产品和水产品受到污染。另外，转基因食品大范围的覆盖所可能存在的潜在危害问题引发了大量的社会争议。本节将重点介绍食品放射性污染危害和转基因食品的安全性。

一、食品中的放射性污染危害

放射性物质对环境的污染以及意外事故中放射性核素的遗漏均可通过食物链各环节污染食物，特别是鱼类等水产品对某些放射性核素有很强的富集作用，使其危害性受到重视。

1. 食品中的天然放射性核素

自然界天然存在的放射性核素多数属于铀、钍、锕三系，三系起始元素为^{238}铀、

^{232}钍、^{235}铀，各系中包括许多子体（如^{226}镭等），另有少数元素不属于三系，如^{46}钾、^{87}铷等。存在于地壳中还有一些元素，如^{14}碳和氚是宇宙射线作用于大气中稳定元素的原子核而产生的，这些天然放射性核素广泛分布于空气、水、土壤中，构成了自然界的天然辐射源，它们与稳定性同位素一样参与周围环境与生物体间的物质自然交换过程，所以，在动植物组织内均有放射性核素存在，即动植物性食品的天然放射性本底。

食品中重要的天然放射性核素包括^{46}钾、^{226}镭、^{228}铀等，它们在食品中的含量受食品产地中本底高低的影响，同一种食品，高本底区的含量可以是低本底区的一到几十倍不等。同时也与食品种类有关。

在正常条件下，食品中的天然放射性物质的核素含量很低，一般不会造成食品安全性问题。

2. 放射性核素对食品的污染及危害

（1）食品中放射性核素污染的来源

食品可以吸附或吸收外来的（人为的）放射性核素，使其放射性高于自然放射性本底，称为食品的放射性污染，食品的放射性污染来源于三个方面。

1）空中核爆炸试验。核爆炸时的核裂变产物、未起反应的核原料以及弹体材料受中子流的作用形成感生射线的物质，被带入一定高度的大气流中，在不同地区向地面沉降。颗粒大的受质量影响在 24 h 内到达爆炸区附近地面形成局部性污染，颗粒小的可进入对流层和平流层向远处分散，数月或数年降于地面，产生全球性污染。一次核爆炸可以产生二百种以上裂变产物，这些产物的半衰期从几分之一秒到千年或万年。

2）核废物的排放。整个核动力生产中的采矿、燃料制造、浓缩及反应堆动力生产和核燃料再处理等过程均可通过三废排放，污染环境，从而污染食品，特别是对水源的污染更突出。据调查，厂区附近的领域及地区所产鱼、牡蛎、农作物、牛奶中均有较高浓度的^{137}铯、^{65}锌、^{51}铬和^{32}磷等。

3）意外事故。意外事故的泄漏主要引起局部性污染，但可使食品中含有相当高的放射性，如有名的英国温莎盖尔原子反应堆事故向大气中排放的放射性核素的放射性约相当于 11.1×10^{14} Bq。其中^{131}碘为 7.4×10^{14} Bq，^{137}铯为 22.2×10^{12} Bq，^{89}锶、^{90}锶为 33.3×10^{14} Bq。由于附近牧草受到污染，牛奶中放射性核素含量相当高。该地区居民的甲状腺中放射性核素剂量达到 4×10^{112} Gy，儿童为 16×10^{112} Gy。1986 年的前苏联切尔诺贝利核事故也造成环境及食品的严重污染。

（2）放射性核素的危害

污染食品重要的放射性核素包括^{131}碘、^{90}锶、^{89}锶、^{137}铯。

1）^{131}碘。^{131}碘可通过污染牧草进入牛体而使牛奶受到污染。^{131}碘半衰期短，只有 6～8 天，对食品长期污染意义不大，对蔬菜的污染具有较大意义，人可以通过摄入新鲜蔬菜摄入较大量的^{131}碘。以奶为主要膳食成分的地区牛奶是^{131}碘主要来源。^{131}碘可以通过母乳对婴儿产生潜在危害。

2）^{90}锶。^{90}锶在核爆炸中大量产生，为全球性沉降，半衰期达 28 年，进入人体参与钙的代谢过程，大部分沉积于骨骼中。污染区的牛奶、羊奶中含有较大量的放射性锶。^{90}锶可广泛存在于土壤中，是食品放射性的重要来源，食品中^{90}锶的浓度随核试验情况消长。

3)^{89}锶。^{89}锶也是核爆炸主要的裂解产物，其产量比^{90}锶更高。核爆炸产生的碎片中^{89}锶/^{90}锶比率高达 180 或更高，^{89}锶半衰期为 51 天，消失较快。

4)^{137}铯。^{137}铯的半衰期为 30 年，易被机体充分吸收，化学性质与钾相似，参与钾的代谢，随血液分布全身，无特殊浓缩器官，主要通过尿液排出，肠道可排出部分，奶中排出少量。^{137}铯也可通过地衣—驯鹿—人的特殊食物链进入人体。

3. 控制食品放射性污染措施

为防止放射性对食品的污染及对人体的危害，应加强对污染源的经常性监督。定期进行食品监测，严格执行卫生标准，使食品放射性污染量控制在限制浓度范围以内。1958 年国际放射性防护委员会（ICRP）推荐“人体最大容许剂量，作为职业工作者和一般居民的放射性接触限量”。许多国家援用了这一基本建议，进一步制定了空气、水和食品的放射性核素最大容许浓度和最大容许摄入量。我国 1977 年制定了《食品中放射性限量标准》和《食品放射性管理办法》。

4. 辐照食品的安全性

食品辐照是指利用射线照射食品（包括原料）以延迟新鲜食物某些生理过程（成熟和发芽），或对食品进行杀虫、消毒、杀菌、防霉等处理，从而达到延长保存时间、稳定提高食品质量目的的操作过程，是近半世纪才发展起来的一种新技术。

食品辐照处理一般采用的辐射源是密封的^{60}钴或^{137}铯产生的 γ 射线或电子加速器产生的电子射线。在进行包装处理时，被辐照食品从未直接接触放射线核素，食品只是在辐射场接受射线的外照射，不会沾染上放射性物质。

FAO/IAFA/WHO 1980 年公布，受辐照食品平均吸收剂量在 10 kGy 及以下者没有毒性危害。到 20 世纪 90 年代中期，WHO 在回顾辐照食品的安全与营养平衡的研究时已有三条结论：一是辐照不会导致对人体健康有不利影响的食品成分的毒性变化；二是辐照食品不会增加微生物的危害；三是辐照食品不会导致人们营养供给的损失。

1997 年，FAO/IAFA/WHO 在总结 50 多年的研究基础上得出结论：在任何辐照剂量下的辐照食品是安全的。

二、转基因食品的安全性

转基因技术是最重要的高新技术之一。随着人口不断增长，传统农业技术已经不能满足人们日益增长的物质生活需求。为了提高食物的多样性和营养性，研究转基因食品成为行之有效的办法之一。然而，近年来国内外重大的食品安全事件不断出现，引起人们对食品安全的极大关注，由新技术开发带来的转基因食品是否对人体健康有害成为公众关注的热点。目前，各国政府和科研机构对转基因食品安全性还未达成一致的意见，对其安全性的争议也日趋激烈。因此，全面分析转基因食品的安全性有助于对转基因食品进行公平评价和科学管理。

1. 转基因食品的种类

转基因技术是指使用基因工程或分子生物学技术，将遗传物质导入活细胞或生物体中，产生基因重组现象，并使之表达并遗传的相关技术。通过转基因技术改变了遗传性状的生物称为转基因生物。

目前，已经进入食品领域的转基因生物包括转基因植物、转基因动物和转基因微生物三类。用这些转基因生物制造、生产的食品、食品原料及食品添加物等被称为转基因食品，简称GMF（Genetically Modified Foods）。

按生物来源不同，转基因食品可分为以下三种：

（1）植物性转基因食品

转基因植物研究着重于研究及培养具有延缓成熟、耐极端环境、抗虫害、抗病毒、抗枯萎等性能的作物，提高作物的生存能力，培育不同脂肪酸组成的油料作物、多蛋白的粮食作物、不同糖类组成的经济作物以及廉价生产具有特殊价值的农业产品。

主要有适合于面包生产的高蛋白含量小麦、耐储藏的番茄、抗除草剂的水稻和大豆、含马铃薯基因的转基因玉米等。

（2）动物性转基因食品

转基因动物的生产主要以培育生长速度快、抗病力强、肉质好的转基因动物，提高产仔（卵）数、饲料转化率，增加动物的产奶量，改善奶的组成成分为目标。

在动物性食品生产中，转基因技术已成功应用于鱼类、猪、牛、羊等动物品种的改良。例如，在猪的基因组中转入人的生长素基因，猪的生长速度增加了一倍，猪肉质量大大提高。在鲫鱼卵中导入人生长激素基因，获得快速生长的转基因鱼。

（3）转基因微生物食品

转基因技术在微生物食品中的应用着重于通过改善有益微生物来生产食用酶，或提高酶产量和活性，也可改善发酵食品的风味和品质。主要有转基因酵母和食品发酵用酶。如生产奶酪的凝乳酶，以往只能从杀死的小牛的胃中才能取出，现在利用转基因微生物已能够使凝乳酶在体外大量产生，避免了小牛的无辜死亡，也降低了生产成本。

除此之外，科学家利用生物遗传工程，将普通的蔬菜、水果、粮食等农作物变成能预防疾病的神奇的“疫苗食品”，常称为转基因特殊食品。目前，科学家培育出了一种能预防霍乱的苜蓿植物。用这种苜蓿来喂小鼠，能使小鼠的抗病能力大大增强。而且这种霍乱抗体能经受胃酸的腐蚀而不被破坏，并能激发人体对霍乱的免疫能力。人们在享受美味的同时，还增强了对疾病的免疫力。

2. 转基因食品的食用安全性

从本质上讲，转基因生物和常规育种的品种是一样的。两者都是在原有的基础上对某些性状进行修饰，或增加新性状或消除原有不利性状，只不过运用的技术手段不同而已。

人类有意识地杂交育种已有100多年的历史，但常规有性杂交仅限于种内或近缘种间。而转基因技术则是对原有品种的部分性状进行修饰，或根据人类的愿望增加其有利性状，消除其不利性状，转基因生物中的外源基因可来自植物、动物、微生物，人们对可能出现的新组合、新性状能否影响人类健康和生物环境还缺乏足够的知识及经验；同时，按目前科学水平还不可能完全精确地预测一个外源基因在新的遗传背景中会产生什么样的副作用。以上的不确定性激起了人们对转基因生物的关注，最为关心的是转基因食品的安全性问题，包括两个方面：一是对人体健康的影响；二是对生态环境的影响。这里仅讨论转基因食品的食用安全性。根据目前的研究结果，转基因食品的安全性问题可能存在于以下几个方面：

（1）潜在的过敏反应

转基因食品中由于转入外源基因的表达，食品成分中可能含有新的蛋白质。人体免疫系统对食品中特异性物质产生特异性的免疫球蛋白，发生过敏反应，例如，对巴西坚果过敏的人对转入巴西坚果基因后的大豆产生过敏反应。

（2）营养品质改变问题

外源基因的引入可能使转基因食品中的主要营养成分、微量营养素及抗营养因子发生变化，会降低食品的营养价值，使其营养结构失衡。

（3）潜在毒性作用

基因的多效性使遗传修饰在打开一种目的基因的同时，可能提高食品中天然毒素，给消费者造成伤害。此外，转基因食品中外源基因的插入可能使原先关闭的基因被打开，产生一种新的毒素。

（4）抗生素抗性风险问题

抗生素抗性基因的运用大大简化了基因重组的操作步骤。抗生素抗性基因随着食物进入人和动物体内的肠道微生物中，通过转化可能诱导耐药菌株的产生。

3. 转基因食品的安全性评价

（1）转基因食品安全性评价的必要性

通过基因工程方法，按照人的意图和目的而设计作物或动物的性状，打破了生物种之间的界限，对出现的新组合和性状在不同遗传背景下的表达，对环境和人的影响还缺乏认识，有些甚至是一无所知。加强对转基因生物及产品的安全性评价，保证转基因食品的研究、生产和消费的安全，对于学科和产业的健康发展十分必要，也非常迫切。

（2）转基因食品的安全性评价原则

为了科学评价转基因食品的安全性，1993年经济合作和发展组织（OECD）首次提出了“实质等同性原则”。“实质等同性原则”的含义是：转基因生物技术产生的食品及食品成分，如果与一种现有的食物或食物成分在实质上是相当的，则可以认为是安全的。该原则强调了转基因食品安全性的目的，不是要了解该食品的绝对安全性，而是评价它与非转基因的同类食品比较的相对安全性。此外，由于对新的转基因生物缺乏了解和经验，也由于转基因生物种类及其生长环境的多样性，在对转基因食品进行评价时还应配合另外五项原则，即危险性分析原则、个案处理原则、逐步评估原则、科学评价原则、重新评价原则。但实质等同原则是转基因食品安全评价框架的核心内容。

（3）转基因食品安全性评价的内容

1）营养学评价。食物的营养成分有它内在的规律，否则可能打破了整个食物的营养平衡。这种可以通过插入确定的DNA序列来为宿主生物提供一种特定的目的性质称为“预期效应”，在理论上也有一些生物获得了额外的品质或使原始的品质丧失，这就是“非预期效应”，对转基因食品的营养评价应该包括这类“非预期效应”。

2）毒理学评价。如免疫毒性、神经毒性、致癌性、繁殖毒性以及是否有过敏源等。

（4）转基因食品安全性评价的方法

评定转基因食品中外源基因编码蛋白的食用安全性的方法有两种：一是根据外源基因编码蛋白的化学组成判断其毒性；二是用动物试验或模拟试验的方法判断外源基因编码蛋白的毒性；外源基因水平转移而引发的不良后果，如标记基因转移引起的胃肠道有害微生物对药物的抗性等；未预料的基因多效性所引发的不良后果，如外源基因插入位点及插入基因产物引发的下游基因转录效应而导致的食品新成分的出现，或已有成分含量减少乃至消失。

4．转基因食品的安全管理

转基因食品的安全性问题已在全世界范围内成为人们聚焦的热点，其管理也受到各国政府的高度重视。目前，各国对转基因食品管理的出发点都是在保证人类健康、农业生产和环境安全的同时促进其发展，使其为人类创造最大的利益。由于对转基因食品风险的理解有差异，各国的管理模式也略有不同。

（1）国外管理转基因食品的典型模式

目前，国际上比较典型的管理模式有以下三种：

1）以美国和加拿大为代表的宽松管理模式。这是一种以产品为基础的管理模式，在管理上对转基因生物和其他产品的管理没有差别，只要转基因生物产品通过新成分、过敏原、营养成分和毒性等常规的检验就允许上市。

2）以欧盟为代表的严厉管理模式。这是以工艺工程为基础的管理模式，其管理原则是首先假定转基因生物及其产品有潜在的危险，所有与之有关的活动都要进行严格的管理，并针对基因工程技术制定新的法规和标准，不仅针对GMO（转基因生物）及其产品，还针对研制技术与过程。奥地利、卢森堡甚至明令禁止转基因玉米的出售。在欧洲上市的食品中，如果转基因生物原料成分超过1％就必须在标签中予以说明。

3）以日本为代表的既不宽松也不严厉的管理政策。本模式介于美国和欧盟之间，由日本科学技术厅、农林水产省和厚生省共同管理。农林水产省依《农、林、渔及食品工业应用重组DNA准则》，负责管理转基因生物在农业、林业、渔业和食品工业中的应用，对于国外进入日本的转基因食品的饲料，厚生省要重新进行安全性评价。

（2）我国对转基因生物及其产品的管理

我国非常重视转基因生物及其产品的管理，出台了一系列转基因产品的管理办法。1993年科技部发布了《基因工程安全管理办法》，主要从技术角度对转基因生物进行宏观管理。农业部于1996年7月颁布了《农业基因生物工程安全管理实施办法》，以规范转基因技术的应用和管理。农业部于2002年3月开始实施《农业转基因生物标识管理办法》，对转基因食品及含有转基因的农产品实行标识制度。2003年4月国家卫生部颁布了《转基因食品卫生管理办法》，进一步加强了转基因食品的安全性管理。

对转基因食品的安全性进行正确的评估和科学的管理，是生物技术发展的必然趋势。随着基因工程技术的进步以及安全管理意识的加强，对转基因食品安全性的评估方法不断完善，评估手段不断进步，转基因技术和转基因食品必将为人类带来更加美好的明天，以避免对人类健康和环境的损害。

~思考与练习~

1. 为什么海产品食物中毒常因副溶血性弧菌感染而引起?
2. 真菌对食品有什么危害?试述主要产毒真菌及所产毒素特点。
3. 来自动物源的天然毒素有哪些?来自植物性的天然毒素有哪些?
4. 塑料是最常用的食品包装材料，主要有哪几种?其特性如何?
5. 在食品生产中如何防止食品病毒性危害?
6. 食品中的食品添加剂危害主要体现在哪些方面?试分析其产生的原因。

第三章　食品质量管理的工具与方法

学习目标：

1. 理解质量数据的性质和特征值的概念。

2. 熟悉七种传统质量管理方法的概念和作用，能应用质量管理方法对食品生产活动进行质量控制和质量改进。

第一节　食品质量数据及统计指标

一、食品质量数据

数据是反映事物性质的一种量度，全面质量管理的基本观点之一就是“一切用数据说话”。质量数据按其性质基本上可以分为两类，见表3—1。

表3—1　　质量数据分类

数据类型		定义	示例
计量值数据		可以连续取值，在有限的区间内可以无限取值的数据	长度、面积、体积、质量、密度、糖度、酸度
计数值数据	计件值数据	数产品（或其他事物）的件数而得到的数值	合格品率、不合格品数
	计点值数据	数缺陷数而得到的数值	产品表面的缺陷数、单位时间内机器发生故障的次数

必须注意，判断以百分数出现的数据属于哪一类数据，要看它是由哪一类数据计算所得，如食品工业产值占国民经济总产值的百分数等属于计量值数据，某企业工程技术人员占全体职工总数的百分数、产品的合格品率等属于计数值数据。计量值数据和计数值数据的性质不同，它们的分布也不同，所用的控制图和抽样方案也不同，所以必须正确区分。

二、数据的收集

生产实践中质量数据的数量非常大，通常不可能、也没有必要全部收集，因此，质量管理中质量数据的收集基本都是采取抽样的方法，即从全部的质量数据中抽取样本数据，通过统计分析样本数据来推断产品和过程的质量。

1. 抽样的原则

样本抽取的原则是随机抽样，就是保证在抽取样本的过程中排除一切主观意向，使批中的每个单位产品都有同等被抽取的机会的一种抽取方法。

2. 抽样的方法

假设有某种成品分别装在20个箱中，每箱各装50个，总共是1 000个。如果想从中取100个成品作为样本进行测试研究，那么应该怎样抽样呢？可以采取五种方法来抽样，见表3—2。

表3—2　抽样方法

抽样方法	说明
简单随机抽样法	将20箱成品倒在一起，混合均匀，并将成品从1～1 000逐一编号，然后用查随机数表或抽签的方法从中抽出编号毫无规律的100个成品组成样本
系统随机抽样法（等距抽样法或机械抽样法）	将20箱成品倒在一起，混合均匀，并将成品从1～1 000逐一编号，然后用查随机数表或抽签的方法先决定起始编号，比如16号，那么后面入选样本的成品编号依次为26、36、46、56、…、906、916、926、…、996、06。于是就由这样100个成品组成样本
分层抽样法（类型抽样法）	对所有20箱成品，每箱都随机抽出5个成品，共100件组成样本
整群抽样法（集团抽样法）	先从20箱成品随机抽出两箱，然后对这两箱成品进行全数检查，即把两箱成品看成“整群”，由它们组成样本
多级抽样法	若先从20箱成品随机抽出5箱，再从每箱随机抽出20个成品，共100件组成样本，这就是二级抽样

3. 各种抽样方法的优缺点

以上五种抽样方法各有优缺点，见表3—3，在实际应用时应予以注意。

表3—3　各种抽样方法的优缺点

抽样方法	优点	缺点
简单随机抽样法	抽样误差小	手续比较繁杂
系统随机抽样法	操作简便，实施起来不易出差错	容易产生系统误差，在总体发生周期性变化的场合不宜使用
分层抽样法	样本代表性较好，抽样误差较小	手续稍繁杂
整群抽样法	抽样实施方便	代表性差，抽样误差大
多级抽样法	样本代表性较好，抽样误差较小	手续繁杂

三、数据的特征值

1. 总体、个体与参数

（1）总体

总体又叫母体，是研究对象的全体。总体可以是有限的，也可以是无限的。例如，有一批含有 10 000 个产品的总体，它的数量已限制在 10 000 个，是有限的总体。再如，总体为某工序，既包括过去和现在，也包括将要生产出来的产品，这个连续的过程可以提供无限个数据，所以说它是无限的总体。

（2）个体

个体又叫样本单位或样品，是构成总体或样本的基本单位，也就是总体或样本中的每一个单位产品。它可以是一个，也可以由几个组成。

（3）参数

由总体计算的特征数叫做参数，常用希腊字母表示，如用 μ 表示总体平均值，用 σ 表示总体标准差。

2. 样本与统计量

（1）样本

样本又叫子样，它是从总体中抽取出来的一个或多个供检验的单位产品。在实际工作中，人们常常遇到要研究的总体是无限的或包含数量很多的个体，使得全数检查不可能或工作量过大，费用很高。或者有的产品要检查某一质量特性必须进行破坏性试验。因此，在统计工作中常常使用一种从总体中抽取一部分个体进行测试和研究的方法，这一部分个体的全体叫做样本。样本中所含的个体数目称为样本量或样本大小，常用 n 表示。

从总体中抽取部分个体作为样本的过程叫做抽样。为了使样本的质量特性数据具有总体的代表性，通常采取随机抽样的方法。随机抽样就是在每次抽取样本时，总体中所有的个体都有同等机会被抽取的抽样方法。

（2）统计量

由样本计算的特征数叫做统计量，常用拉丁字母表示，如用 $\overline{x}$ 表示样本平均数，用 s 表示样本标准差。

1）表示样本中心位置的统计量

①样本（算术）平均值。

其计算公式为 $\overline{x}=\dfrac{\sum\limits_{i=1}^{n}x}{n}$ 。

②样本中位数。把收集到的统计数据按大小顺序重新排列，排在正中间的那个数就叫做中位数，用符号 $\widetilde{x}$ 来表示。当样本量 n 为奇数时，正中间的数只有一个；当 n 为偶数时，正中位置有两个数，此时，中位数为正中两个数的算术平均值。例如，在 1、4、5、2、3 五个统计数据中，其中位数为 3；又如，有 2、1、5、4、3、6 六个统计数据，则中位数等于（3+4）/2=3.5。

2）表示样本数据分散程度的统计量

①样本极差 R。是指一组数据中最大值与最小值之差，常用 R 表示。例如，1、2、3、4、5 五个数据组成一组，则样本极差 $R=5-1=4$。

②样本方差 s^2。其计算公式为 $s^2=\frac{1}{n-1}\sum_{i=1}^{n}(x_i-\overline{x})^2$

式中，x_i表示样本中的某一数据。

③样本标准差 s。样本方差 s^2的正平方根就是样本标准差，又称样本标准偏差，以 s 表示。

四、产品质量的波动

大量实践经验表明，按照同样的工艺、遵照同样的作业指导书、采用同样的原材料、在同一台设备上、由同一个操作者生产出来的一批产品，其质量特性不可能完全一样，总是存在差异，即存在变异或波动。影响过程（工序）质量主要有六个因素，即人（操作者）、机（设备）、料（原材料）、法（操作方法）、测（测量）、环（工作环境），简称 5M1E。上述过程（工序）因素即使处于稳定状态下，在工序实施中也不可能始终保持绝对不变，例如，操作者的技术水平和精力集中情况的变化，原材料化学成分在标准范围内的微小差异，工作环境（如温度、湿度等）的变化均会造成产品质量特性值的差异。所以，尽管由同一操作人员在同一工序中生产的产品，其质量特性值总会存在波动。因此质量波动是客观存在的。产生质量波动的原因有以下两大类。

1. 正常波动

正常波动是指由随机因素，又称偶然因素（简称偶因），如机器的固有振动、液体灌装机的正常磨损等引起的质量波动。偶因是固有的，始终存在，对质量的影响较小，难以测量，消除它们成本大，技术上也难以达到。

2. 异常波动

异常波动是指由系统因素，又称异常因素（简称异因，在国际标准和我国国家标准中称为可查明因素），如配方错误、设备故障或过度磨损、违反操作规程等引起的质量波动。异因是非过程固有，有时存在，有时不存在，它们对质量波动影响大，易于判断其产生原因并除去。

产品质量具有变异性（质量波动），同时，产品质量的变异具有规律性（分布）。产品质量的变异不是漫无边际的变异，而是在一定范围内符合一定规律的变异。质量管理的一项重要工作内容就是通过收集数据、整理数据，找出波动的规律，把正常波动控制在最低限度，消除系统性原因造成的异常波动。

第二节 食品质量控制的传统七大方法

质量控制的传统方法有调查表、分层法、排列图、因果图、直方图、控制图，通常称为质量管理的七种传统工具。这七种方法相互结合，灵活运用，可以解决质量管理中的大部分质量问题，有效地服务于控制和改进产品质量。

一、调查表

1. 调查表的概念和作用

调查表又叫检查表、核对表、统计分析表，是用来检查有关项目的表格。调查表的形式多种多样，一般根据所调查的质量特性的要求不同而自行设计；一般是事先印制好的（当然也可临时制作），用来收集数据较容易且简单、明了。

调查表的作用包括：收集、积累数据比较容易；数据使用、处理起来也比较方便；可对数据进行粗略的整理和分析。

2. 调查表的种类

（1）工序分布调查表

工序分布调查表又称质量分布调查表，是对计量值数据进行现场调查的有效工具。它是根据以往的资料，将某一质量特性项目的数据分布范围分成若干区间而制成的表格，用以记录和统计每一质量特性数据落在某一区间的频数。产品质量实测值分布调查表见表 3—4。从表格形式看，质量分布调查表与直方图的频数分布表相似。所不同的是，质量分布调查表的区间范围是根据以往资料，首先划分区间范围，然后制成表格，以供现场调查记录数据；而频数分布表则是首先收集数据，再适当划分区间，然后制成图表，以供分析现场质量分布状况用。

表 3—4　　产品质量实测值分布调查表

产品名称：糖水菠萝罐头　　生产线：A　　调查者：张×　　日期：2013－2－2

质量（g）	频数							小计
	5	10	15	20	25	30	35	
495.5～500.5								
500.5～505.5	/							1
505.5～510.5	//							2
510.5～515.5	// /// /	///						8
515.5～520.5	// /// /	// // /						10
520.5～525.5	// /// /	// // /	// // /	// // /	/			21
525.5～530.5	// /// /	// // /	// // /	// // /	// // /	// //		29
530.5～535.5	// /// /	// // /	// // /					15
535.5～540.5	// /// /	///						8
540.5～545.5	// //							4
545.5～550.5	//							2
550.5～555.5								
合　计								100

（2）不合格项调查表

不合格项调查表主要用来调查生产现场不合格项目频数和不合格品率，以便继而用于排列图等的分析研究。表 3—5 所列为某食品企业在某月玻璃瓶装酱油抽样检验中外观不合格项目调查表。从外观不合格项目的频次可以看出，标签歪和标签擦伤的问题较为突出，说明贴标机工作不正常，需要调整及修理。

表 3—5　　玻璃瓶装酱油外观不合格项目调查表

调查者：李×　　地点：包装车间　　日期：　年　月　日

批次	产品规格	批量（箱）	抽样数（瓶）	不合格品数（瓶）	不合格品率（%）	外观不合格项目					
						封口不严	液高不符	标签歪	标签擦伤	沉淀	批号模糊
1	生抽	100	50	1	2			1	1		
2	生抽	100	50	0	0						
3	生抽	100	50	2	4			2	1		
4	生抽	100	50	0	0						
…	…	…	…								
250	生抽	100	50	1	2		1		1		
合计		25 000	12 500	175	1.4	5	10	75	65	10	10

（3）不合格位置调查表

不合格位置调查表又称缺陷位置调查表，就是先画出产品平面示意图，把图面划分成若干小区域，并规定不同外观质量缺陷的表示符号。调查时，按照产品的缺陷位置在平面图的相应小区域内做记号，最后统计记号数，可以得出某一缺陷比较集中在哪一个部位上的规律，这就能为进一步调查或找出解决办法提供可靠的依据。

现以奶粉包装袋印刷质量缺陷位置调查为例说明，结果见表 3—6。调查结果表明色斑最严重，而且集中在 E、F 和 H 区；条状纹其次，主要集中在 A 区；排在第三位的是套色错位，集中在 B、C、D 区。接下来就可以用因果图首先对色斑问题进行分析，找出原因，制定改进措施；然后依次对条状纹和套色错位进行分析。

（4）矩阵调查表

矩阵调查表又称不合格原因调查表，是一种多因素调查表，它要求把产生问题的对应因素分别排列成行和列，在其交叉点上标出调查到的各种缺陷和问题以及数量。表 3—7 所列为某饮料厂 PET 瓶生产车间对两台注塑机生产的 PET 瓶外观不合格原因调查表。从表中可以看出：1# 机发生的外观质量缺陷较多，操作者 B 生产出的不合格产品最多。对原因进行分析表明，1# 注塑机维护及保养较差，而且操作者 B 不按规定及时更换模具。从 2 月 3 日两台注塑机所生产的产品的外观看，质量缺陷都比较多，而且气孔缺陷尤为严重，经调查分析是当天的原材料湿度较大所致。

表 3—6　　奶粉包装袋印刷质量缺陷位置调查表

品名	奶粉包装袋	检查起止日期	3 月 10 日至 3 月 20 日
工序	印刷	检查者	王×
调查目的	彩印质量	检查件数	500

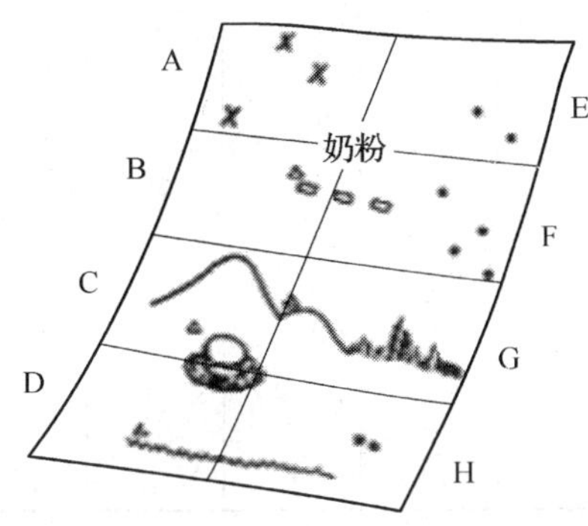

区域		A	B	C	D	E	F	G	H	合计
缺陷	色斑					34	40		20	94
	条状纹	30		7						37
	套色错位		16	12	7					35

表 3—7　　PET 瓶外观不合格原因调查表

设备	操作者	2 月 1 日		2 月 2 日		2 月 3 日		2 月 4 日		2 月 5 日	
		上午	下午	上午	下午	上午	下午	上午	下午	上午	下午
1$^{\#}$	A	○○ ●	○ ×× □	○×●	○○ ×□	○○ ●○ ○○ ×	○ ○ ○ ○ × ○	○○ ××	○× □	○× △△	×●□
	B	○● ××	○○ ● ×× □	××× □●△	○ ××	○○ ○○ ○○ ● ××	○ ○ ○ ○ ○ ○ ● ×	○●● ○ ×××	○○ ●● ×× △	○○ ●× □	○ ××× ○

续表

设备	操作者	2月1日		2月2日		2月3日		2月4日		2月5日	
		上午	下午	上午	下午	上午	下午	上午	下午	上午	下午
2#	C	○×	□	○×	●	○○ ○○ ○×	○ ○ ○ ○ ×	○△	○● ×	○	○
	D	○□	○● ×	○	○△	○○ ○× □	○ ○ ○ ○ ○	○●□	○×	○	○

注：○—气孔；△—裂纹；●—疵点；×—变形；□—其他。

二、分层法

1. 分层法的概念和分层方法

分层法又叫分类法、分组法。它是按照一定的标志，把收集到的大量有关某一特定主题的统计数据加以归类、整理和汇总的一种方法。分层的目的在于把杂乱无章和错综复杂的数据、意见加以归类汇总，使之更能确切地反映客观事实。

分层的原则是使同一层次内的数据波动幅度尽可能小，而层与层之间的差别尽可能大；否则就起不到归类汇总的作用。一般来说，分层方法包括按操作者分层、按机器和设备分层、按原料分层、按加工方法分层、按时间分层、按作业环境状况分层、按测量分层等。

2. 分层法应用案例

某食品厂的糖水水果旋盖玻璃罐头经常发生漏气现象，造成产品发酵、变质。经抽检 100 罐产品后发现，一是由于 A、B、C 三台封罐机的生产厂家不同；二是所使用的罐盖是由两个制造厂提供的。在用分层法分析漏气原因时，采用按封罐机生产厂家分层（见表 3—8）和按罐盖生产厂家分层（见表 3—9）两种情况。

表 3—8　　按封罐机生产厂家分层

封罐机生产厂家	漏气（罐）	不漏气（罐）	漏气率（%）
A	12	26	32
B	6	18	25
C	20	18	53
合计	38	62	38

表 3—9　　按罐盖生产厂家分层

罐盖生产厂家	漏气（罐）	不漏气（罐）	漏气率（%）
一厂	18	28	39
二厂	20	34	37
合　计	38	62	38

由表 3—8 和表 3—9 容易得出：为降低漏气率，应采用 B 厂生产的封罐机，选用二厂生产的罐盖。然而事实并非如此，当采用此方法后，漏气率反而高达 43%（6/14＝0.43，见表 3—10）。因此，这样的简单分层是有问题的。正确的方法应该是：当采用一厂生产的罐盖时，应采用 B 厂生产的封罐机；当采用二厂生产的罐盖时，应采用 A 厂生产的封罐机。这时它们的漏气率平均为 0%，多因素分层法见表 3—10。因此，运用分层法时不宜简单地按单一因素分层，必须考虑各因素的综合影响效果。

表 3—10　　多因素分层法

封罐机生产厂家	漏气情况	罐盖生产厂家		合计
		一厂	二厂	
A	漏气（罐）	12	0	12
	不漏气（罐）	4	22	26
B	漏气（罐）	0	6	6
	不漏气（罐）	10	8	18
C	漏气（罐）	6	14	20
	不漏气（罐）	14	4	18
小计	漏气（罐）	18	20	38
	不漏气（罐）	28	34	62
合计		46	54	100

三、排列图

1. 排列图的概念

排列图又叫帕累托图（有的译为巴雷特图）。它是将质量改进项目从最重要到次要进行排列而采用的一种简单的图示技术。排列图由一个横坐标、两个纵坐标、几个按高低顺序排列的矩形和一条累计百分比折线组成。通过区分最重要和其他次要的项目，就可以用最少的努力获得最大的改进。

2. 排列图的制作案例

表 3—11 所列为某食品厂 2005 年 6 月 2 日至 6 月 7 日菠萝罐头不合格项调查表。

表 3—11　　菠萝罐头不合格项调查表

不合格类型	外表面	真空度	二重卷边	净重	固形物	杂质	块形	小计
不合格数	1	7	1	42	28	6	4	89

根据该表数据制作排列图的步骤如下：

(1) 制作排列图数据表（见表3—12），计算不合格比率，并按数量从大到小的顺序将数据填入表中。“其他”项的数据由许多数据很小的项目合并在一起，将其列在最后。

表3—12　　菠萝罐头排列图数据表

不合格类型	不合格数	累计不合格数	比率（%）	累计比率（%）
净重	42	42	47.2	47.2
固形物	28	70	31.5	78.7
真空度	7	77	7.9	86.6
杂质	6	83	6.7	93.3
块形	4	87	4.5	97.8
其他	2	89	2.2	100
合计	89		100	

(2) 画两根纵轴和一根横轴，左边的纵轴标上件数（频数）的刻度，最大刻度为总件数（总频数）；右边的纵轴标上比率（频率）的刻度，最大刻度为100%。左边总频数的刻度与右边总频率的刻度（100%）高度相等。横轴上按频数从大到小依次列出各项。

(3) 在横轴上按频数大小画出矩形，矩形高度代表各不合格项频数的大小。

(4) 画累计频率曲线，用来表示各项目的累计百分比。

(5) 在图上记入有关必要事项，如排列图名称、数据以及采集数据的时间、主题、数据合计数等。如图3—1所示为菠萝罐头不合格项目排列图。

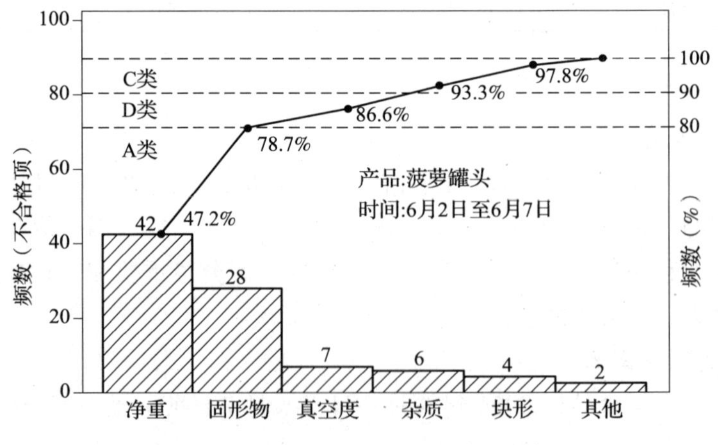

图3—1　菠萝罐头不合格项目排列图

3. 排列图的使用

(1) 为了抓住“关键的少数”，在排列图上通常把累计比率分为三类：在0%～80%

之间的因素为A类因素，也即主要因素；在80%～90%之间的因素为B类因素，也即次要因素；在90%～100%之间的因素为C类因素，也即一般因素。从图3—1中可以看出，出现不合格品的主要原因是净重和固形物含量不合格，只要解决了这两个问题，不合格率就可以降低78.7%。

（2）在解决质量问题时，将排列图和因果图结合起来特别有效，先用排列图找出主要因素，再用因果图对该主要因素进行分析，找出引起该质量问题的主要原因。

四、因果图

1. 因果图的概念和作用

因果图又称鱼刺图，是一种用于分析质量特性（结果）与可能影响质量特性的因素（原因）的一种工具。它可用于以下几个方面：分析因果关系，表达因果关系，通过识别症状、分析原因、寻找措施促进问题的解决。日本东京大学教授石川馨第一次提出了因果图，所以因果图又称石川图，其结构如图3—2所示。

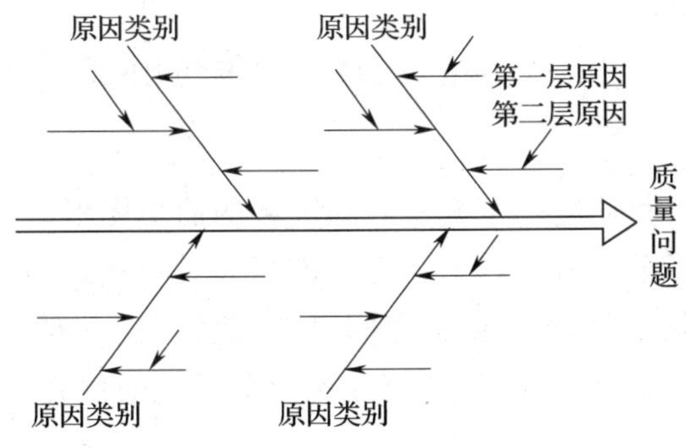

图3—2 因果图结构

2. 因果图的制作步骤

（1）确定需要分析的质量特性，如产品质量、质量成本、产量、工作质量等问题。

（2）召集同该质量问题有关的人员参加会议，充分发扬民主，各抒己见，集思广益，把每个人的分析意见都记录在图上。

（3）画一条带箭头的主干线，箭头指向右端，将质量问题写在图的右边，确定造成质量问题的原因类别。影响产品质量一般有人、机、料、法、环、测（5M1E）六大因素，所以经常见到按六大因素分类的因果图。然后围绕各原因类别展开，按第一层原因、第二层原因、第三层原因及相互间因果关系，用长短不等的箭头线画在图上，逐级分析展开到能采取措施为止。

（4）讨论分析主要原因，把主要的、关键的原因分别用粗线或其他颜色的线标记出来，或者加上方框进行现场验证。

（5）记录必要的有关事项，如参加讨论的人员、绘制日期、绘制者等。

如图3—3所示为某食品厂的质量管理小组为提高裱花蛋糕的卫生质量所制作的裱花蛋糕微生物超标的因果图。图中将影响裱花蛋糕微生物含量的要因用方框显示出来。

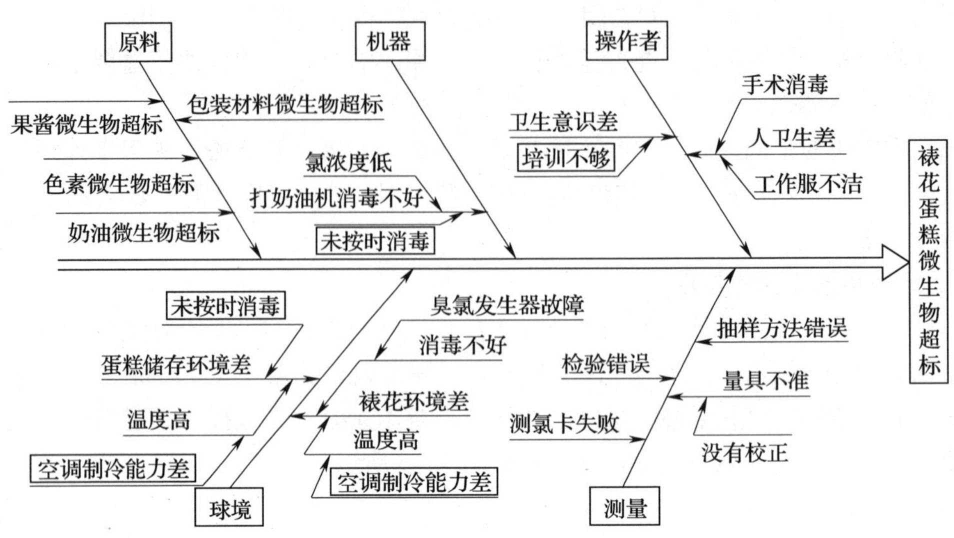

图 3—3　裱花蛋糕微生物超标的因果图

五、相关图

相关图也叫散布图，是研究两个变量之间关系的简单图形。在相关图中，成对的数据形成点子云，研究点子云的分布状态，便可推断成对数据之间的相关程度。当 x 值增加时，相应的 y 值也增加，就称 x 和 y 之间是正相关；当 x 值增加时，相应的 y 值减小，则称 x 和 y 之间是负相关。图 3—4 所示为 6 种常见的相关图形状。

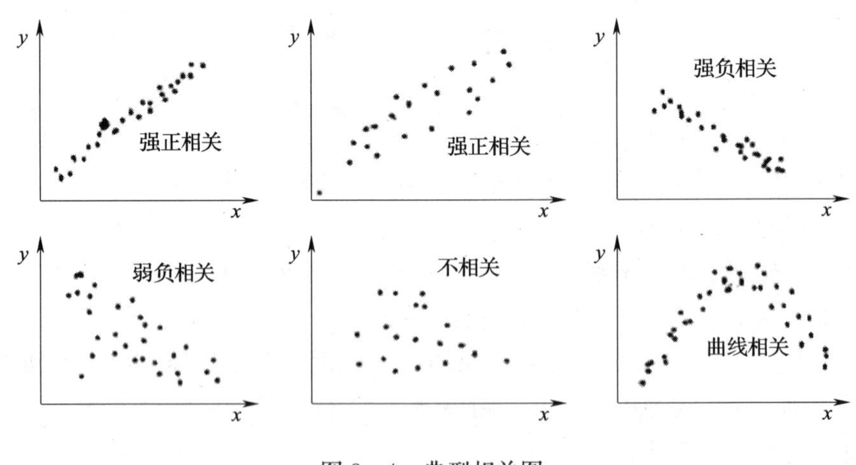

图 3—4　典型相关图

相关图可以用来发现和确认两组相关数据之间的关系，并确认两组相关数据之间预期的关系，常用于分析和研究质量特性之间或质量特性与影响因素两变量之间的相关关系。

［例］　某酒厂为了研究中间产品酒醅中的酸度含量和酒度两个变量之间存在的关系，对酒醅样品进行了化验分析，结果见表 3—13。

表 3—13　　酒醋中酸度和酒度分析数据表

序号	酸度	酒度	序号	酸度	酒度	序号	酸度	酒度	序号	酸度	酒度
1	0.5	6.3	9	0.7	6.0	17	0.9	5.0	24	1.3	4.3
2	0.9	5.8	10	0.9	6.1	18	0.7	6.3	25	1.0	5.3
3	1.2	4.8	11	1.2	5.3	19	0.6	6.4	26	1.5	4.4
4	1.0	4.6	12	0.8	5.9	20	0.5	6.4	27	0.7	6.6
5	0.9	5.4	13	1.2	4.7	21	0.5	6.6	28	1.3	4.6
6	0.7	5.8	14	1.6	3.8	22	1.2	4.7	29	1.0	4.8
7	1.4	3.8	15	1.5	3.4	23	0.6	6.5	30	1.2	4.1
8	0.8	5.7	16	1.4	3.8						

现利用散布图对数据进行分析、研究和判断。将表中的各组数据一一描点在坐标系中，结果如图 3—5 所示。将图 3—5 与图 3—4 所示的典型散布图进行比较，可以得出酒醋酸度与酒度成强负相关的结论。

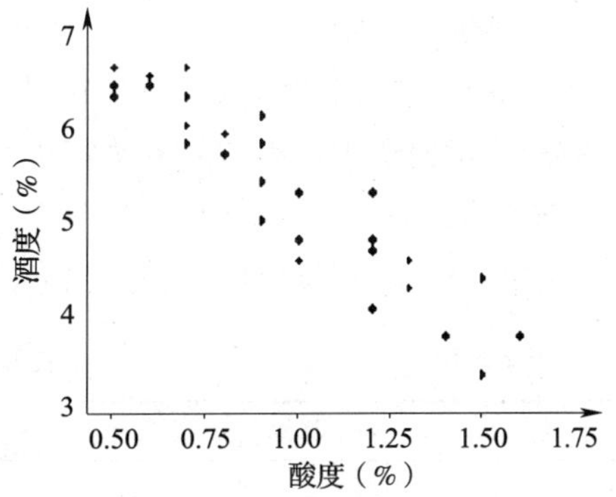

图 3—5　酒度与酸度散布图

六、直方图

1. 直方图的概念和作用

直方图是指从总体中随机抽取样本，对样本中获得的数据进行整理后，用一系列宽度相等、高度不等的矩形表示数据分布的图。矩形的宽度表示数据范围的间隔，矩形的高度表示在给定间隔内的数据频数。

直方图的作用有两个，一是较直观地传递有关过程质量状况的信息，显示质量波动分布的状态；二是通过对数据分布和与公差的相对位置的研究，可以对过程能力进行判断。

2. 直方图的制作案例

对于市场销售的带有包装（瓶、罐、袋、盒等）的产品所给出的标称质量，法律规定其实际平均质量只允许比标称质量多而不允许少；而为了降低成本，灌装量又不能超出标称质量太多。为保护消费者权益和生产者的利益，对溢出量（实际质量超出标称质量的差量）应有限制范围。某植物油生产厂使用灌装机灌装标称质量为 5 000 g 的桶装色拉油，要求溢出量为 0～50 g。现应用直方图对灌装过程进行分析。

（1）收集数据

制作直方图时要求收集的数据一般为 50 个以上，最少不得少于 30 个。数据太少时所反映的分布及随后的各种推算结果的误差会增大。本例收集 100 个溢出量数据，列于表 3—14 中。

表 3—14　**溢出量数据表**　g

溢出量																			
43	40	28	28	27	28	26	12	33	30	29	31	18	30	24	26	32	28	14	47
34	42	22	32	30	34	29	20	22	28	24	34	22	20	28	24	48	27	1	24
24	29	29	18	35	21	36	46	30	14	34	10	14	21	42	22	38	34	6	22
28	28	32	28	22	20	25	38	36	12	39	32	24	19	18	30	28	28	16	19
38	30	36	20	21	24	20	35	26	20	20	28	18	24	8	24	12	32	37	40

(2) 计算数据的极差 R

数据的极差是指所收集数据中最大值与最小值之差（两极之差）。它反映了样本数据的分布范围，表征样本数据的离散程度。在直方图应用中，极差的计算用于确定分组范围。

本例中 $R=X_{max}-X_{min}=48-1=47$。

(3) 确定组距 h

先确定直方图的组数，然后以此组数去除极差，可得直方图每组的宽度，即组距。组数的确定要适当，组数 k 的确定可参见表 3—15。

本例取 $k=10$，$h=R/k=47/10=4.7\approx5$。

组距一般取测量单位的整数倍，以便于分组。

表 3—15　**直方图分组组数选用表**

样本量 n	推荐组数 k
50～100	6～10
101～250	7～12
250 以上	10～20

(4) 确定各组的边界值

为避免使数据落在组的边界上，并保证数据中最大值和最小值包括在组内，组的边界值单位应取为最小测量值减去最小测量单位的一半作为第 1 组的下界限，之后再按所计算的组距推算各组的分组界限。本例中，第 1 组下界限为：X_{min}－最小测量单位/2＝1－1/2＝0.5；第 1 组上界限为第 1 组下界限加组距：0.5＋5＝5.5；第 2 组下界限与第 1 组上界限相同：5.5；第 2 组上界限为第 2 组下界限加组距：5.5＋5＝10.5。以此类推。

(5) 编制频数分布表

编制的频数分布表见表 3—16。

表 3—16　**频数（频率）分布表**

组号	组界	组中值	频数统计	频率
1	0.5～5.5	3	1	0.01
2	5.5～10.5	8	3	0.03

续表

组号	组界	组中值	频数统计	频率
3	10.5～15.5	13	6	0.06
4	15.5～20.5	18	14	0.14
5	20.5～25.5	23	19	0.19
6	25.5～30.5	28	27	0.27
7	30.5～35.5	33	14	0.14
8	35.5～40.5	38	10	0.10
9	40.5～45.5	43	3	0.03
10	45.5～50.5	48	3	0.03
合计			100	1.00

（6）画直方图

1）建立平面直角坐标系，横坐标表示质量特性值，纵坐标表示频数。纵坐标以频数刻度时称为频数直方图，以百分数刻度时称为频率直方图。两者的形状、含义及分析方法相同。本例所作的为频数直方图。

2）以组距为底，各组的频数为高，分别画出所有各组的长方形，即构成直方图。在直方图上标出公差范围（T）、规格上限（T_U）、规格下限（T_L）、样本量（n）、样本平均值（$\bar{X}$）、样本标准差（s）和 $\bar{X}$ 的位置等。如图 3—6 所示为植物油溢出量直方图。

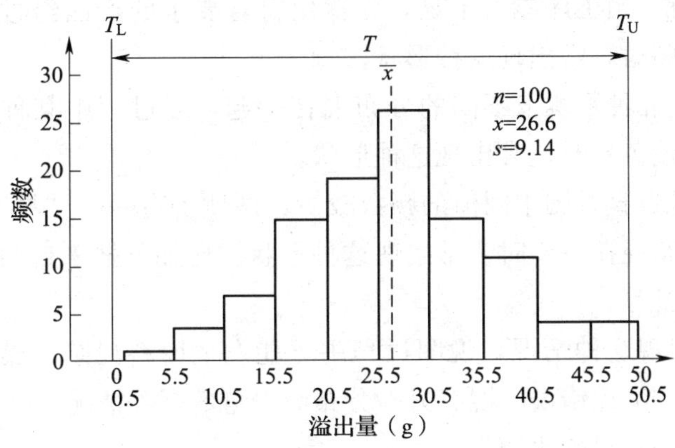

图 3—6　植物油溢出量直方图

3. 直方图的分析

（1）对图形形状的观察分析

观察直方图应该着眼于整个图形的形态，对于局部的参差不齐不必计较。常见的直方图形态如图 3—7 所示。根据直方图的形状，可以对总体进行初步分析。

1）标准型（对称型）。数据的平均值与最大值和最小值的中间值相同或接近，平均值附近的数据的频数最多，频数在中间值向两边缓慢下降，以平均值左右对称，说明过程处于统计控制状态（稳定状态）。

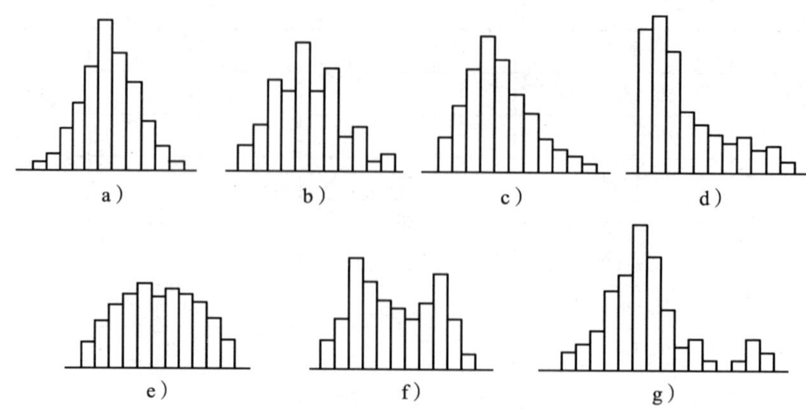

图 3—7 直方图的常见类型

a) 标准型 b) 锯齿型 c) 偏峰型 d) 陡壁型 e) 平顶型 f) 双峰型 g) 孤岛型

2) 锯齿型。直方图参差不齐，但图形整体形状还是中间高、两边低、左右基本对称。造成这种情况不是生产上的原因，而是作频数分布表时分组过多，或测量方法有问题，或读错测量数据造成的。

3) 偏峰型。数据的平均值位于中间值的左侧（或右侧），从左至右（或从右至左），数据分布的频数增加后突然减少，形状不对称。原因可能由单向公差要求或加工习惯等引起。

4) 陡壁型。平均值左离（或右离）直方图的中间值，频数自左至右减少（或增加），直方图不对称。当工序能力不足，为找出符合要求的产品经过全数检查，或过程中存在自动反馈调整时，常出现这种形状。

5) 平顶型。当几种平均值不同的分布混在一起，或过程中某种要素缓慢劣化（如机器磨损、操作者疲劳）时，常出现这种形状。

6) 双峰型。靠近直方图中间值的频数较少，两侧各有一个“峰”。当有两种不同的平均值相差大的分布混在一起时，常出现这种形状。比如，把来自两个工人或两台设备加工的产品混为一批等。

7) 孤岛型。出现这种情况，说明过程中可能发生原料混杂、操作疏忽、短时间内有不熟练工人替岗、测量错误、混有另一分布的少量数据等情况。

(2) 直方图与公差限的比较

评价总体时，可将公差限用两条线在直方图上表示出来，并与直方图的分布进行比较，以判定过程满足规范要求的程度。典型的五种情况如图 3—8 所示。

1) 理想型：如图 3—8a 所示，图形对称分布，符合公差要求且两边各有一定的富余量，是理想状态，不需要调整。

2) 无富余型：如图 3—8b 所示，直方图能满足公差要求，但不充分。这种情况下，应考虑采取措施，减少波动。

3) 陡壁型：如图 3—8c 所示，直方图不满足公差要求，必须采取措施，使平均值接近规范的中间值。

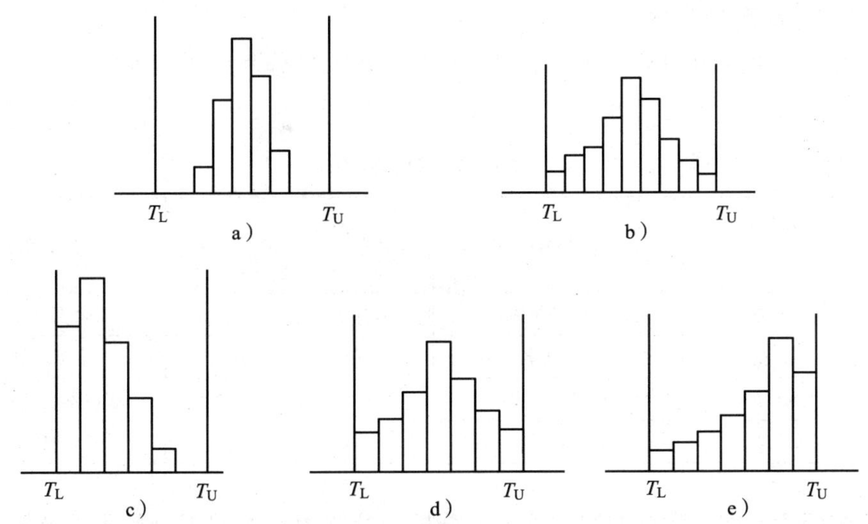

图 3—8 直方图与公差限的比较

4）能力不足型：如图 3—8d 所示，易出现不合格品，要采取措施，以减少变异。

5）能力不足加偏心型：如图 3—8e 所示，要同时采取 3）和 4）的措施，既要使平均值接近规格的中间值，又要减少波动。

七、控制图

1. 常规控制图的构造与原理

控制图是对过程质量特性值进行测定、记录、评估和监察过程是否处于统计控制状态的一种用统计方法设计的图。将通常的正态分布图转个方向，使自变量增加的方向垂直向上，并将 μ（总体平均值）、$\mu+3б$ 和 $\mu-3б$（б 表示总体标准差）分别标为 *CL*、*UCL* 和 *LCL*，这样就得到了一张控制图（见图 3—9）。图中的 *UCL* 为上控制线，*CL* 为中心线，*LCL* 为下控制线。

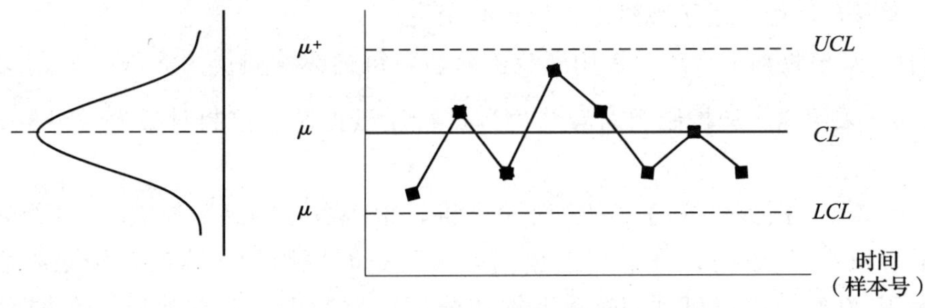

图 3—9 控制图构造

根据正态分布理论，若过程只受随机因素的影响，即过程处于统计控制状态，则过程质量特性值有 99.73%的数据（点子）落在控制界限内，且在中心线两侧随机分布；若过程受到异常因素的作用，典型分布就会遭到破坏，则质量特性值数据（点子）分布就会发生异常（出界、链状、趋势）。反过来，如果样本质量特性值的点子在控制图上的分布发生异常，那我们就可以判断过程异常，需要进行调整。

2．常规控制图的分类

（1）按被控制对象的数据性质不同，常规控制图可分为计量值控制图、计件值控制图和计点值控制图；每类又可分为若干种（见表3—17）。

表3—17 常规控制图的分类

分布	控制图代号	控制图名称	分布	控制图代号	控制图名称
正态分布（计量值）	$\overline{X}-R$	均值－极差控制图	二项分布（计件值）	p	不合格品率控制图
	$\overline{X}-s$	均值－标准差控制图		np	不合格品数控制图
	$Me-R$	中位数－极差控制图	泊松分布（计点值）	u	单位不合格数控制图
	$X-Rs$	单值－移动极差控制图		c	不合格数控制图

（2）按用途不同，常规控制图可分为分析用控制图和控制用控制图。分析用控制图用于对已经完成的过程或阶段进行分析，以评估过程是否稳定或确认改进效果；而控制用控制图则用于正在进行中的过程，以保持过程的稳定处于受控状态。

3．控制图的判断准则

控制图对过程异常的判断以小概率事件原理为理论依据，其判异准则有两类：一是点子出界就判异，二是界内点子排列不随机就判异。常规控制图有8种判异准则（见图3—10）。

4．常规控制图的应用案例

（1）均值－极差控制图

对于计量值数据而言，这是最常用最基本的控制图。它用于控制对象为长度、质量、强度、纯度、时间、收率和生产量等计量值的场合。$\overline{X}$控制图主要用于观察正态分布的均值变化，R控制图用于观察正态分布的波动情况或变异度的变化，而$\overline{X}-R$控制图则将二者联合运用，用于观察正态分布的变化。

［例］ 某植物油生产厂，采用灌装机灌装，每桶标称质量为5 000 g，要求溢出量为0～50 g。采用$\overline{X}-R$控制图对灌装过程进行质量控制。控制对象为溢出量，单位为克。

解：步骤1 预备数据的取得：理论上讲，预备数据的组数应大于20组，在实际应用中最好取25组数据，当个别组数据属于可查明原因的异常时，经剔除后所余数据依然大于20组时，仍可利用这些数据作分析用控制图。若剔除异常数据后不足20组，则须在排除异因后重新收集25组数据。取样分组的原则是尽量使样本组内的变异小（由正常波动造成），样本组间的变异大（由异常波动造成），这样控制图才能有效发挥作用。因此，取样时组内样本必须连续抽取，而样本组间则间隔一定时间。本例每间隔30 min在灌装生产线连续抽取$n=5$的样本计量溢出量。共抽取25组样本，将数据记入数据表（见表3—18）。

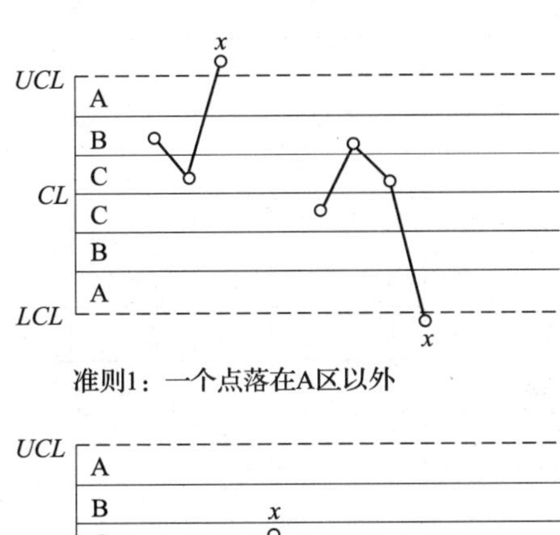

准则1：一个点落在A区以外

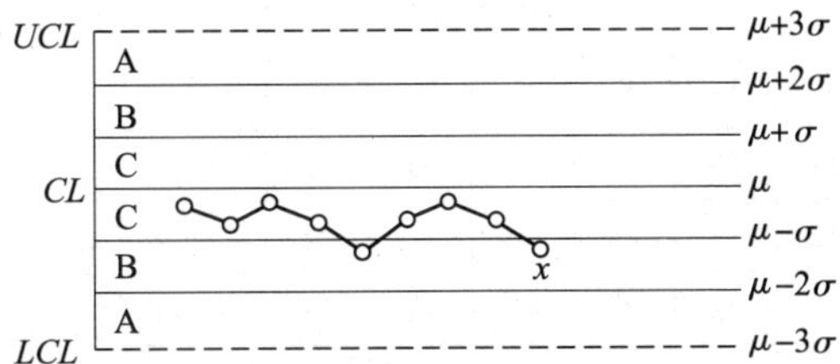

准则2：连续9点落在中心线同一侧

准则3：连续6点递增或递减

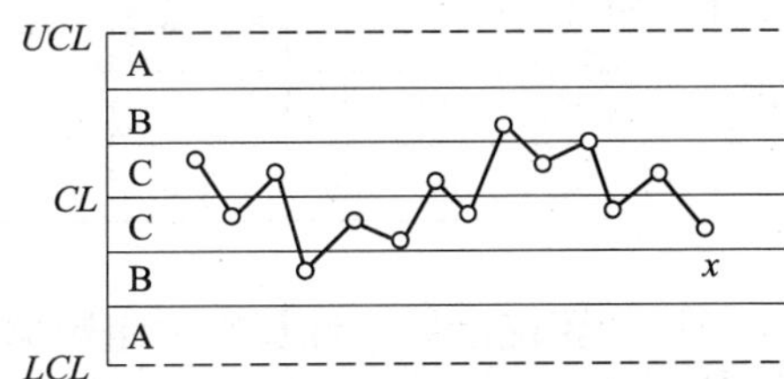

准则4：连续14点中相邻点交替上下

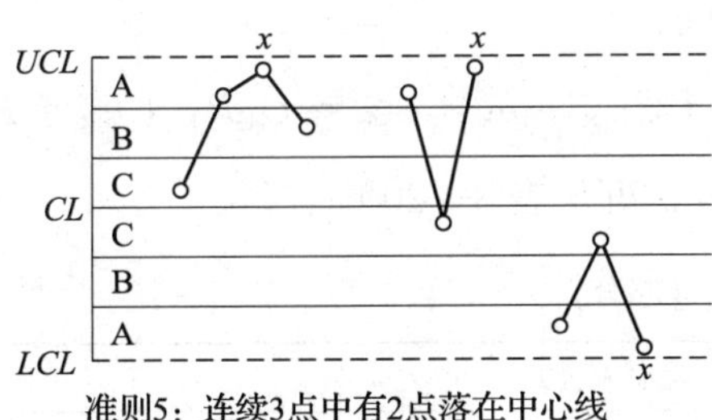

准则5：连续3点中有2点落在中心线同一侧的B区以外

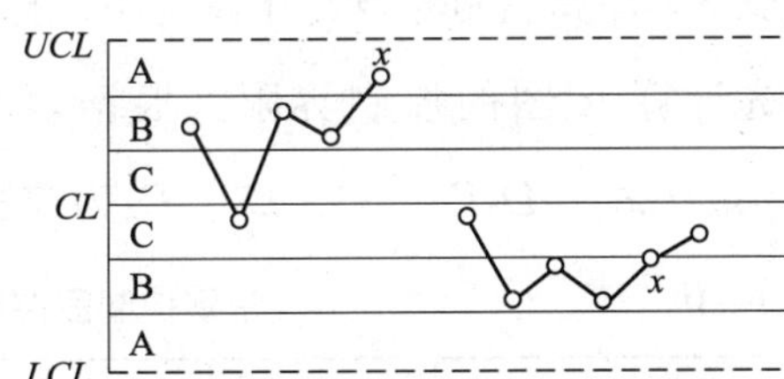

准则6：连续5点中有4点落在中心线同一侧的C区以外

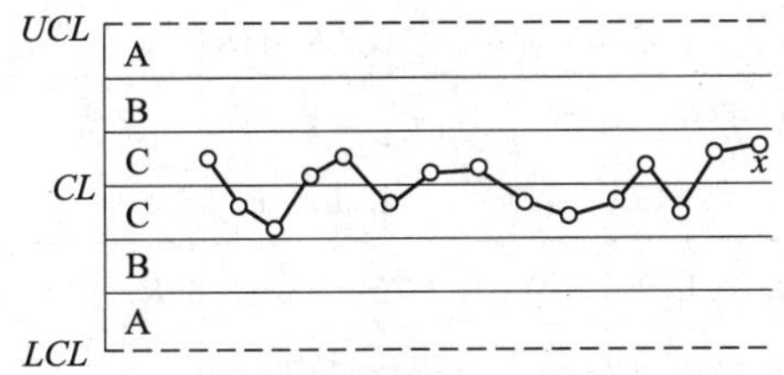

准则7：连续15点落在中心线两侧的C区内

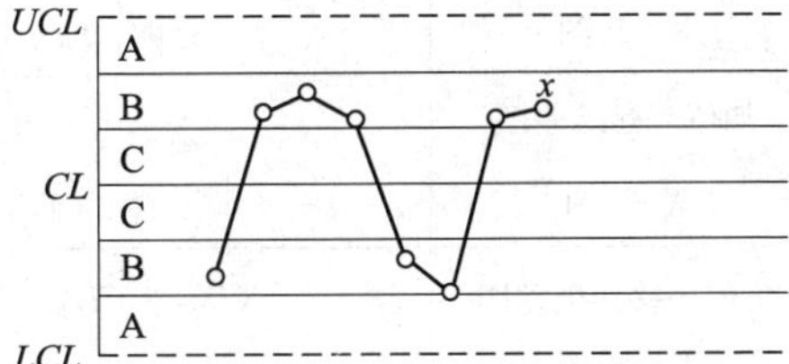

准则8：连续8点落在中心线两侧且无一在C区内

图 3—10　常规控制图 8 种判异准则（图中 x 代表异常点）

表 3—18　　　　**溢出量控制图数据表**

组号	测定值					$\overline{X}$	R	组号	测定值					$\overline{X}$	R
	X_1	X_2	X_3	X_4	X_5				X_1	X_2	X_3	X_4	X_5		
1	47	32	44	35	20	35.6	27	6	40	35	11	38	33	31.4	29
2	19	37	31	25	34	29.2	18	7	15	30	12	33	26	23.2	21
3	19	11	16	11	44	20.2	33	8	35	44	32	11	38	32.0	33
4	29	29	42	59	38	39.4	30	9	27	37	26	20	35	29.0	17
5	28	12	45	36	25	29.2	33	10	23	45	26	37	32	32.6	22

续表

组号	测定值					$\overline{X}$	R	组号	测定值					$\overline{X}$	R
	X_1	X_2	X_3	X_4	X_5				X_1	X_2	X_3	X_4	X_5		
11	28	44	40	31	18	32.2	26	19	31	20	35	24	47	31.4	27
12	31	25	24	32	22	26.8	10	20	12	27	38	40	31	29.6	28
13	22	37	19	47	14	27.8	33	21	52	42	52	24	25	39.0	28
14	37	32	12	38	30	29.8	26	22	20	31	15	3	28	19.4	28
15	25	40	24	50	19	31.6	31	23	29	47	41	32	22	34.2	25
16	7	31	23	18	32	22.2	25	24	28	27	32	22	54	32.6	32
17	38	0	41	40	37	31.2	41	25	42	34	15	29	21	28.2	27
18	35	12	29	48	20	28.8	36	合计						746.6	686

步骤 2　计算统计量：计算每一组数据的平均值和极差，记入表中；然后计算 25 组数据的总平均值$\overline{\overline{X}}$和极差平均值$\overline{R}$，得：$\overline{\overline{X}}=29.86$ g，$\overline{R}=27.44$ g。

步骤 3　计算控制界限、作控制图、打点并判断：

①先计算 R 图的控制界限。根据表 3—19，$UCL_R=\mu_R+3\sigma_R=D_4\overline{R}$，$CL_R=\overline{R}$，$LCL_R=\mu_R-3\sigma_R=D_3\overline{R}$；其中 D_3、D_4为控制图系数，可从表 3—20 中查得。

表 3—19　　常规控制图控制线公式（部分）

	控制图名称	控制限公式
计量值	均值—极差图 $\overline{X}-R$ 图	$\overline{X}$ 图：$UCL_{\overline{x}}=\overline{\overline{X}}+A_2\overline{R}$　$CL_{\overline{x}}=\overline{\overline{X}}$　$LCL_{\overline{x}}=\overline{\overline{X}}-A_2\overline{R}$ R 图：$UCL\overline{R}=D_4\overline{R}$　$CL\overline{R}=\overline{R}$；　$LCL\overline{R}=D_3\overline{R}$
	均值—标准差图 $\overline{X}-s$ 图	$\overline{X}$ 图：$UCL_{\overline{x}}=\overline{\overline{X}}+A_3\overline{s}$　$CL_{\overline{x}}=\overline{\overline{X}}$　$LCL_{\overline{x}}=\overline{\overline{X}}-A_3\overline{s}$ s 图：$UCL_s=B_4\overline{s}$　$CL_s=\overline{s}$　$LCL_s=B_3\overline{s}$
	单值一移动极差图 $X-R_s$图	X 图：$UCL_X=\overline{X}+2.66\overline{R}_s$　$CL_x=\mu_x=\overline{X}$；　$LCL_X=\overline{X}-2.66\overline{R}_s$ R_s图：$UCL_R=3.27\overline{R}_s$　$CL_R=\overline{R}_s$　$LCL_R=0$
计数值	不合格品率图 p 图	$UCL_p=\overline{p}+3\sqrt{\frac{\overline{p}(1-\overline{p})}{n_i}}$　$CL_p=\overline{p}$　$LCL_p=\overline{p}-3\sqrt{\frac{\overline{p}(1-\overline{p})}{n_i}}$
	不合格品数图 np 图	$UCL_{np}=n\overline{p}+3\sqrt{n\overline{p}(1-\overline{p})}$　$CL_{np}=n\overline{p}$　$LCL_{np}=n\overline{p}-3\sqrt{n\overline{p}(1-\overline{p})}$

表 3—20　　计量值控制图系数表（部分）

样本量 n	均值控制图			极差控制图						
	控制界限系数			中心线系数		控制界限系数				
	A	A_2	A_3	d_2	$1/d_2$	d_3	D_1	D_2	D_3	D_4
2	2.121	1.880	2.659	1.128	0.886 5	0.853	0	3.686	0	3.267
3	1.732	1.023	1.954	1.693	0.590 7	0.888	0	4.358	0	2.574

续表

样本量 n	均值控制图			极差控制图						
	控制界限系数			中心线系数		控制界限系数				
	A	A_2	A_3	d_2	$1/d_2$	d_3	D_1	D_2	D_3	D_4
4	1.500	0.729	1.628	2.059	0.485 7	0.880	0	4.698	0	2.282
5	1.342	0.577	1.427	2.326	0.429 9	0.864	0	4.918	0	2.114
6	1.225	0.483	1.287	2.534	0.394 6	0.848	0	5.078	0	2.004
7	1.134	0.419	1.182	2.704	0.369 8	0.833	0.204	5.204	0.076	1.924
8	1.061	0.373	1.099	2.847	0.351 2	0.820	0.388	5.306	0.136	1.864

从表 2—20 中可知，当 $n=5$ 时，$D_3=0$，$D_4=2.114$，代入公式，得到：

$$UCL_R = 2.114 \times 27.44 = 58.01\ \text{g}, CL_R = 27.44, LCL_R = 0 \times 27.44 = 0$$

以这些参数作 R 控制图，并将表 3—18 中的 R 数据在图上打点，结果如图 3—11 所示。对照常规控制图的判异准则，可判 R 图处于稳态；因此，可以接着建立平均值控制图。

②当 $n=5$ 时，从表 2—20 知，$A_2=0.58$，所以：

$UCL_{\bar{x}}=\overline{\overline{X}}+A_2\bar{R}=29.86+0.58\times27.44=45.78$ g，$CL_{\bar{x}}=29.86$ g，$LCL_{\bar{x}}=\overline{\overline{X}}-A_2\bar{R}=29.86-0.58\times27.44=13.94$ g。

作平均值控制图并将表 3—18 中的数据在图上打点，结果如图 3—12 所示。按控制图异常判断准则，可判断图 3—12 无异常。因此，可以判定灌装过程处于稳定受控状态。

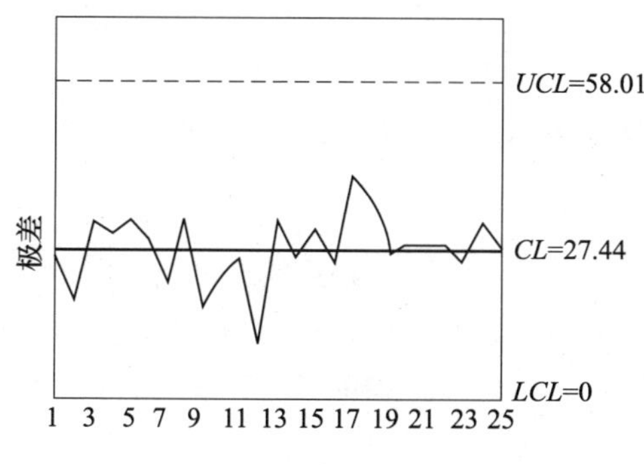

图 3—11 分析用溢出量极差控制图

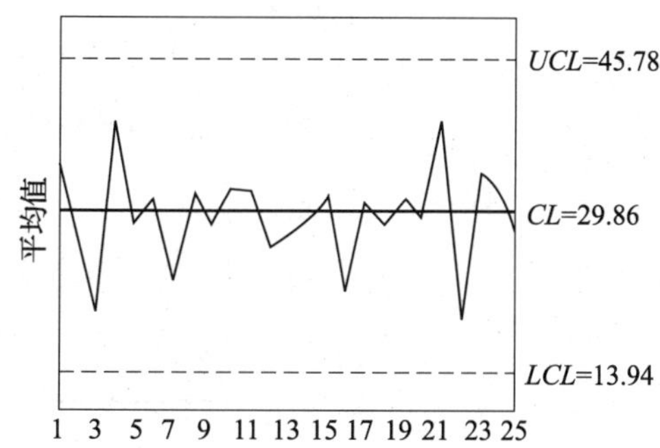

图 3—12 分析用溢出量平均值控制图

（2）单值—移动极差控制图

$X-R_s$ 控制图多用于下列场合：对每一个产品都进行检验，采用自动化检查和测量的场合；取样费时昂贵的场合；以及如发酵等气体与液体流程式过程，样品均匀的场合。

［例］ 某发酵厂每半小时对发酵醪进行温度测定，结果见表 3—21。表中 X 表示测定的温度值，R_s 代表移动极差。请制作控制图并对过程进行判定。

表 3—21　　　　　　　　　　发酵醪温度测定值及统计表

序号	1	2	3	4	5	6	7	8	9	10	11	12	13
X	36.8	36.9	37.5	37.8	39.6	38.0	37.4	37.1	36.9	36.5	36.0	36.9	36.8
Rs		0.1	0.6	0.3	1.8	1.6	0.6	0.3	0.2	0.4	0.5	0.4	0.4
序号	14	15	16	17	18	19	20	21	22	23	24	25	平均
X	36.9	37.5	37.8	37.3	37.7	36.8	36.0	34.0	36.8	37.6	38.0	37.5	37.10
Rs	0.1	0.6	0.3	0.5	0.4	0.9	0.8	2.0	2.8	0.8	0.4	0.5	0.72

解：根据单值一移动极差控制图计算公式（见表 3—19），得到：

$CL_R=\bar{R}_s=0.72$；$UCL_R=3.27\bar{R}_s=3.27\times0.72=2.35$；$LCL_R=0$；$CL_x=\mu_x=\bar{X}=37.10$

$UCL_X=\bar{X}+2.66\bar{R}_s=37.10+2.66\times0.72=39.02$；

$LCL_X=\bar{X}-2.66\bar{R}_s=37.10-2.66\times0.72=35.18$。

按照作图程序，得到单值和移动极差控制图（图 3—13 和图 3—14 系由 MINITAB 软件制作，图中样本点数字表示该点为异常点及其所依据的判断准则）。

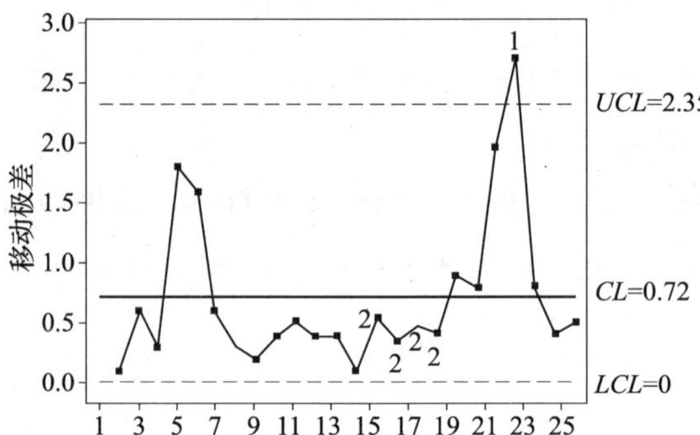

图 3—13　分析用发酵醪温度移动极差控制图

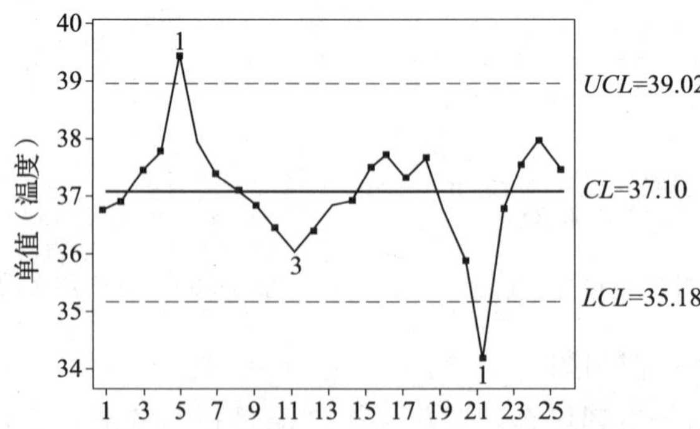

图 3—14　分析用发酵醪温度单值控制图

从图 3—13 可见，从第 6 点开始直到第 14 点，连续 9 点落在中心线的同一侧，依据判异准则的准则 2，属于异常链；第 22 点超出上控制限，属于异常。从图 3—14 可见，第 5 点和第 21 点分别超出上、下控制限，属于异常；第 6 点至第 11 点连续 6 点递减，符合判异准则的准则 3，属于异常链。综合以上判断，发酵醪温度控制过程出现异常，应尽快查找异常原因并加以消除；然后再重新收集 25 个数据制作控制图，以判定过程的稳定性。

（3）不合格品数控制图

np 控制图用于控制对象为不合格品数的场合。设 n 为样本量，p 为不合格品率，则 np 为不合格品数。由于当样本量 n 变化时，np 控制图的控制线都成为凹凸状，不但作图难，而且无法判异、判稳，故只在样本量相同的情况下，才应用此图。

［例］ 某食品厂计划对糖果单粒包装机的包装质量进行控制。现每半小时取 100 粒糖果进行包装外观检验，结果见表 3—22。请作 np 图并判定过程是否处于统计控制状态。

表 3—22　　糖果单粒包装数据

子组号	不合格品数 np	子组号	不合格品数 np	子组号	不合格品数 np	子组号	不合格品数 np	子组号	不合格品数 np
1	2	6	1	11	2	16	3	21	3
2	5	7	4	12	1	17	1	22	6
3	1	8	3	13	1	18	5	23	1
4	2	9	2	14	4	19	1	24	2
5	5	10	6	15	1	20	3	25	3
合计									68

解： 步骤 1：计算平均不合格品数 $\bar{p}$：$\bar{p}=\dfrac{\text{不合格品总数}}{\text{样品总数}}=\dfrac{68}{100\times25}=2.72\%$

步骤 2：计算不合格品数控制图的控制限，绘制控制图：

$$UCL_{np}=n\bar{p}+3\sqrt{n\bar{p}(1-\bar{p})}=100\times2.72\%+3\sqrt{100\times2.72\%(1-2.72\%)}=7.60$$

$$CL_{np}=n\bar{p}=2.72$$

$$LCL_{np}=n\bar{p}-3\sqrt{n\bar{p}(1-\bar{p})}=-\text{（结果等于负值，以“0”代替）}$$

图 3—15 显示，糖果单粒包装机工作过程处于统计控制状态。

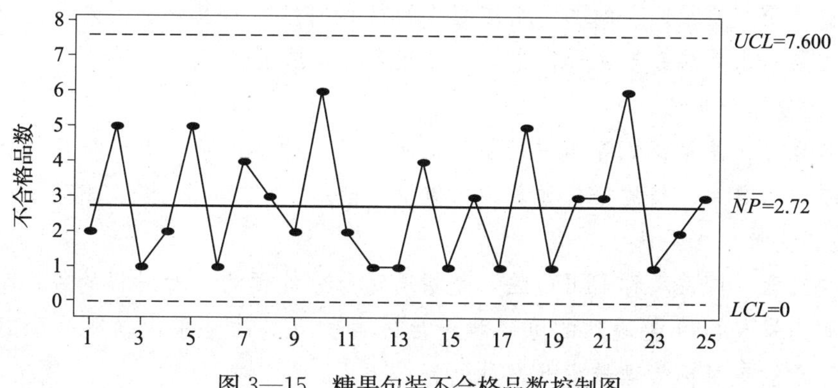

图 3—15　糖果包装不合格品数控制图

质量管理传统七种工具的比较见表3—23。

表3—23　　质量管理传统七种工具小结

序号	工具	应用
1	因果图	分析和表达因果关系，通过识别症状、分析原因、寻找改进措施，促进问题的解决
2	排列图	按重要性顺序表示每一项目对整体的影响，排列改进的顺序
3	分层法	根据数据产生的特征（层）将数据进行分类
4	调查表	收集数据以得到事实的真实状况
5	直方图	显示数据波动的形态，直观表达过程状态，传达需在何处进行改进
6	散布图	分析两组数据间的关系，确定因果关系，确认改进效果
7	控制图	监控过程状态，诊断过程是否稳定，确定过程改进点

食品质量控制的新型方法

1. 关联图法

关联图法就是把几个问题和涉及这些问题的关系极为复杂的因素之间的因果关系用箭头连接起来的图形。主要用于澄清思路、找出影响质量的关键问题。

2. 亲和图法

又叫A型图解、近似图解，是把收集到的大量有关某一特定主题的意见、观点、想法和问题，按它们之间相互亲（接）近关系加以归类、汇总的一种图示技术。常用于归纳整理所收集到的由“头脑风暴”法所产生的意见、观点和想法等语言资料，在质量保证和质量改进活动中经常用到。

3. 系统图法

系统图法是用系统的观点，把目的和达到目的的手段依次展开绘制系统图，寻求质量问题的重点和最佳手段的一种方法。

4. 矩阵图法

矩阵图法是把质量问题的各因素按矩阵的行和列排列，以分析因素之间相互关系的方法。主要用来寻求新产品开发方案、寻找不合格原因等。

5. 矩阵数据分析法

矩阵数据分析法是将矩阵图中相互关系能够量化的各因素，进行数据分析的一种方法。主要用于复杂工程的分析和复杂的质量评论。

6. 过程决策程序图法

过程决策程序图法又称PDPC法，是指通过充分的预测，对过程的每一个环节估计到随着事态发展而可能遇到的障碍和产生的各种可能的结果，以便采取对策的方法。主要用于制定目标管理技术开发计划等。

7. 水平对比法

水平对比法是将过程、产品和服务质量同公认的处于领先地位的竞争者的过程、产品和服务质量进行比较，有助于认清目标并确定为使自己在市场竞争中处于有利地位所应编制的赶超计划的重点内容。在确定企业产品质量水平、过程质量改进、质量方针和质量目标时都很有用。

8. 头脑风暴法

头脑风暴法又叫畅谈法、集思法等，它是采用会议的方式，引导每个参加会议的人围绕着某个中心议题（如质量问题等）广开言路，激发灵感，在自己头脑中掀起思想风暴，毫无顾忌、畅所欲言地发表独立见解的一种集体创造性思维的方法。该方法可以用来识别存在的质量问题并寻求解决的办法，还可用来识别潜在质量改进的机会。

9. 流程图法

流程图法是将一个过程（如工艺过程、检验过程、质量改进过程等）的步骤用图的形式表示出来的一种图示技术。用流程图对一个过程中各步骤之间关系的研究，一般能发现故障的潜在原因，知道哪些环节需要进行质量改进。流程图可以用于从材料流向产品销售和售后服务的全过程的所有方面。流程图可以用来描述现有的过程，亦可用来设计一个新的过程。流程图法在QC小组活动中、在质量改进活动中都有广泛的应用。

10. 质量功能展开

又叫QFD，是把顾客对产品的需求进行多层次的演绎分析，转化为产品的设计要求、零部件特性、工艺要求、生产要求的质量工程工具，用来指导产品的健壮设计和质量保证。这一技术产生于日本，在美国得到进一步发展，并在全球得到广泛应用。质量功能展开是开展六西格玛必须应用的最重要的方法之一。在概念设计、优化设计和验证阶段，质量功能展开也可以发挥辅助的作用。

~思考与练习~

1. 质量管理常用的七种工具是什么？

2. 某食品公司对某新产品进行市场调查，反映价格高的有12条，风味不好的有52条，色泽不好的有16条，包装不好的有37条，质地不好的有6条，形状不好的有4条。请画出排列图，并指出改进意见。

3. 简述直方图的不同图形与过程质量的关系。

4. 分层法的作用是什么？它可以用在什么场合？

5. 调查表的用途是什么？

6. 常规控制图的判异准则是什么？

7. 质量管理中近年来出现了哪些新型的管理方法？

第四章　食品质量监管机构与法律法规

学习目标：

1. 了解国际食品相关组织机构及其职能。
2. 了解我国食品法律法规体系。
3. 熟悉《中华人民共和国食品安全法》的要点。
4. 掌握食品质量安全市场准入制度的具体要求，能实施食品企业生产必备条件的内部审查。

第一节　国际食品监管组织及法规

食品质量涉及国家、民族的整体素质，还关系到世界食品贸易以及全球经济秩序的健康稳定。因此，各国政府都建立了食品监督管理体系，包括机构的设置、法律法规的制定完善、监管方法的确立、人员的培训等方面。为了保障消费者的健康和利益以及促进商贸活动和经济发展，联合国相关组织也成立了一些机构，给各国政府提出指导方针、战略性建议和参考标准以协助各国制定国家政策，从立法、基础设施到监管执法机制方面建立全面有效的食品质量监督管理体制。

一、与食品有关的国际组织

1. 联合国粮食及农业组织

联合国粮食及农业组织（简称“粮农组织”，Food and Agriculture Organization of the United Nations，FAO）是根据 1943 年 5 月召开的联合国粮食及农业会议的决议，于 1945 年 10 月 16 日在加拿大魁北克正式成立。1946 年 12 月成为联合国的一个专门机构。现总部设在意大利罗马。

联合国粮农组织的宗旨是通过加强世界各国和国际社会的行动，提高人民的营养和生活水平，改进粮农产品的生产及分配的效率，改善农村人口的生活状况，以及帮助发展世界经济和保证人类免予饥饿等。该组织的业务范围包括农、林、牧、渔的生产、科技、政策及经济各方面。它搜集、整理、分析并向世界各国传播有关粮农生产和贸易的信息；向成员国提供技术援助；动员国际社会进行农业投资，并利用其技术优势执行国际开发和金融机构的农业发展项目；向成员国提供粮农政策和计划的咨询服务；讨论国际粮农领域的重大问题，制定有关国际行为准则和法规，加强成员之间的磋商与合作。

粮农组织下设全体成员大会、理事会和秘书处。理事会下设计划、财政、章程法律、农业、林业、渔业、商品、粮食安全八个职能委员会。截至 2005 年 11 月，共有 188 个成员国和一个成员组织（欧盟）。主要出版物有《粮农状况》和《谷物女神》，以及各种专业年鉴和杂志。

中国是粮农组织的创始国之一。1973 年 4 月中国恢复其在粮农组织的合法席位，并在粮农组织第 17 届大会上被选为理事国。同年，我国向该组织派出常驻代表，建立了中国常驻联合国粮农机构代表处。1983 年 1 月，粮农组织在北京设立代表处。1997 年 11 月 18 日，中国当选为粮农组织理事会成员。

2. 世界卫生组织

世界卫生组织（简称“世卫组织”，World Health Organization，WHO）是联合国下属的一个专门机构，成立于 1945 年 6 月 12 日，总部设在瑞士日内瓦。

世卫组织的宗旨是使全世界人民获得尽可能高水平的健康。该组织给健康下的定义为“身体、精神及社会生活中的完美状态”。世卫组织的主要职能包括：促进流行病和地方病的防治；提供和改进公共卫生、疾病医疗和有关事项的教学与训练；推动确定生物制品的国际标准。截至 2005 年 5 月，世卫组织共有 192 个成员国。

中国是世卫组织的创始国之一。1972 年 5 月 10 日，第 25 届世界卫生大会通过决议，恢复了中国在世界卫生组织的合法席位。此后，中国出席该组织历届大会和地区委员会会议，被选为执委会委员，并与该组织签订了关于卫生技术合作的备忘录和基本协议。

3. 国际食品法典委员会

国际食品法典委员会（Codex Alimentarius Commission，CAC）成立于 1961 年，由联合国粮食和农业组织（FAO）和世卫组织（WHO）共同创建。目前，CAC 已成为世界上最重要的食品标准制定组织，已有 173 个成员国和 1 个成员国组织（欧盟），覆盖全球 99%的人口。

CAC 的宗旨是通过建立国际协调一致的食品标准体系，保护消费者的健康，促进公平的食品贸易和协调所有食品标准的制定工作。

CAC 的主要职能和作用有以下几方面：①保护消费者健康和确保公正的食品贸易；②促进国际组织、政府和非政府机构在制定食品标准方面的协调一致；③通过或与适宜的组织一起决定、发起和指导食品标准的制定工作；④解决将那些由其他组织制定的国际标准纳入 CAC 标准体系；⑤修订已出版的标准。

CAC 的具体工作是由成员国组成的委员会和其他分支机构开展的。有关 CAC 的组织结构与所属地区如图 4—1 所示。

CAC 制定了食品法典和法典程序。WTO 成立之后，CAC 的标准由名义上的非强制性变成了实质上的强制性。SPS（实施动植物卫生检疫措施的协议）和 TBT（技术性贸易壁垒协定）协定赋予了 CAC 标准新的含义，在食品领域，一个国家只要采用了 CAC 的标准，就被认为是与 SPS 和 TBT 协定的要求一致。如果一个国家的标准低于 CAC 标准，在理论上则意味着该国将成为低于国际标准的食品的倾销市场。目前，CAC 的标准已成为促进国际贸易和解决贸易争端的依据，同时也成为WTO成员国保护自身贸易利益的合法武器。

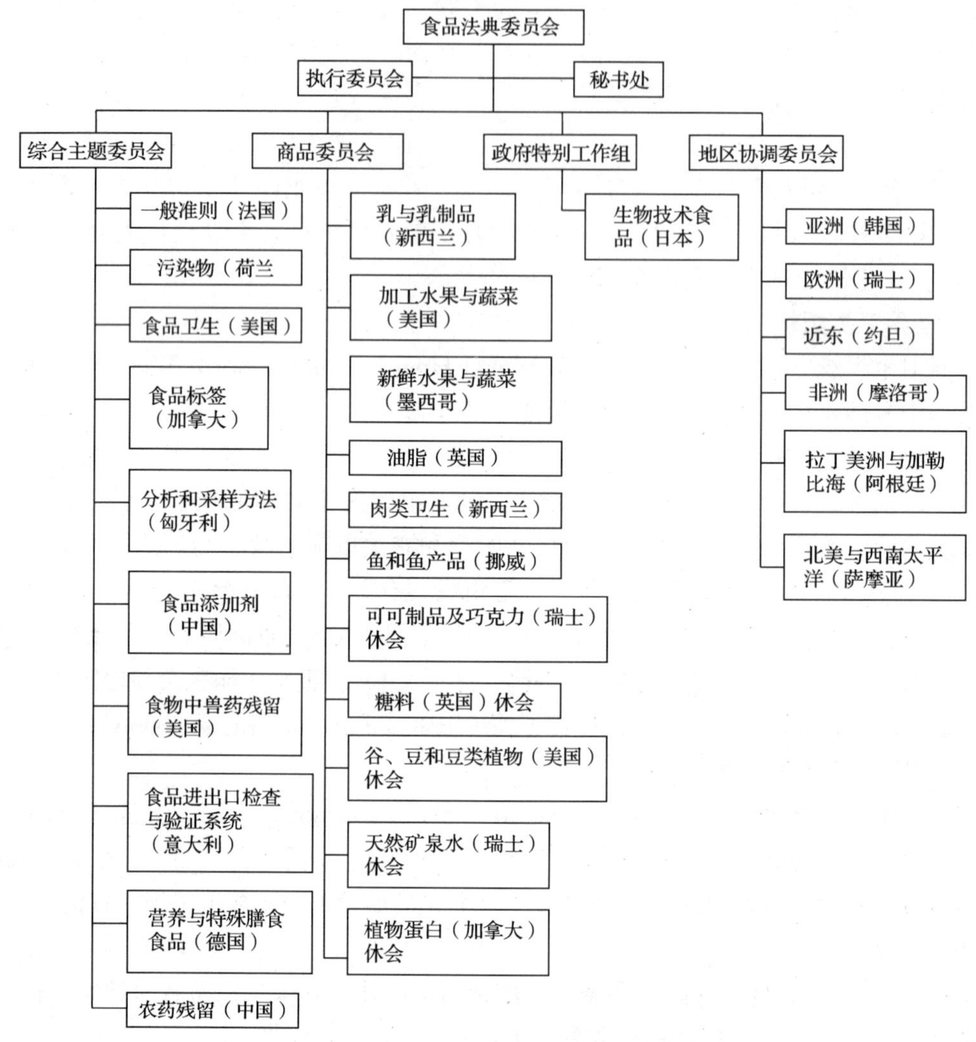

图4—1　国际食品法典委员会组织结构图

4. 国际标准化组织

国际标准化组织（International Organization for Standardization，ISO）在1947年2月23日正式宣告成立，总部设在瑞士的日内瓦。

ISO是一个全球性的非政府组织，其宗旨是在全世界范围内促进标准化工作及其有关活动的开展，以利于国际间的物资交流和相互服务，并扩大在知识界、科学界、技术界和经济活动方面的合作。

ISO的组织机构包括全体大会、主要官员、成员团体、通信成员、捐助成员、政策发展委员会、理事会、ISO中央秘书处、特别咨询组、技术管理处、标样委员会、技术咨询组、技术委员会等。

ISO的主要活动是制定国际标准，协调世界范围内的标准化工作，组织各成员国和各技术委员会进行情报交流，以及与其他国际组织合作，共同研究有关标准化问题。ISO 技术工作是高度分散的，由 227 个技术委员会（TC）承担。在这些委员会中，世界范围内的工业界代表、研究机构、政府权威、消费团体和国际组织都作为对等合作者共同讨论全球的标准化问题。

二、国际和发达国家食品法律法规

1. WTO/TBT 协定

WTO/TBT 协定是世界贸易组织技术性贸易壁垒协定（Agreement on Technical Barriers to Trade of the World Trade Organization）的英文缩写。世贸组织签署的各项协议均构成各成员国必须遵循的法定合同。WTO/TBT 于 1994 年在“乌拉圭回合”中签署，其前身是《关税和贸易总协议—贸易技术壁垒协议》。所谓贸易技术壁垒是指由于各国或地区对技术法规、标准、合格评定程序以及标签标志制度等技术要求的制定或实施不当，而可能给国际贸易造成不必要的障碍。

WTO/TBT 的宗旨：为使国际贸易自由化和便利化，在技术法规、标准、合格评定程序及标签标志制度等技术要求方面开展国际协调，遏制以带有歧视性的技术要求为主要表现形式的贸易保护主义，最大限度地减少和消除国际贸易中的技术壁垒，为世界经济全球化服务。

WTO/TBT 的原则：避免不必要的贸易壁垒原则、非歧视原则、协调原则、等效和相互承认原则、透明度原则。

WTO/TBT 的内容：以协调技术为目标，对各成员在国际贸易中制定、采用和实施的技术法规、标准及合格评定程序等做出了明确的规定。WTO/TBT 协定共分 6 大部分 15 条 129 款和 3 个附件。

2. WTO/SPS 协议

SPS 是《实施动植物卫生检疫措施的协议》的简称，是乌拉圭回合谈判中一个重要成果，是 WTO 法律框架内管理一个国家在进口货物方面采用措施的程序性规则的多边贸易协议。在 SPS 协议加入到 WTO 法律框架之前，关于动植物检疫已经有了相应的国际组织协议，如国际植保公约组织（IPPC）和国际兽医局（OIE）的相关协议。

随国际贸易的发展和贸易自由化程度的提高，各国实行的动植物检疫制度对贸易影响越来越大，尤其有些国家为了保护本国畜产品市场，多有利用非关税措施来阻止国外农畜产品进入本国市场，其中动植物检疫就成为一种隐蔽性很强的技术壁垒措施。贸易自由化主张与动植物检疫所起的阻碍作用日渐突出。关税与贸易总协定（GATT）和 TBT 的内容显得过于原则化、抽象化，对动植物卫生检疫措施的约束力还不够，要求不具体，不能满足国际贸易日益增多的 SPS 纠纷。正是在这种背景下，SPS 协议得以产生，它对动植物检疫提出了比 GATT 和 TBT 更为具体和严格的要求。

SPS 协议有 14 条 42 款及 3 个附件，其内容丰富，涉及面广。这 14 条包括：总则、基本权利和义务、协调性、等同性、危险评估以及合理的卫生域植物检疫保护程度的测定、顺应当地情况、透明度、控制和检验及认可程序、技术援助、特殊和区别处理、磋商与争端解决、管理、执行、最后条款。3 个附件分别是：定义、透明度条例的颁布、控制和检验及认可程序。

3．欧盟有关食品法律法规

欧盟（European Union，EU），最早被称之为欧洲经济共同体（European Economic Community，EEC），是根据1957年3月25日的罗马条约创建的。经过几次扩充，现有成员国27个。

在欧盟的众多机构中，欧盟委员会、欧洲理事会是欧盟有关食品安全与卫生的政府立法机构。其中欧盟委员会负责起草和制定与食品质量安全相应的法律法规，如有关食品化学污染和残留法规以及各项委员会指令等。而欧洲理事会同样也负责制定食品卫生规范要求，在欧盟的官方公报上以欧盟指令或决议的形式发布。以上两个部门在控制食品链的安全方面只负责立法，并不介入具体的执行工作。

欧盟食品安全管理机构始建于2000年，于2002年初开始运行。该机构由管理董事会、执行主任和职员、资讯论坛和一个科学委员会及若干个科学小组组成。旨在食品和饲料安全所涉及的所有领域，为共同体立法及制定政策提供科学建议和技术支持。同时对内部同一市场运行框架内的动物健康和福利、植物健康和环境给予关注，并对人类生命和健康给予高度保护。另外，就直接和间接地影响到食品和饲料安全的风险监测和风险特征进行信息收集和分析。经过十几年的发展，欧盟逐步形成了由上层为数不多的但具有法律强制力的欧盟指令，下层是上万个包含具体技术内容、制造商可自愿选择的技术标准组成的两层结构的欧盟指令和技术标准体系。该体系的建立有效地消除了欧盟内部市场的贸易障碍。

欧盟有关食品方面的法律主要有以下几部。

（1）欧盟《通用食品安全法》确定了欧盟食品法律的基本原则和要求，尤其是对可追溯性（traceability）及所有食品和饲料产品的原则和要求。同时，法规还要求成立欧盟食品安全署。

（2）《有关食品卫生的法规》规定了食品企业经营者确保食品卫生的通用规则。

（3）《规定动物源性食品特殊卫生规则的通则》规定了动物源性食品的卫生准则。

（4）《规定人类消费用动物源性食品官方控制组织的特殊规则的法规》规定了对动物源性食品实施官方控制的规则。

（5）技术法规。欧盟为实现商品在统一大市场内的流通，在1985—1991年间制定了282个指令，其中约有30%是技术法规。这些法规涉及工业产品的安全、卫生、技术标准、商品包装和标签的规定以及认证制度，还涉及农产品的生产、加工、运输、储藏等各个环节，并且对食品、药品的生产、加工、成分、广告、标签及标记、说明书以及兽药的生产及残留限量也做了明确的规定。

（6）《有机农业条例》。

（7）《有机食品进口规定》。

4．美国有关食品法律法规

（1）美国的食品安全管理体系

美国的食品安全体系是以联邦和各州法律及行业生产安全食品的法定职责为基础，

通过联邦政府授权机构的合作，在各州及地方政府的积极参与下，形成了一个互为补充、相互独立，复杂而有效的食品安全体系。

在美国，与食品管理有关的部门至少有 12 个，涉及食品或农产品安全管理的主要部门包括：美国农业部（United States Department of Agriculture，USDA）、食品和药品管理局（Food and Drug Administration，FDA）和国家环境保护署（U. S. Environmental Protection Agency，EPA）。

（2）美国的食品法律法规

美国关于食品安全的法律法规包括两个方面的内容：一是议会通过的法案称为法令（ACT），二是由其权力机构根据议会的授权规定的具有法律效力的规则和命令，如政府行政当局颁布的有关食品安全的法规。主要有：

1）《联邦食品、药品和化妆品法》。

2）《联邦肉类食品监察法案》。

3）《食品质量保护法》。

4）《公共卫生服务法》。

5）《联邦畜禽屠宰加工厂食品安全管理新法规》。

6）《总统食品安全行动计划》。

7）《生物反恐法》。

5. 日本有关食品法律法规

（1）日本的食品安全管理

日本的食品卫生监督管理由中央和地方两级政府共同承担。中央政府负责有关法律规章的制定、进口食品的检疫检验管理、国际性事务及合作；地方政府负责国内食品卫生及进口食品在国内加工、使用、市场销售的监管和检验。

日本主要的食品卫生管理机构是农林水产省和厚生劳动省。其中厚生劳动省负责稳定的食物供应和食品安全，农林水产省负责食品生产和质量保证。在 2003 年，日本参议院在通过《食品安全基本法》草案的同时，还设立了食品安全委员会，该组织作为独立机构负责开展危险性评估并向管理部门提供管理建议，与社会各界开展危险性信息交流、处理突发的食源性事件。

（2）日本的食品法律法规

日本拥有较完善的食品安全法律法规体系。日本食品安全监管法律体系分为 3 个层次：

一是针对食品链各环节的一系列法律，如《食品卫生法》《食品安全基本法》《日本农业标准法》（简称 JAS 法）等，这些法律效力最高；

二是根据法律制定并由内阁批准通过的政令，如《食品安全委员会令》《JAS 法实施令》等；

三是根据法律和政令，由日本各省制定的法律性文件，如《食品卫生法实施规则》《关于乳和乳制品的成分标准省令》等。整个法律体系覆盖了农产品生产环节、农产品流通环节、食品生产环节和食品流通环节。

在以上食品法律法规体系中，《食品卫生法》是日本食品卫生管理的根本大法和基础。

《食品安全基本法》为日本的食品安全行政制度提供了基本的原则和要素。《JAS法》确立了两种规范，分别为：JAS标识制度（日本农产品标识制度）和食品品质标识标准。依据JAS法，市售的农渔产品皆须标示JAS标识及原产地等信息。JAS法在内容上，不仅确保了农林产品与食品的安全性，还为消费者能够简单明了地掌握食品的有关质量等信息提供了方便。在此基础上，日本推行了食品追踪系统，不仅使食品的安全性和质量等能够得到保障，而且在发生食品安全事故时能够及时查出事故原因、追踪问题的根源并及时进行食品召回。

另外还制定了日本进口食品监管措施，对从海外进口进入境内的动植物及食品实行严格的检疫和卫生防疫制度，相关法律法规有：《植物防疫法》《家畜传染病预防法》《农业化学品“肯定列表制度”》等。

相对完善的日本食品安全监管法律体系为日本的食品安全提供了坚实的保障。

第二节　我国食品行政执法主体及法律法规

一、我国食品行政执法主体及职能

食品行政执法主体是指食品行政执法活动的承担者，即享有国家行政权力、能以自己的名义做出行政行为，并能独立地承担法律责任的组织。我国涉及食品管理的政府部门有13个，目前，直接具有行政执法管理职责的部门有5个，它们是农业行政部门、卫生行政部门、工商行政管理部门、质量监督部门和食品药品监督管理部门。

1. 农业行政部门

农业部负责监管初级农产品生产环节的质量安全，包括：

（1）组织开展农产品质量安全风险评估，提出技术性贸易措施的建议。组织农产品质量安全技术研究推广、宣传、培训。

（2）参与制定农产品质量安全国家标准，组织制定农业行业标准，并会同有关部门组织实施。制定农业转基因生物安全评价标准和技术规范。

（3）组织农产品质量安全的监督管理。

（4）依法实施符合安全标准的农产品认证和监督管理。

（5）指导农业检验检测体系建设和机构考核。

2. 卫生行政部门

国家卫生行政部门承担食品安全综合协调职责，负责食品安全风险评估、食品安全信息公布、食品安全标准制定、食品检验机构的资质认定条件和检验规范的制定，组织查处食品安全重大事故等。

3. 工商行政管理部门

国家工商行政管理部门负责对流通环节的食品质量监管，包括：

（1）负责流通环节食品安全监督管理，拟订流通环节食品安全监督管理的具体措施、办法。

（2）组织实施流通环节食品安全监督检查、质量监测及相关市场准入制度。

（3）承担流通环节食品安全重大突发事件应对处置和重大食品安全案件查处工作。

4. 质量监督部门

质量监督部门负责监管食品生产加工和进出口活动，包括：

（1）组织实施国内食品生产许可、生产加工环节的安全监管。

（2）负责组织实施国内食品添加剂的生产许可。

（3）负责进出口食品、食品添加剂和食品相关产品的检验检疫和监督管理，对可能存在风险或者发现严重食品安全问题的进口食品采取风险预警或者控制措施。

（4）负责向我国境内出口食品的出口商或者代理商备案工作、向我国境内出口食品的境外食品生产企业的注册工作，以及出口食品生产企业和出口食品原料种植、养殖场备案工作，收集、汇总进出口食品安全信息等。配合有关部门做好食品安全风险监测和评估等工作。

5. 食品药品监督管理部门

食品药品监督管理部门主要监管消费环节，包括：

（1）制定消费环节食品安全管理规范并监督实施。

（2）开展消费环节食品安全状况调查和监测工作。

（3）发布与消费环节食品安全监管有关的信息。

二、我国食品法律法规体系的构成

我国从20世纪80年代开始逐步建设和不断完善食品法律法规，到目前已建立了一套以《中华人民共和国食品安全法》为核心，集相关法律、行政法规与部门规章于一体的食品法律法规体系，为保障食品安全、提升质量水平、规范进出口食品贸易秩序提供了坚实的基础和良好的环境。

我国现行食品法律法规体系的具体组成见表4—1。

表4—1　　我国食品法律及相关法规

法律	行政法规	部门规章
《中华人民共和国食品安全法》 《中华人民共和国产品质量法》 《中华人民共和国农产品质量安全法》 《中华人民共和国进出境动植物检疫法》 《中华人民共和国进出口商品检验法》 《中华人民共和国动物防疫法》 《中华人民共和国标准化法》 《中华人民共和国计量法》 《中华人民共和国刑法》等	《国务院关于加强食品等产品安全监督管理的特别规定》 《中华人民共和国认证认可条例》 《中华人民共和国农药管理条例》 《农业转基因生物安全管理条例》 《中华人民共和国标准化法实施条例》 《中华人民共和国进出境动植物检疫法实施条例》 《中华人民共和国工业产品生产许可证管理条例》 《饲料和饲料添加剂管理条例》 《中华人民共和国兽药管理条例》等	《食品生产加工企业质量安全监督管理实施细则（试行）》 《中华人民共和国工业产品生产许可证管理条例实施办法》 《食品添加剂卫生管理办法》 《食品卫生许可证管理办法》 《进出境肉类产品检验检疫管理办法》 《农产品产地安全管理办法》 《农产品包装和标识管理办法》 《出口食品生产企业卫生注册登记管理规定》 《流通领域食品安全管理办法》等

三、我国现行的食品法律法规要点介绍

1.《中华人民共和国产品质量法》

《中华人民共和国产品质量法》（以下简称为《产品质量法》）于1992年2月22日第七届全国人民代表大会常务委员会第三十次会议通过，自1993年9月1日施行。2000年7月8日第九届全国人民代表大会常务委员会第16次会议通过了《关于修改〈中华人民共和国产品质量法〉的决定》，自2000年9月1日起施行。

《产品质量法》是质量领域的一个基本法律，它吸收和借鉴了国外的产品质量立法的实践经验，它既规范了国家关于产品监督管理的内容以及生产者、销售者的产品质量义务，又规范了关于产品质量的民事赔偿、行政责任和刑事责任的问题等。

（1）《产品质量法》的立法宗旨和原则

1）立法宗旨。为了加强对产品质量的监督管理，提高产品质量水平；为了明确产品质量责任；为了保护消费者的合法权益；为了更好地维护社会主义经济秩序。

2）立法原则

①有限范围原则。《产品质量法》主要调整产品在生产、销售以及对产品质量实施监督管理活动中发生的权利、义务、责任关系。重点解决产品质量责任问题，完善我国产品责任的民事赔偿制度。

②统一立法、区别管理的原则。对可能危及人体健康和人身、财产安全的产品，政府技术监督部门要实施强制性管理；对其他产品则通过市场竞争优胜劣汰。

③实行行政区域统一管理、组织协调的属地化原则。对产品质量的监督管理和执法监督检查采用地域管理原则。

④奖优罚劣原则。

（2）《产品质量法》的有关规定

1）适用《产品质量法》的产品范围。适用《产品质量法》的产品范围是以销售为目的，通过工业加工、手工制作等生产方式所获得的具有特定使用性能的产品。包括建设工程使用的建筑材料、建筑构配件和设备，初级农产品、初级畜禽产品，用于销售的经过加工制作的工业产品、手工业产品。不包括未投入流通领域的自用产品、赠予产品、建筑工程、精神产品。

2）产品质量责任

①产品质量责任是指生产者、销售者以及其他对产品质量负有责任的人违反产品质量法规定的产品质量要求应当承担的法律责任。包括违反产品质量法规定的行政刑事责任和不履行产品质量义务的民事责任。

②《产品质量法》规定了认定产品质量责任的依据。

③按照《产品质量法》规定，产品存在缺陷造成他人损害，是生产者承担产品责任的前提。

3）《产品质量法》对企业管理的要求。《产品质量法》中对企业管理提出法定的基本要求，即生产者、销售者应当健全内部质量管理制度，严格实施岗位质量规范、质量

责任及相应的考核办法。

本条是对企业管理的基本要求，但对具体的企业来说，应当建立什么样的质量管理制度、岗位质量规范及考核办法，法律不作具体规定。

4）生产者、销售者的产品质量义务。《产品质量法》规定了生产者的产品质量义务，包括产品内在质量要求及其制度依据、产品标识的规定、保持产品质量的规定，以及产品内在质量、保证产品标识符合法律规定的要求，产品包装必须符合规定要求，严禁生产假冒伪劣产品等。

销售者的产品质量义务包括四个方面：严格执行进货检查验收制度，保持产品原有质量，保证销售产品的标识符合法律规定要求，严禁销售假冒伪劣产品。

5）《产品质量法》规定了明令禁止的产品质量欺诈行为

①《产品质量法》针对实际工作中存在的典型的产品质量欺诈行为，做了明确的禁止性规定。

②禁止伪造或者冒用认证标志等质量标志。

③禁止伪造产品的产地。

④产品或外包装上标注的厂名、厂址必须真实，禁止伪造或者冒用他人的厂名、厂址。

⑤禁止在生产销售的产品中掺杂、掺假、以假充真，以次充好。

6）《产品质量法》对企业及产品质量的监督管理和激励引导措施

①推行企业质量管理体系认证制度。

②推行产品质量认证制度。

③实行产品质量监督检查制度。

④鼓励推行科学的质量管理办法，采用先进的科学技术，鼓励企业产品质量达到并且超过行业标准、国家标准或国际标准。

⑤实行奖励制度。

7）产品质量监督检查制度。产品质量监督抽查制度是指各级质量技术监督部门，根据国家有关产品质量法律、法规和规章的规定，对生产、流通领域的产品质量实施的一种具有监督性质的检查制度，它既是一项强制性的执行措施，同时又是一项有效的法制手段。

①《产品质量法》规定，国家对产品质量实行以抽查为主要方式的监督检查制度，对可能危及人体健康和人身、财产安全的产品、影响国计民生的重要工业产品以及消费者、有关组织反映有质量问题的产品进行抽查。抽查的样品应当在市场上或者企业成品仓库内的待销产品中随机抽取。

②《产品质量法》规定，监督抽查工作由国务院产品质量监督部门规划和组织。县级以上地方产品质量监督部门在本行政区域内可以组织监督抽查。法律对产品质量的监督检查另有规定的，依照有关法律的规定执行。

③国家监督抽查的产品，地方不得另行重复抽查；上级监督抽查的产品，下级不得进行重复抽查。

④根据监督抽查的需要，可以对产品进行检验，检验抽取样品的数量不得超过检验的合理需要，并不得向被检查人收取检验费用，监督检查所需检验费用按照国务院规定列支。

⑤生产者、销售者对抽查检验的结果有异议的，可以自收到检验结果之日起 15 日内向实施监督检查的产品质量监督部门或者其上级产品质量监督部门申请复检，由受理复检的产品质量监督部门做出复检结论，对依法进行的产品质量监督检查，生产者、销售者不得拒绝。

⑥实施产品质量监督抽查，以安全、卫生标准，或产品应当具备的使用性能或者以明示采用标准等为判定产品质量的依据。为此，产品质量监督抽查，应当以产品所执行的标准为判定依据；未制定标准的以国家有关规定或要求为判定依据，即具备产品应当具备的使用性能；既无标注定义又无规定或要求的，以产品说明书、质量证书、标签说明的质量指标为依据。产品执行的标准，包括国家现行的四级标准：国家标准、行业标准、地方标准、经过备案的企业标准。

⑦依照产品质量法执行监督抽查的产品质量不合格的，由实施监督抽查的产品质量监督部门责令其生产者、销售者限期改正，逾期不改正的，由省级以上人民政府产品质量监督部门予以公告；公告后经复查仍不合格的，责令停业，限期整顿；整顿期满后经复查产品仍不合格的，吊销营业执照。

2.《中华人民共和国食品安全法》

《中华人民共和国食品安全法》（以下简称《食品安全法》）是食品安全监管的一部基本法律。2009 年 2 月 28 日，十一届全国人大常委会第七次会议审议通过。在 2009 年 6 月 1 日正式施行。食品安全法全方位构筑食品安全法律屏障，对规范食品生产经营活动，防范食品安全事故的发生，增强食品安全监管工作的规范性、科学性和有效性，提高我国食品安全整体水平，切实保证食品安全，保障公众身体健康和生命安全，具有重要意义。

《食品安全法》全文共十章一百零四条，这十章分别是总则、食品安全风险监测和评估、食品安全标准、食品生产经营、食品检验、食品进出口、食品安全事故处置、监督管理、法律责任和附则。要点如下：

（1）总则部分

《食品安全法》对包括食品、食品安全、食品添加剂在内的 11 个术语做了规定，对立法目的、法律的适用范围做了阐述，对国家食品安全监督制度做了具体的规定。

《食品安全法》的立法目的是为保证食品安全，保障公众身体健康和生命安全。

凡是在中华人民共和国境内从事食品及食品相关产品（食品添加剂、食品包装材料、食品生产设备）生产和加工（以下称食品生产）、食品流通和餐饮服务的组织均应遵守《食品安全法》。

国务院设立食品安全委员会。国务院卫生行政部门承担食品安全综合协调职责，国务院质量监督、工商行政管理和国家食品药品监督管理部门依照本法和国务院规定的职责，分别对食品生产、食品流通、餐饮服务活动实施监督管理。

(2) 建立食品安全风险监测和评估制度

《食品安全法》第二章规定了国家建立食品安全风险监测和评估制度，要求对食源性疾病、食品污染以及食品中的有害因素进行监测；对食品、食品添加剂中生物性、物理性和化学性危害进行风险评估。国务院卫生行政部门会同国务院有关部门制定、实施国家食品安全风险监测计划，并负责组织食品安全风险评估工作。

(3) 对食品安全标准的制定做了明确的规定

《食品安全法》第三章明确了统一制定食品安全国家标准的原则。要求国务院卫生行政部门对现行的食用农产品质量安全标准、食品卫生标准、食品质量标准和有关食品的行业标准中强制执行的标准予以整合，统一公布为食品安全国家标准，以此解决食品标准散、乱、差的问题。

要求在制定食品安全国家标准过程中，应当依据食品安全风险评估结果并充分考虑食用农产品质量安全风险评估结果，参照相关的国际标准和国际食品安全风险评估结果，并广泛听取食品生产经营者和消费者的意见。

(4) 对食品生产经营管理的规定

1) 食品生产经营实行许可制度。

2) 食品生产经营者应当具备的条件。

3) 食品生产经营许可制度的审批。

4) 食品企业质量安全管理体系认证。

5) 从业人员健康管理制度。

6) 对生产经营食品的要求。

7) 禁止生产经营的食品。

8) 预包装食品的包装上标签的要求。

9) 食品及食品相关产品生产经营企业的制度建立要求。包括食用农产品生产记录制度、原料检查验收记录制度、食品出厂检验记录制度、食品进货查验记录制度、标明散装食品制度、食品召回制度等。

10) 食品添加剂的使用管理。

11) 集中交易市场的责任。

12) 保健食品的管理。

13) 食品广告的管理。

(5) 新品种实行许可制度

申请利用新的食品原料从事食品生产或者从事食品添加剂新品种、食品相关产品新品种生产活动的单位或者个人，应当向国务院卫生行政部门提交相关产品的安全性评估材料，对符合食品安全要求的，依法决定准予许可并予以公布。对不符合食品安全要求的，决定不予许可并书面说明理由。

(6) 明确食品检验检测的规定

主要指食品检验检测机构的认定和食品检验检测制度以及食品安全监督管理部门对食品的抽检制度。

（7）规定了食品进出口管理要求

包括食品进口管理、食品出口管理和食品进出口企业的管理。

（8）明确食品安全事故的预防、处置和控制主体及责任

（9）监督管理

对县级以上人民政府在食品监督管理中的责任做了明确规定，对县级以上食品监管部门（卫生、农业、质检、工商、食品药品监管）的职责和权限做了规定。

（10）法律责任

包括对食品生产经营者处罚规定和赔偿责任，以及对违法监督检验机构的处罚规定。

3.**《中华人民共和国农产品质量安全法》**

《中华人民共和国农产品质量安全法》（以下简称《农产品质量安全法》）自2006年11月1日施行，其立法的目的是保障农产品质量安全，维护公众健康，促进农业和农村经济的发展。

《农产品质量安全法》的核心要点如下：

（1）有毒有害物质超标区域不得生产农产品。

（2）县级以上政府应当加强农产品产地的管理，改善农产品生产条件，保护农业产地环境。

（3）转基因农产品应按规定进行标志的标定。农产品生产企业，农民专业合作经济组织以及从事农产品收购的单位或者个人，要按照规定包装或者附加标志后才可以销售。属于农业转基因生物的农产品，应当按照农业转基因生物安全管理的规定进行标志。依法需要实施检疫的动植物及其产品，应当附具检疫合格的标志、证明。

（4）农产品在包装、保鲜、储存、运输中使用的保鲜剂、防腐剂和添加剂等材料，应当符合国家有关强制性的技术规范。销售的农产品符合农产品质量安全标准的，生产者可以申请使用无公害农产品标志。农产品质量符合国家规定的有关优质农产品标准的，生产者可以申请使用相应的农产品质量标志。

（5）违反农产品质量安全标准责任人可能被追究刑事责任。依法实施对农产品质量安全状况的监督检查，防止不符合农产品质量安全标准的产品流入市场，是农产品质量安全监管部门必须履行的职责。

（6）《农产品质量安全法》确立了比较全面的农产品质量安全监督检查制度。主要内容是：

1）县级以上政府农业主管部门应当制定并组织实施农产品质量安全检测计划并实施监督检查。监督抽查检测要委托具有相应的检测条件和能力的检测机构承担，而且不能向被抽查人收取费用。

2）县级以上农业主管部门可以对农产品进行现场检查，对经检测不符合农产品质量安全标准的农产品，有权查封、扣押、责令停止销售、进行无害化处理或者予以监督销毁；对责任者依法没收违法所得、罚款等行政处罚，对构成犯罪的，由司法机关依法追究刑事责任。

4.《中华人民共和国标准化法》

《中华人民共和国标准化法》（以下简称《标准化法》）于1988年12月29日在第七届全国人民代表大会常务委员会第五次会议通过，自1989年4月1日起施行。1990年7月23日国家技术监督局颁布实施了《中华人民共和国标准化法条文解释》；1990年4月6日国务院又颁发了《中华人民共和国标准化法实施条例》。

《标准化法》共5章26条，包括标准化工作的管理、标准的制定、标准的实施与监督及法律责任等内容。

第三节　我国食品质量安全市场准入制度

食品企业的管理是做好食品安全的基础，也是关键。我国对食品企业实行食品安全市场准入制度，就是借鉴了国外一些先进国家在监管食品企业、确保食品安全上的实践经验，把好食品安全的第一关。

一、食品质量安全市场准入制度简介

1. 食品质量安全市场准入制度内涵

市场准入也叫市场准入管制，是指为了防止资源配置低效或过度竞争，确保规模经济效益、范围经济效益和提高经济效率，政府职能部门通过批准和注册，对企业的市场准入进行管理。市场准入制度是关于市场主体和交易对象进入市场的有关准则和法则，是政府对市场管理和经济发展的一种制度安排。它具体通过政府有关部门对市场主体的登记，发放许可证、执照等方式来体现。

对于产品的市场准入，一般的理解是，允许市场的主体（产品的生产者与销售者）和客体（产品）进入市场的程度。食品市场准入制度也称食品质量安全市场准入制度，是指为保证食品的质量安全，具备规定条件的生产者才允许进行生产经营活动，具备规定条件的食品才允许生产销售的监管制度。因此，实行食品质量安全市场准入制度是一种政府行为，是一项行政许可制度。

2. 食品质量安全市场准入制度的内容

食品质量安全市场准入制度的核心内容主要包括以下三个方面：

（1）对食品生产加工企业实行生产许可证管理

生产许可证管理是指对食品加工企业的环境条件、生产设备、加工工艺过程、原材料把关、执行产品标准、人员资质、储运条件、检测能力、质量管理制度和包装要求十个方面条件进行审查，并对其产品进行抽样检验。对符合条件且产品全部项目经检验合格的企业，颁发食品生产许可证，准入其生产获证范围内的食品，未取得食品生产许可证的企业不准生产相应食品。

（2）食品出厂实行强制检验

强制检验是指食品出厂必须检验合格，未经检验或检验不合格的食品不准出厂销售，这项规定适合我国企业现有的生产条件和管理水平，有利于把住食品出厂质量安全关。

（3）实施食品质量安全市场准入标志管理

市场准入标志管理是指获得食品质量安全生产许可证的企业，其生产加工的食品经出厂检验合格的，在出厂销售之前，必须在最小销售单元的食品包装上标注由国家统一制定的食品质量安全生产许可证编号并加印或者加贴食品质量安全市场准入标志，并以“质量安全”的英文名称 Quality Safety 的缩写“QS”表示。国家质检总局统一制定食品质量安全市场准入标志的式样和使用办法。

3．食品质量安全市场准入制度的适用范围

《加强食品质量安全监督管理工作实施意见》规定，凡在中华人民共和国境内一切从事以销售为目的的食品生产加工活动的公民、法人和其他组织生产的，属于国家质检总局公布的《食品质量安全监督管理重点产品目录》范围内的产品，均需加印（贴）食品市场准入标志后方可出厂销售。但是，裸装食品和最小销售单元包装表面面积小于 10 平方厘米的食品应在其出厂的大包装上加印（贴）食品市场准入标志。

国家质检总局已从米、面、油、酱油、醋等老百姓日常消费量最大的 5 类食品开始，实施食品质量安全市场准入制度。截至 2006 年，顺利实现了将国家标准规定的 28 大类 525 种食品全部纳入了市场准入制度管理范畴。

列入食品质量安全市场准入制度管理范畴的 28 大类食品名录见表 4—2。

表 4—2　　食品质量安全市场准入制度管理范畴的 28 大类食品

序号	食品类别名称	序号	食品类别名称	序号	食品类别名称
1	粮食加工品	11	速冻食品	21	食糖
2	食用油、油脂及其制品	12	薯类和膨化食品	22	水产制品
3	调味品	13	糖果制品（含巧克力及制品）	23	淀粉及试验制品
4	肉制品	14	茶叶及相关制品	24	糕点
5	乳制品	15	酒类	25	豆制品
6	饮料	16	蔬菜制品	26	蜂产品
7	方便食品	17	水果制品	27	特殊膳食食品
8	饼干	18	蛋制品	28	其他食品
9	罐头	19	蛋制品		
10	冷冻饮品	20	可可制品		

4．实行食品质量安全市场准入制度的意义

实行食品质量安全市场准入制度，是从我国的实际情况出发，为保证食品的质量安全所采取的一项重要措施。

（1）实行食品质量安全市场准入制度是提高食品质量，保证消费者安全健康的需要

食品是一种特殊商品，它直接关系到每一个消费者的身体健康和生命安全。近年来，在人民群众生活水平不断提高的同时，食品质量安全问题也日益突出。食品生产工

艺水平较低，产品抽样合格率不高，假冒伪劣产品屡禁不止，因食品质量安全问题造成的中毒及伤亡事故屡有发生，已经影响到人民群众的安全和健康。为从食品加工的源头上确保食品质量安全，必须制定一套符合社会主义市场经济要求、运行有效、与国际通行做法一致的食品质量安全监管制度。

（2）实行食品质量安全市场准入制度是保证食品生产加工企业的基本条件，强化食品生产法制管理的需要

我国食品工业的生产技术水平总体上同国际先进水平还有较大差距。许多食品生产加工企业规模小，加工设备简陋，环境条件恶劣，技术力量薄弱，质量意识淡薄，难以保证食品的质量安全。近年来，根据国家质检总局专项调查结果显示，存在很多食品生产企业产品出厂不检验、管理混乱、添加剂滥用、原料采购随意、不按标准组织生产等现象。企业是保证和提高产品质量的主体，市场准入制度是规范食品质量实体——食品生产企业的一套完整的制度，只有通过加强对食品生产加工环节的监督管理，从企业的生产条件上把住市场准入关才能强化食品法制化管理的效果。

（3）实行食品质量安全市场准入制度是适应改革开放，创造良好经济运行环境的需要

在我国的食品加工和流通领域中，降低标准、偷工减料、以次充好、以假充真等违法活动时有发生。为规范市场经济秩序，维护公平竞争，适应加入 WTO 以后我国社会经济进一步开放的形势，保护消费者的合法权益，也必须实行食品质量安全市场准入制度。

二、食品生产加工企业保证产品质量的必备条件

根据《加强食品质量安全监督管理工作实施意见》的有关规定，食品生产加工企业保证产品质量必备条件包括 10 个方面，即生产场所及环境条件、生产设备条件、加工工艺及过程、原材料要求、产品标准要求、人员要求、储运要求、检验设备要求、质量管理要求、包装标识要求等。

不同食品的生产加工企业，保证产品质量必备条件的具体要求不同，在相应的食品生产许可证实施细则中作出了详细的规定。

1. 生产场所及环境条件要求

食品加工企业必须具备保证产品质量的环境条件，主要包括食品生产企业周围不得有有害气体、放射性物质和扩散型污染源，不得有昆虫大量滋生的潜在场所；生产车间、库房等各项设施应根据生产工艺卫生要求和原材料储存等特点，设置相应的防鼠、防昆虫侵入、隐藏和滋生的有效措施，避免危及食品质量安全。

2. 生产设备条件要求

食品加工企业必须具备保证产品质量的生产设备、工艺设备和相关辅助设备，具有与保证产品质量相适应的原料处理、加工、储存等厂房或者场所。生产不同的产品，需要的生产设备不同，如小麦粉生产企业应具备筛选清理设备、比重去石机、磁选设备、磨粉机、筛理设备、清粉机，及其他必要的辅助设备，设有原料和成品库房。冷饮企业则应具备配料缸、灭菌设备、均质器、热交换器、老化罐、凝冻机、成型机、包装机，

及其成品专用冷冻库。虽然不同的产品需要生产设备有所不同，但企业必须具备保证产品质量的生产设备、工艺装备等基本条件。

3. 加工工艺及生产过程要求

加工工艺和生产过程是影响食品质量安全的重要环节，工艺流程控制不当会对食品质量安全造成重大影响，如 2001 年吉林市发生的学生豆奶中毒事件，就是因为生产企业擅自改变工艺参数，将杀菌温度由 82℃降低至 60℃，不仅不能起到杀菌作用，反而促进细菌生长，直接造成微生物指标超标，致使大批学生中毒。因此，食品加工企业的工艺流程设置应科学合理。生产加工过程应当严格、规范，采取必要的措施防止生食品与熟食品、原料与半成品和成品的交叉污染。

4. 原材料要求

食品加工企业必须具备保证产品质量的原材料要求。尽管食品生产加工企业生产的食品有所不同，使用的原材料、添加剂等有所不同，但均应当是无毒、无害、符合相应的强制性标准、行业标准及有关规定。食品生产加工企业不得使用过期、失效、变质、污秽不洁或者非食用的原材料生产加工食品。如米粉生产企业不能使用“黄变米”为原料来加工生产米粉。

5. 采用产品标准要求

食品生产加工企业必须按照合法有效的产品标准组织生产、不得无标生产。食品质量必须符合相应的强制性标准以及企业明示采用的标准和各项质量要求。需要特别指出的是，对于强制性国家标准，企业必须执行，企业采用的企业标准不允许低于强制性国家标准的要求，且应在质量技术管理部门进行备案。

6. 人员要求

在食品生产加工企业中，因各类人员工作岗位不同，所负责任不同，对其基本要求也有所不同。对于企业法人代表和主要管理人员，则要求其必须了解与食品质量安全相关的法律知识，明确应负的责任和义务；对于生产技术人员，则要求其必须具有与食品生产相适应的专业技术知识；对于生产操作人员上岗前应经技术（技能）培训，并持证上岗；对于质量检验人员，应当参加培训、经考核合格取得规定的资格，能够胜任岗位工作的要求。从事食品生产加工，尤其是生产操作人员必须身体健康，无传染病，保持良好的个人卫生。

7. 产品储存和运输要求

食品生产加工企业应采取必要措施以保证产品在其储存、运输的过程中质量不发生劣变。用于储存、运输和装卸食品的包装容器、工具、设备必须无毒、无害、符合有关的卫生要求，保持清洁，防止食品污染。在运输时不得将成品与污染物同车运输。

8. 检验能力要求

食品生产加工企业应当具有与所生产产品相适应的质量检验和计量检测手段。如不具备出厂检验能力的企业，必须委托符合法定资格的检验机构进行出厂检验。企业的计量器具、检验和检测仪器属于强制检定范围的，必须经计量部门检定合格并在有效期内方可使用。

9. **质量管理基本要求**

食品生产加工企业应当建立健全产品质量管理制度，在质量管理制度中明确规定对质量有影响的部门、人员的质量职责和权限以及相互关系，规定检验部门、检验人员能独立行使的职权。在企业制定的产品质量管理制度中应有相应的考核办法，并严格实施。企业应实施从原材料进厂的进货验收到产品出厂的检验把关的全过程管理，严格实施岗位质量规范、质量责任以及相应的考核办法，不符合要求的原材料不准使用，不合格的产品严禁出厂，实行质量否决权。

10. **产品包装标识要求**

产品的包装是指运输、储存、销售等流通过程中，为保护产品、方便运输、促进销售，按一定技术方法而采用的容器、材料及辅助物包装的总称。用于食品包装的材料如布袋、纸箱、玻璃容器、塑料制品等必须清洁、无毒、无害，必须符合国家法律法规的规定，并符合相应的强制性标准要求。

食品标签的内容必须真实，必须符合国家法律法规的规定，并符合相应产品（标签）标准的要求。裸装食品在其出厂的大包装上使用的标签，也应当符合上述规定。

出厂时必须在最小销售单元的食品包装上标注《食品生产许可证》编号并加印（贴）食品市场准入标志。

三、食品生产许可证（QS）的申请

1. **申请《食品生产许可证》的前提条件**

食品生产许可证则作为食品质量安全市场准入制度的一个环节，是通过对食品生产加工企业保证食品质量安全必备条件的审查来保证食品质量安全的。从事食品生产加工的公民、法人或其他组织，按规定程序获得《食品生产许可证》，方可从事食品生产。

从事《食品质量安全监督管理重点产品目录》中食品生产加工的企业，应当符合有关法律、行政法规及国家有关政策规定的企业设立条件，在具备食品卫生许可证和营业执照后，还应申请取得《食品生产许可证》。

2. **申请《食品生产许可证》的程序**

（1）企业按照有关规定，到企业所在地市（地）级或省级质量技术监督部门领取申请书。

（2）企业填写申请书，并按照实施细则要求准备相关的材料。

（3）携带申请书等材料向企业所在地市（地）级或省级质量技术监督部门申报。

（4）接受受理的质量技术监督部门组织的书面材料审查、现场审查和产品抽样检验。

（5）符合条件的企业，即可获得《食品生产许可证》。

3. **申请《食品生产许可证》需要提供的书面材料**

根据《加强食品质量安全市场监督管理工作实施意见》的规定，食品生产加工企业申请《食品生产许可证》的每个申证单元均需提供如下书面材料：

（1）按照规定要求填写的《食品生产许可证申请书》。

（2）企业营业执照、食品卫生许可证、企业代码证；不需办理代码证书的，提供企业负责人身份证。

(3) 企业生产场所布局图。

(4) 企业生产工艺流程图（标注有关关键设备和参数）。

(5) 企业质量管理文件。

(6) 如产品执行企业标准，还应提供质量技术监督部门备案的企业产品标准。

(7) 申请表中规定应当提供的其他材料。

4. 申请《食品生产许可证》的受理和审查程序

《加强食品质量安全监督管理工作实施细则》等有关文件规定，质量技术监督部门受理和审查企业申办《食品生产许可证》一般包括以下几个步骤：

(1) 接受企业申请

企业向市（地）级或省级技术监督部门递交《食品生产许可证申请书》及有关材料后，质量技术监督部门应当立即检查监督材料是否齐全，齐全的予以接受；材料不全的，应明确告知企业所缺材料，退回企业补充，待补全后再予以接受。

(2) 材料审查和受理

质量技术监督部门接受企业申请后，应当组织审查组对申请材料进行书面审查。书面审查符合要求的，发给企业《食品生产许可证受理通知书》；书面审查不符合要求的，由质量技术监督部门通知企业在20个工作日（一个月）内补正，逾期不补正，视为撤回申请。

(3) 现场审查、抽样和检验

对书面材料审查符合要求的企业，质量技术监督部门安排审查组对企业的生产条件和检验能力进行现场审查。现场审查合格的，由审查组对其生产的食品按规定进行抽样，交由符合条件的检验机构进行检验；现场审查不合格的，企业应当采取纠正措施或整改，经确认或复审符合要求的，对其生产的食品按规定进行抽样，交由符合条件的检验机构进行检验。

(4) 审核批准

省级质量监督技术监督部门将具备保证产品质量基本条件并产品检验合格的企业名单上报国家质检总局审批。

(5) 发证

省级质量技术监督部门按照国家质检总局的批复码，向符合发证条件的生产企业，及时发放《食品生产许可证》。对不符合发证条件的，发给《生产许可证审批不合格通知》并说明理由。同时收回《生产许可证受理通知书》。

(6) 统一公告

国家质检总局统一公告取得《食品生产许可证》的企业名单。

四、食品生产许可证的现场核查

1. 现场核查前的准备工作

现场核查工作实行组长负责制，核查组长对核查报告的客观性，公正性，真实性负责，同时要保证核查报告等文书填写的完整、准确、规范。

在进行现场审查之前，审查组要准备好审查资料并召开预备会。有关资料包括审查依据文件、审查工作文件、企业申请材料、抽样单和封条等；在预备会议上，应明确审查进度和审查要点，确定人员分工，强调工作纪律和审查人员守则。

2．现场核查的工作程序

正式进行现场审查后的核查工作程序主要包括5个基本程序：

（1）召开首次会议。

（2）对企业条件进行核查。

（3）召开核查组内部会议。

（4）抽样。

（5）召开末次会议。

3．现场核查工作内容

现场核查工作的主要内容是根据食品质量安全市场准入审查通则、审查细则和有关规定对企业质量管理职责、生产资源条件、技术文件管理、采购质量控制、过程质量管理、产品质量检验等方面的符合性进行核查、评价。如审查合格，应完成发证检验样品的抽取工作。审查过程中，审查组不得任意提高或降低要求；核查组应严格按核查工作程序工作，不得任意减少或增加核查程序。

核查组在核查工作结束后，应及时向组织现场核查工作的质量技术监督部门提交核查报告和有关核查记录，汇报核查工作情况。

五、食品生产准入标志的使用

1．食品生产准入标志式样

食品市场准入标志由“质量安全”英文（Quality Safety）字母缩写“Q”“S”和“质量安全”中文字样组成。标志主色调为蓝色，字母“Q”与“质量安全”四个中文字样为蓝色，字母“S”为白色，形状如图4—2所示。具体企业在使用食品市场准人标志时，可以根据需要按比例自行缩放，但不能变形、变色。加贴（印）有“QS”标志的食品，即意味着该食品符合了质量安全的基本要求。鉴于一些不法分子的造假手段越来越猖獗，国家质检总局表示，将出台一系列防伪措施，防止QS标志被伪造。

图4—2　“QS”标志图形

《食品生产许可证》的标志由英文字母QS、“食品生产许可”字样、加12位阿拉伯数字组成。编号前4位为受理机关编号，中间4位为产品类别编号，后4位为获证企业序号。

2．QS标志的含义

（1）企业声明

该企业获得食品生产许可证，本产品经过国家核定，有市场准入资格。

（2）企业证明

加贴标志的本产品是经过检验合格的产品。

(3) 企业承诺

食用本产品出现质量问题，企业承担法律责任。

消费者在购买产品的时候只要购买加贴有 QS 标志的产品，就是获得国家认定的放心食品。

3. QS 标志的使用

QS 是食品质量安全市场准入制度的专用标志。食品生产加工企业在其生产的食品上使用 QS 标志，必须符合以下条件。

(1) 属于国家质量监督检验检疫总局按照规定程序公布的实行食品质量安全准入制度的食品。

(2) 从事该食品生产的企业已经取得食品生产许可证，并在有效期内。

(3) 出厂的食品已经检验合格。

取得食品生产许可证的食品生产加工企业，出厂食品经自行检验合格或者委托检验合格的，须加印（贴）食品质量安全市场准入标志——QS 标志后方可出厂销售。QS 标志应加印（贴）在最小销售单元的食品包装上。QS 标志的图案、颜色必须正确，并按照国家质检总局规定的式样放大或缩小。裸装食品和最小销售包装面积小于 10 cm^2 的食品可以只在其出厂的大包装上加印（贴）QS 标志。

4. 加贴食品市场准入标志的产品出现质量问题的法律责任

食品市场准入标志是生产企业按照国家有关规定对其产品质量进行自我声明的一种表达方式，而不是政府监督部门对生产企业产品质量的承诺或保证。因此，加印（贴）QS 标志的产品，在质量保证期内，非消费者使用或者保管不当而出现质量问题的，由生产者、销售者根据各自的义务，依法承担法律责任，委托出厂检验的产品，检验机构按照与生产者订立的合同规定，承担相应的民事责任。

~思考与练习~

1. 简述我国食品法律法规体系的特点。
2. 《食品安全法》的主要内容有哪些？
3. 简述食品质量安全市场准入制的必备条件。
4. 食品生产加工企业在生产的产品上使用 QS 标志，必须符合哪些条件？

第五章 食品质量标准和产品质量认证

学习目标：

1. 掌握标准和标准化的概念。
2. 了解国内外食品标准现状。
3. 掌握中国食品质量标准的构成和主要类型，会检索相关食品标准。
4. 了解食品产品质量认证的类型和基本流程，会根据产品质量认证要求准备相关材料。

第一节 标准概述

一、标准与标准化

1. 标准的定义及内涵

国家标准 GB/T 20000.1—2002《标准化工作指南 第1部分：标准化和相关活动的通用词汇》对标准做了如下定义："标准是对重复性事物和概念所做的统一规定。它以科学、技术和实践经验的综合成果为基础，经有关方面协商一致，由主管机构批准，以特定形式发布，作为共同遵守的准则和依据。"该定义包含了五个方面的含义：标准的本质属性是一种"统一规定"；标准制定的对象是重复性事物和概念；标准产生的客观基础是"科学、技术和实践经验的综合成果"；制定标准要发扬技术民主，与有关方面协商一致，做到"三稿定标"，即征求意见稿、送审稿、报批稿；标准文件有其自己一套特定格式和制定颁布的程序。

《中华人民共和国标准化法》（简称《标准化法》）规定，对下列需要统一的技术要求，应当制定标准：

（1）工业产品的品种、规格、质量、等级或者安全、卫生要求。

（2）工业产品的设计、生产、检验、包装、储存、运输、使用的方法或者生产、储存、运输过程中的安全、卫生要求。

（3）有关环境保护的各项技术要求和检验方法。

（4）建设工程的设计、施工方法和安全要求。

（5）有关工业生产、工程建设和环境保护的技术术语、符号、代号和制图方法。

（6）农业（含林业、牧业、渔业）产品（含种子、种苗、种畜、种禽）的品种、规格、质量、等级、检验、包装、储存、运输以及生产技术、管理技术要求。

（7）信息、能源、资源、交通运输的技术要求。

制定标准的目的在于获得最佳秩序和促进最佳社会效益。此处的最佳效益，就是指发挥出标准的最佳系统效益，产生理想的效果。所谓的最佳秩序，则是指通过实施标准使标准化对象的有序化程度提高，发挥出最好的功能。

2. 标准化的概念

标准化是在经济、技术、科学及管理等社会实践中，对重复性事物和概念通过制定、实施标准，达到统一，以获得最佳秩序和社会效益的过程。标准化的意义在于改进产品、过程和服务的适用性，防止贸易壁垒，促进技术合作。

在国民经济的各个领域中，凡具有多次重复使用和需要制定标准的具体产品，以及各种定额、规划、要求、方法、概念等，都可成为标准化对象。

标准化对象一般可分为两类，一类是标准化的具体对象，即需要制定标准的具体事物，如某食品的卫生标准。另一类是标准化总体对象，即各种具体对象的综合所构成的整体，如管理体系标准。

无论是标准，还是标准化，都具备抽象性、技术性、经济性、连续性、约束性和政策性等基本属性。

3. 标准化与食品企业质量管理的关系

（1）企业标准化为科学管理奠定了基础

所谓科学管理，是指依据生产技术的发展规律和客观经济规律对企业进行管理。而各种科学管理制度的形式，都以标准化为基础。要实现科学管理，必须做到管理机构的高效化、管理工作和管理技术的现代化，建立符合生产活动的全面质量管理体系，必须要建立一系列工作标准和管理标准，即要实现管理工作的标准化。

（2）标准化是组织现代化生产的手段

随着科学技术的发展，生产的社会化程度不断提高，生产规模不断扩大，技术要求越来越复杂，分工越来越细，生产协作要求越来越广泛，必须通过制定和使用标准来保证各部门的活动在技术上高度一致，以使生产正常进行。企业的标准化是现代化生产的前提条件。

（3）标准化是不断提高产品质量和安全性的重要保证

标准化活动不仅促进企业内部采取一系列的保证产品质量的技术和管理措施，而且使企业在生产活动的所有环节都按标准化要求进行，这样就可以从根本上保证产品质量，维护消费者权益。

（4）标准化有利于消除贸易障碍，促进企业参与国际技术交流和贸易往来

标准化是企业参与国际市场竞争的重要技术武器，对提高产品在国际市场的竞争力有重大作用。世界上各个国家几乎都有产品的质量认证监督管理制度，其实质就是对产品进行具体标准化管理，只要产品进行了质量认证就会得到世界上多数国家承认，消除贸易障碍。

（5）标准化可促进企业产品更新的进程

标准化应用于企业产品设计，可缩短设计周期，推动新产品开发进程。

二、标准的分级、分类和标准体系

1. 我国标准的分类

（1）按适用范围分类

根据《中华人民共和国标准化法》的规定，我国标准分为四级：国家标准、行业标准、地方标准和企业标准。这四级标准主要是适用范围不同，不存在技术水平上的分级。

1）国家标准。对需要在全国范围内统一的技术要求，由国务院标准化行政主管部门制定的标准。国家标准在全国范围内适用，其他各级标准不得与之相抵触。国家标准是四级标准体系中的主体。

2）行业标准。对没有国家标准而又需要在全国某个行业范围内统一的技术要求，由国务院有关行政主管部门制定的标准。

3）地方标准。对没有国家标准和行业标准而又需要在省、自治区、直辖市范围内统一的工业产品的安全、卫生要求，由省、自治区、直辖市人民政府标准化行政主管部门制定的标准。

4）企业标准。对没有国家标准、行业标准、地方标准而又需要在企业内统一的技术要求和管理事项，由企业制定发布的标准。

（2）根据标准的法律约束性分类

保障人体健康、人身、财产安全的标准和法律，行政法规规定强制执行的标准是强制性标准，如：GB 19643—2005 、DB 46/42—2005。除强制性标准以外的其他标准为推荐性标准。如：GB/T 12241—2005、HG/T 3794—2005。

1）强制性标准。强制性标准是国家技术法规的重要组成部分，它符合世界贸易组织和贸易技术规定的“技术法规”的定义，即“强制执行的确定产品特性或加工方法的组织可适用的行政管理规定在内的文件，包括或专门规定用于产品、加工或生产方法的术语、符号、包装标志或标签要求”。为使我国强制性标准与 WTO/TBT 规定衔接，其范围要严格限制在国家安全、防止欺诈行为、保护人身健康与安全、保护动植物的生命和健康以及保护环境安全五个方面。

2）推荐性标准。推荐性标准又称为非强制性标准或自愿性标准，是指生产、交换、使用等方面，通过经济手段或市场而自愿采用的一类标准。这类标准不是技术法规，不具有法律强制性，任何单位有权决定是否采用，违背这类标准，不构成经济或法律方面的责任。但一经接受并采用，或各方商定同意纳入经济合同中，就成为各方都必须共同遵守的技术依据，具有法律上的约束性。

3）标准化指导性技术文件。标准化指导性技术文件是为仍处于技术发展过程中，为“变化快的技术领域”的标准化工作提供指南或信息，供科研、设计、生产、使用和管理等有关人员参考使用而制定的标准文件。

除此之外，还可根据标准的性质将标准分为：①技术标准；②管理标准；③工作标准。根据标准化的对象和作用分为：①基础标准；②产品标准；③方法标准；④安全标准；⑤卫生标准；⑥环境保护标准。

2．标准体系

标准体系是为实现某一特定的标准化目的，将有关的标准按其内在联系组成的科学的整体。它是有关标准分级和标准属性的总体，反映了标准之间的相互关联、相互协调、相互制约的内在联系。可以说，标准体系是一个由标准组成的系统。

在一定的范围内，对应有的标准体系的组成进行了研究以后，可将此标准体系用图表的形式表示出来，这种图表称为标准体系表。标准体系表的形式有层次结构、序列结构、隶属结构和矩阵结构。

层次结构的全国标准体系表的总结构由三部分组成，通常包括5个层次。企业标准体系的组成标准包括企业所贯彻和采用的国际标准、国家标准、行业标准、地方标准和企业标准，具体如图5—1所示。

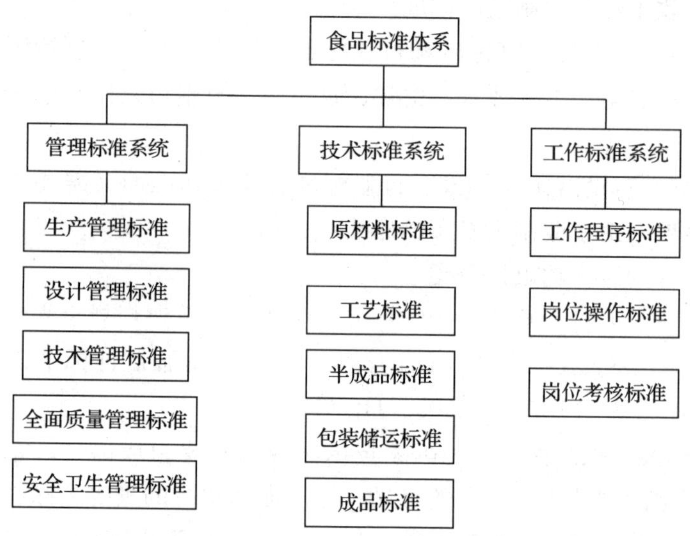

图5—1　食品企业标准体系基本结构

三、标准的结构与编写

1．标准的结构

任何一项标准，无论其规范哪方面的内容，涉及什么领域内的活动，都应根据规定的内容范围和叙述的前后顺序，将标准的内容划分为各个互不重复的结构因素，作为编写标准内容的依据。

按标准要素的性质可分为规范性要素和资料性要素。所谓规范性要素是指如要声称符合标准就必须要遵守的条款的要素，又分为一般要素和技术要素；资料性要素就是一些辅助信息，具体指标志标准、介绍标准、组织标准的附加信息的要素，分为概述性要素和补充要素。在规范性要素中可以有资料性要素，但资料性要素则一般不应包含规范性要素。

标准各要素间的关系，以及所包含的具体要素，如图5—2所示。

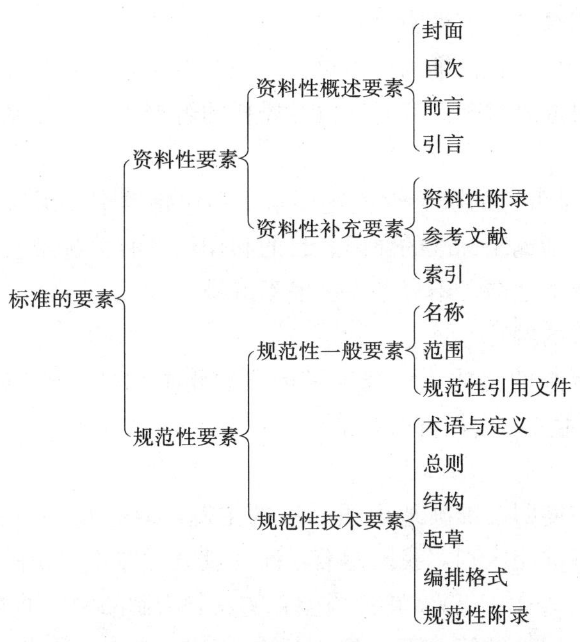

图 5—2 标准各要素之间的关系与内容组成

另外，标准要素还可根据标准的必备性划分为必备要素和可选要素。在所有标准中都出现的封面、前言、名称、范围是必备要素，不论它是资料性要素还是规范性要素。而某些要素在标准中不一定出现，如目次、索引、资料性附录、参考文献等，均为是可选要素。

2. 标准的编写

(1) 资料性要素的编写

1) 封面。我国标准的封面上应写明标准代号、编号、标准名称（国家标准还有英文标准品称），标准的发布和实施日期，标准的发布部门等，国家标准封面上还应有国际标准分类号（ICS 号）。当采用国际标准时，标准封面上应在我国标准号下方并列说明采用的国际标准号及采用程度，如 GB×××—19×× idt ISO×××：19××（等同采用）。

2) 目次。当标准内容较长、结构较复杂、条文较多（一般在 15 页以上）时，应编写目次。目次的内容包括条文主要划分单元（一般为章）和附录的编号、标题和所在页码，目次在两页以上时应另编页码，但与标准条文的页码不连续，目次页码应加圆括号，以示区别。

3) 前言。每个标准都应有前言，以使标准的使用者正确了解该标准的有关情况。标准的前言由特定部分和基本部分组成，特定部分在一些标准里可以省略，基本部分在任何情况下都要保留。

特定部分的主要内容应包括：①说明标准的结构（对系列标准很重要）；②采用国际标准的有关情况；③该标准导致废止或代替其他标准文件的全部或一部分的说明；

④与前版标准中重要技术内容上更改情况的说明；⑤与其他标准文件的关系；⑥说明附录的性质（资料性附录和规范性附录）。

基本部分的内容包括：标准的提出单位，归口单位，起草单位，主要起草人；标准首次发布，历次修订或复审确认的时间以及委托的解释单位。对基本部分的具体编排应按以上顺序给出。

4）引言。引言是可选的资料性概述要素，不包括要求。引言的内容视标准的具体要求而定，一般应包括编制标准的原因、目的和作用，有关标准技术内容的特殊信息说明。引言位于标准首页之前，不分条，一般不编号。

（2）规范性要素的编写

本部分内容是标准的主体，它规定了标准的要求和必须实施的条文。它由标准的“一般要素”和“技术要素”两部分构成。

1）一般要素

①标准名称。应简明、准确地说明标准的主题，直接反映标准化对象的特征和范围，并使其与其他标准相区别，我国标准名称一般由标准化对象的名称和技术特征两部分组成。如“GB/T 14610—2008 粮油检验谷物及谷物制品中钙的测定”。

②范围。范围是标准的第一章，位于标准的正文之前。是必备的规范性一般要素。范围在其内容上应明确表明标准的对象和所涉及的各个方面，指明标准或其特定部分的适用界限。

范围一章需要表达的内容有：

a. 主题内容。是把标准所“规定、确立、给出的……”等内容予以说明。

b. 适用范围。说明标准的适用范围或应用领域，必要时还应明确写出不适用的范围或领域。

③规范性引用文件。凡在标准中规范性引用了某些标准或文件，应在本章列出一个所引用文件的一览表，这些被引用的文件中的条款成为标准整体不可分割的组成部分。所引用的规范性文件必须是公开的、正在运行的文件，否则只能列入参考资料中。

2）技术要素。规范性技术要素是标准的主体，其内容应反映各个标准的特性要求，标准的特性要求则主要通过技术要素中的组成要素体现，并与其标准化对象相适应。如果标准化对象不同，那么其技术要素中的内容会存在一定的差异。各种基础标准、产品标准、方法标准、安全卫生标准、管理标准，均有自己的内容需要规范。

在产品标准中，规范性技术要素的具体组成要素是：术语和定义、符号和缩略语、要求、抽样、试验方法、分类与标记、标志、标签和包装、规范性附录等。产品标准技术内容的确定一般应遵循三大原则，即目的性原则、最大自由度原则和可检验性原则。

食品标准中技术要求的内容要反映产品达到的质量水平，这是企业组织食品生产和供用户选择产品的主要依据，所以要着重规定产品的性能，包括产品的功能、可靠性、安全卫生等技术指标要求。具体产品应根据各自的特点及制定标准的原则选择相应的内容进行规定。确定食品标准技术要求时，应充分考虑食品的基本成分和主要质量因素、外观和感官特性、营养特性和安全卫生要求。以及消费者的生理、心理因素等，尽可能定量地提出技术要求，能分级的质量要求，应根据需要，做出合理的分级规定。

3）补充要素和其他要素。标准中的补充要素包括资料性附录、参考文献、索引、脚注、条注、条文中的脚注等。

①资料性附录给出对理解、使用标准起辅助作用的附加信息，不包含为符合标准规定的要求而应遵守的条款，只限于一些参考资料。

②索引作为可选要素，主要在术语标准中用于术语词条溯源、准确定义和条目检索用。

③标准条文中的注给出对理解或使用标准起辅助作用的附加信息，不包含需要遵守的条款，应设置于所涉及的章、条或段的下面。

④条文的脚注是用来对标准条文中的某些词或句子加以解释，或为读者提供一些便于理解标准条款的附加信息，不应包含要求方面的内容，在标准中应尽量少用脚注。

（3）标准编写的原则与基本要求

标准是行业、企业标准化工作的基础和纲领性文件。

编写标准的基本要求是：内容要完整、正确，应具有适用性；文字表达要准确、简明、通俗易懂；表达方式要统一；与国家法规、有关标准之间要协调；编写方法要规范。

各类标准的编写方法是不相同的，但有一些基本要求都必须遵循，否则就不能保证标准的编写质量。

1）正确。标准中规定的技术指标、参数、公式以及其他内容都要正确可靠。规定的指标必须是以现代科学技术的综合成果和先进经验为基础，并经过严格的科学验证，精确的数学计算而得出的。编写时，必须再次核实，对标准中的图样、表格、数值、公式、化学分子式、计量单位、符号、代号等均应进行仔细复核，消除一切技术错误，保证其正确无误。

2）准确。标准的内容表达要准确、清楚、以防止不同人从不同角度产生不同的理解。

标准是经济和技术活动的依据，是管理法规和技术法规，并往往被法律、法规和经济合同所引用。因此，必须措辞准确、逻辑严谨，用词禁忌模棱两可，语句结构紧凑严密。为了达到表达准确的目的，标准中常用的典型词句，可以另行制订成标准来统一执行，也可以制订指导性文件推荐采用。

3）简明。标准的内容简洁、明了、通俗、易懂。不要使用生僻词句或地方俗语，在保证准确的前提下尽量使用大众化的语言，使大家都能正确理解和执行，避免产生不易理解或不同理解的可能性。

标准中只规定“应”怎么办，“必须”达到什么要求，“不得”超过什么界限等，一般不讲原因和道理，凡能定量表达的都要定量表达。

根据标准内容的具体情况，在表达准确简明的前提下，选择文字，图表，或文字和图表并用的表达方式，宜用文字的用文字，宜图表的用图表。

4）和谐。编写标准时，首先要注意不能与国家有关法律、法令和法规相违背，相反，应使这些法律、法令和法规在标准中得到贯彻。如标准中的计量单位名称、符号要遵守《中华人民共和国计量法》和《关于在我国统一实行法定计量单位的命令》一律采用中华人民共和国计量单位。

其次，编写标准时要与规定的上级、同级有关标准协调一致，要与标准所属的标准体系表内的标准和谐一致，以充分发挥标准化系统整体功能。

5）统一。标准编写时，表达方式要始终统一，同一标准中的名词、术语、符号、代号要前后统一，相关标准中的名词、术语、符号、代号也要统一。

同一名词或术语始终用来表达同一个概念，同一个概念应始终采用同一名词或术语，不能在一个标准中出现其他同义词，即不能出现一物多名词或一名多物的现象。其次，同级标准的书写格式、幅面大小、章条的划分以及编号方法等都要统一；同类标准的构成、内容的编排也要统一，都要符合 GB1《标准化工作导则》的有关规定。

最后，标准中使用的汉字和翻译的外文也要统一，汉字要推广使用国家正式公布的简化汉字，注意杜绝错别字。

上述五条基本要求归纳起来，就是："标准的内容应正确，文字要表达得准确、简明、通俗易懂，并做到与国家法规、有关标准协调一致，编写方法必须规范化"。

第二节　食品质量标准

一、中国食品质量标准

1. 食品质量标准的定义与作用

食品质量标准就是为保障人们的食用安全，规范食品生产经营者在生产经营中的行为，对其生产经营的食品在质量特性方面所做的具体规定，含有食品的技术要求，食品的品质要求。

食品质量标准包括食品卫生标准和食品产品标准两大部分。根据标准适用范围的不同，我国的食品质量标准分为四级：国家标准、行业标准、地方标准和企业标准，分别简称为 GB、SB/HB（商业标准/行业标准）、DB 和 Q。在行政级别上，国家标准高于行业标准，行业标准高于地方标准，地方标准高于企业标准。一旦上一级标准颁布，则下一级的标准要取消。

截止到 2009 年，我国共有约 1 193 项食品工业国家标准和 1 222 项食品工业行业标准，578 项进出口食品检验方法行业标准。其中食品产品标准 553 个，食品卫生标准 463 个，在食品卫生标准中包括了 20 个食品生产企业卫生规范及 220 个检验方法。这些标准的发布和实施对我国食品行业的健康发展起到了很好的促进的作用，具体体现在以下四个方面。

(1) 保证了食品的食用安全性

食品是与人类健康密切相关的特殊产品，衡量食品合格与否的手段就是食品质量标准中的卫生标准。食品卫生标准在制定过程中充分考虑了食品可能存在的有毒有害因素和潜在的不安全因素，通过规定食品的微生物指标、理化指标、检测方法、保质期等一系列内容，使符合标准的食品具有安全性。

(2) 国家管理食品行业的依据

国家有关部门对食品行业的某些产品进行定期的质量抽查、质量追踪和质量打假。其检查都是以相关的食品质量标准为依据，通过数据分析，确定产品合格率等指标，再结合各种食品卫生管理办法，加强行业管理。

(3) 食品企业科学管理的基础

保证出厂产品达到相应食品质量标准是国家对食品企业的基本要求。企业以国家食品质量标准为目标严格按照标准组织生产，并贯彻到生产的各个环节，实现企业的科学管理。

(4) 推动生产，促进贸易

加入 WTO 后，关税壁垒已经不起作用了，起作用的将是技术壁垒，技术壁垒的表现就是技术标准。谁掌握了技术标准，谁就掌握了技术和经济发展的主动权；谁的标准被国际上承认，谁就可以由此获得巨大的经济利益。

2. 我国食品质量标准的制定

(1) 食品质量标准的制定依据

1) 法律依据。《中华人民共和国食品卫生法》《中华人民共和国标准化法》等法律及有关法规是制定食品标准的法律依据。它们对食品卫生标准的制定与批准、食品卫生标准的适用范围、食品卫生标准的技术内容三个方面作了明确规定。

2) 科学技术依据。食品标准是科学技术研究和生产经验总结的产物。在标准制定过程中，应尊重科学，保证标准的真实性，要合理使用已有的科研成果，善于总结和发现与标准有关的各种技术问题，应充分利用现代科学技术条件促进标准具有较高的先进性。

3) 有关国际组织的规定。WTO 制定的《实施动植物卫生检疫措施的协议(SPS)》,《贸易技术壁垒协定 (TBT)》是食品贸易中必须遵守的 2 项协定。国际食品法典委员会 (CAC) 的法典标准可作为解决国际贸易争端，协调各国食品卫生标准的依据。

(2) 食品质量标准的制定程序

1) 食品产品标准的制定程序。食品产品标准的制定程序分为准备阶段、起草阶段、审查阶段和报批阶段。具体环节如图 5—3 所示。

2) 食品卫生标准的制定程序。食品卫生标准的制定由卫生部统一安排组织进行，但任何单位、团体和个人都可提出标准草案建议稿。也分为准备阶段、起草阶段、审查阶段和报批阶段。

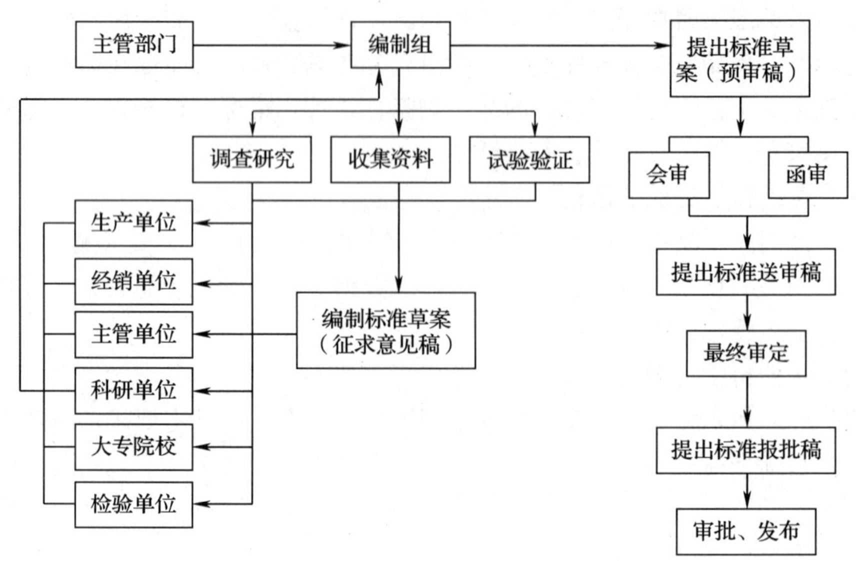

图 5—3　我国食品的产品标准制定程序

首先针对制定标准的食品进行卫生学调查，对其在原料、生产过程和包装、运输、储存、销售等环节可能带入的有毒有害物质进行检测，再根据有关毒性毒理评价资料，并参考国际上有关标准，结合我国实际情况，提出标准草案建议稿。

然后将建议稿在部分不同条件的地区对各项指标和试验方法等进行验证，同时征求有关部门意见，根据验证情况和意见对建议稿进行修改后，提请卫生部食品卫生标准委员会讨论。

经专家讨论和修改通过后的标准，报请国家技术监督局，编号由卫生部批准后发布。有些标准还需在经过一段时期试行修改后再由卫生部发布为正式国家标准。

（3）我国食品质量标准的内容和指标

1）食品卫生标准。食品卫生标准是《食品安全法》派生的技术性规范，是食品卫生法制的组成部分，也是评价食品卫生质量的法律依据。它是根据各种不同类的食品，对其原料、生产过程和储运、销售等环节可能存在和发生的有害因素（包括生物性、化学性和物理性），为保证食品安全所规定的具有卫生学意义的指标或限量的技术规范。

现行食品卫生标准有 463 项。其中国家标准 445 项，行业标准 18 项，包括：

①食品中各种污染物限量、农药残留标准。

②食品原料与产品卫生标准。

③食品添加剂和营养强化剂使用卫生标准。

④食品包装材料卫生标准。

⑤食品生产企业卫生规范。

⑥检验方法与检验规程。

⑦食品安全毒理学评价程序与方法。

⑧食物中毒诊断标准。

2）食品产品标准。我国现有的食品产品标准有 553 个，涵盖了谷物和豆类制品、淀粉及淀粉制品、食用油脂、水果和蔬菜制品、肉制品和蛋制品、水产制品、乳制品、饮料、饮料酒、调味品、特殊膳食食品、发酵制品、罐藏食品、焙烤食品共 18 个专业。

食品产品标准内容较多，一般包括：

①感官指标、理化指标和微生物指标等技术要求。

②各种技术要求的检验方法。

③包括组批、抽样、判定方法在内的检验规则。

④标志、包装、运输以及产品储存的要求等。

其中，技术要求是食品产品标准的核心内容。

此外，还有食品工业基础及相关标准、食品包装材料及容器标准、食品添加剂标准、食品检验方法标准等。

二、食品国际标准和国外先进标准

国际标准是由国际标准化组织通过的并公开发布的标准。目前，食品及相关产品标准化的国际组织有：ISO，FAO，WHO，CAC，IDF（国际乳制品联合会），IWO/OVI（国际葡萄与葡萄酒局）。最重要的国际标准分属两大系统，即 ISO 系统的食品标准和 CAC 系统的食品标准，其现状和发展趋势对世界各国食品发展有举足轻重的影响。

国外先进标准指未经过 ISO 确认并公布的其他国际组织的标准、区域组织的标准、发达国家的国家标准、国际上有权威的行业或专业组织的标准和国外先进企业的标准。

1. 国际标准化组织的食品标准

国际标准化组织编制了国际标准分类法（International Classification for Standards，简称 ICS），用于国际标准、区域性标准和国家标准以及其他标准文献的分类。ICS 采用层累制分类法，由三级类目组成。第一级分为 41 个大类，每个大类用两位数字表示。全部一级类目再分为 387 个二级类目，二级类目的类号由一级类目的类号和被一个圆点隔开的三位数组成。二级类目又再细分为三级类目，共 789 个，三级类目的类号由一、二级类目的类号和被圆点隔开的两位数字组成。按照 ICS 分类法，冰淇淋产品的标准类号就应该为 67（食品技术大类）、100（乳及乳制品）、40（冰淇淋和冰淇淋糖果）。国际标准分类法的应用，有利于标准文献分类的协调统一，促进国际、区域和国家间标准文献的交换。

国际标准化组织的有关食品标准主要由 ISO 下的农产品食品技术委员会（TC34）制定，少数由淀粉（包括衍生物及副产品）技术委员会（TC93）、化学技术委员会（TC47）和金属管及管件技术委员会（TC5）制定。

由国际标准化组织制定的食品标准及食品相关标准都冠于 ISO 标志名下，有食品技术类标准，如食品的规格标准、运输要求、检测与分析方法标准等。另外还有 2 个可用于食品及食品企业的管理体系标准，它们分别是 ISO 9000 族和 ISO 22000 系列

（1）ISO 9000 族

ISO 9000 族标准是由国际标准化组织的质量管理和质量保证委员会（TC176）制

定，在 1987 年 3 月正式颁布的一个质量管理体系国际标准。ISO 9000 族标准为全世界许多国家的食品生产和经营企业所接受并采纳，在食品和食品生产中得到广泛应用。有关族标准组成、体系要求以及在食品企业中的应用将在本教材第六章中详细介绍。

（2）ISO 22000 族标准

ISO 22000：2005《食品安全管理体系使用于整个食品链的要求》族标准是国际标准化组织在 2005 年 9 月发布的食品安全管理体系系列标准，旨在确保全球的食品供应安全，适合于整个食品供应链的食品安全管理体系框架。本族标准包括了 ISO/TS 22004：2005《食物安全管理系 ISO 22000：2005 应用指南》、ISO/TS 22003：2005《食物安全管理系提供食品安全管理体系审核和认证机构的要求》和 ISO 22000：2005《饲料和食品链的可追溯性体系设计和开发的通用原则和指南》所组成。ISO 22000 族核心标准的相关要求和具体应用部分知识在第九章介绍。

在 ISO 系列标准中还有同样作为食品安全支持体系的 ISO 14000 环境管理体系标准（本教材第六章第二节），目前也在食品企业中得到大量推广。具体内容在此不做过多阐述。

2. 国际食品法典委员会的食品标准

CAC 是全球唯一的一个在食品安全领域的国际资讯组织。它制定了食品法典和法典程序。

食品法典包括标准和残留限量、法典和指南部分，包含了食品标准、卫生和技术规范、农药、兽药、食品添加剂评估及其残留量制定和污染物在内的广泛内容。法典程序确保了国际食品法典的制定建立在科学的基础之上，并保证了各种意见的反馈。

目前，CAC 制定的法典是全球共同的基本参照标准。食品法典共由 13 卷构成，法典的具体组成见表 5—1。卷 1A 中的《CAC/GL 018—1993 危害分析与关键控制点 HACCP 系统应用导则》是食品安全与卫生的预防性管理体系国际标准。我国等同制定了 HACCP 体系及其应用指南 GB/T 19538—2004，有关内容参见本教材第八章。

表 5—1　　CAC 国际食品法典的构成

编号	标准名称
卷 1A	通用要求法典标准
卷 1B	通用要求（食品卫生）法典标准
卷 2A　卷 2B	食品中农药残留法典标准
卷 3	食品中兽药—最大残留限量法典标准
卷 4	特殊饮食用途的食品法典标准
卷 5A	速冻水果和蔬菜的加工处理法典标准
卷 5B	热带新鲜水果和蔬菜法典标准
卷 6	水果汁和相关制品法典标准
卷 7	谷类、豆类、豆荚、相关产品、植物蛋白法典标准
卷 8	食用油、脂肪及相关产品法典标准
卷 9	鱼及水产品法典标准
卷 10	肉及肉制品法典标准

续表

编号	标准名称
卷 11	糖、可可制品和巧克力及其他产品法典标准
卷 12	乳及乳制品法典标准
卷 13	分析方法与取样法典标准

3. 国外先进食品标准

(1) 欧盟食品标准 (EN)

欧盟的食品标准是欧盟食品安全体系的重要组成部分，以欧盟指令的形式加以体现。欧盟标准由三个欧洲标准化组织所制定，分别为欧洲标准化委员会（CEN）、欧洲电工标准化委员会（CENPLEC）和欧洲电信标准协会（KTSI）。它们都是欧洲委员会按照 83/189/EEC 指令正式认可的标准化组织。CENPLEC 负责制定电工、电子方面的标准，KTSI 负责制定电信方面的标准，而 CEN 负责制定以上领域以外的所有领域的标准。自 1985 年以来，CEN 致力于有关食品领域的分析和检测方法标准的制定。另外还有以欧盟指令和规定形式发布的相关食品标准或要求，以及食品包装、储运与标志规定。欧盟颁布的有关食品标准和指令见表 5—2。

表 5—2 欧盟颁布的有关食品标准或指令

标准类型	标准编号	标准名称或指令要点
分析和检测方法标准	TC 174	水果和蔬菜汁的分析方法
	TC 194	与食品接触的器具
	TC 275	食品分析（水平法）
	TC 302	乳及乳制品的采样和分析方法
	TC 307	动植物油脂及其副产的采样和分析方法
	TC 327	动物饲料的采样和分析方法
	TC 338	谷物及其产品
农药残留标准	2000/24/EC 指令	规定茶叶中的杀螟丹的 MRL 降至 0.1 mg/kg，新增了乙滴涕、甲氧滴滴涕、杀满特等 10 种农药的 MRL 均为 0.1 mg/kg
	2000/42/EC 指令	要求欧盟茶叶中的氰戊菊酯和喹硫磷 MRL 从 2000 年 7 月 1 日起降至分析方法所用仪器的检测底限
农产品进口标准		进入欧盟市场的农产品需具备以下三个条件之一： ①符合欧盟标准（EN），取得 CEN 认证标志 ②与人身安全有关的产品，要取得 CE 认证标志 ③进入欧盟的厂商，要取得 ISO 9000 合格证书
水产品标准	EN 14332：2004	痕量元素的测定 用微波溶解后的石墨炉原子吸收光测定海产品种的砷
	EN 14524：2004	贻贝中 okadaic 酸的测定 固相萃取净化、衍生和荧光的 HPLC 法
	CWA 14659：2003	水产品溯源计划 饲养鱼配送链中的信息记录规范
	CWA 14660：2003	水产品溯源计划 捕捞鱼配送链中的信息记录规范

（2）美国食品标准

美国目前涉及食品安全和卫生的标准约超过 600 项，主要有检测方法标准和食品质量标准两大类。对标准化活动奉行的是自愿性和分散性的原则。长期以来，美国推行的是民间标准优先的标准化政策，鼓励政府部门参与民间团体的标准化活动，从而调动各方面的积极因素，形成了相互竞争的多元化体系。

1）行业标准。美国的行业标准由民间团体制定，诸如美国奶制品学会（ADPI）制定奶制品的定义、产品规格、产品分类等标准；谷物化学师协会（AACCH）旨在促进谷物科学研究，保持相关科学和技术工作间的合作，协调各技术委员会的标准化工作，推动谷物化学分析方法和谷物加工工艺间的标准化工作。

2）国家标准。美国的国家标准包括由联邦农业部食品安全检验局、动植物健康检验局、农业市场局、粮食检验包装储存管理局、卫生部食品与药品管理局、环境保护局等政府机构制定的标准，还包括联邦政府授权的机构如饲料官方管理协会制定的标准。

3）有机食品标准体系。美国农业部于 2001 年公布了“有机食品”的正式定义，并开始对有机食品发放统一许可证。对有机食品的管理主要包括以下内容：有机食品生产加工处理系统计划，土地法规，土壤肥力和作物营养管理标准，种子和栽种苗木的操作标准，作物轮作实施标准，作物害虫、杂草和疫病的管理措施标准，野生作物收获操作标准，家畜来源标准，家畜饲料标准，家畜保健标准，有机食品标签规定等。

4）农产品分类分级标准。截至 2004 年，美国农业部农业市场局（AMS）共制定农产品分级标准 360 个，其中果蔬分级标准 158 个，涉及新鲜果蔬、加工果蔬和其他产品等 85 种农产品；加工的果蔬及其产品分级标准 154 个，分为罐装果蔬、冷冻果蔬、干制和脱水产品、糖类产品和其他产品 5 大类；乳制品分级标准 17 个；蛋类产品分级标准 3 个；畜产品分级标准 10 个；粮食和豆类分级标准 18 个，这些农产品分级标准是依据美国农业销售法而制定，对农产品的不同质量等级予以标明。同时，根据需要不断制定和更新标准，每年对约 7%的分级标准进行修订。

不论是那类食品标准，美国的食品标准都包括了 3 个方面的规定：食品特性质的规定、质量规定和装量规定。这种规定说明了美国立法的目的不但强调保护消费者的健康权益，同时，也保护消费者的经济权益。

（3）日本食品标准

日本的食品标准体系分为国家标准、行业标准和企业标准三个层次，国家标准即 JAS 标准，以农产品、林产品、畜产品、水产品以及加工制品和油脂为主要对象；行业标准由行业团体、专业协会和社团组织制定，主要作为国家标准的补充或技术储备；企业标准是各株式会社制定的操作规程或技术标准。

目前食品安全相关的标准数量很多，已形成了较为完善的标准体系。不仅在生鲜食品、加工食品、有机食品、转基因食品等方面制定了详细的标准和标志制度，而且在标准制定、修订、废除、产品认证、监督管理等方面也建立了完整的组织体系和制度体系，由厚生劳动省和农林水产省分别承担食品卫生安全方面的行政管理职能。

同时，日本的食品标准种类齐全，科学、先进、实用，并注重与法律法规的紧密结合，执行有力，目的明确，有很强的可操作性和可检验性。另外在标准的制定中，注重与国际接轨，在纳入国际标准和国外先进标准的同时，又结合本国实际情况加以细化，可较好地满足国内外市场要求。

三、国际食品标准和国外先进食品标准的采用和应用

1. 采用国际标准和国外先进标准

（1）定义与意义

我国《采用国际标准和国外先进标准管理办法》中规定：采用国际标准和国外先进标准，简称“采标”，是指把国际标准和国外先进标准的内容，通过分析研究，不同程度地引入我国标准并贯彻执行。

食品国际标准为国际食品贸易的各方创造了一个公平、合理、透明的贸易规则。但标准的双重性使其既能促进国际贸易，同时又能产生贸易壁垒。采用国际标准制定本国的技术法规或标准主要具有两个方面的意义，一是能协调国际贸易中有关方面的要求，减少和避免与贸易各方的纷争，从而使本国的产品冲破贸易壁垒打入和占领国际市场；二是采用国际标准能够促进本国与世界各国的交流，加深与各国的相互理解。因国际标准在国际范围代表了一定的技术先进性，对于发展中国家，可通过采用国际标准引进国际上的先进技术，从而促进本国产品整体水平的提高。

（2）采用国际标准的程度与形式

当国家标准与相应的国际标准等同，或仅对国际标准做了某些修改，这种修改仍使该国家标准与相应的国际标准具有一致性时，可以认为该国家标准采用了国际标准。如果国家标准与相应的国际标准在技术内容和文本结构上不同，同时它们之间的差异也没有被清楚地标志，或者国家标准中只保留了少量或不重要的国际标准的条款，那么该国家标准与相应的国际标准是非等效的，不属于采用国际标准。

国家标准采用国际标准的一致性程度包括等同采用和修改采用两种形式。

1）等同采用。代号为 IDT，其含义为：①即国家标准与国际标准在技术内容和文本结构上完全相同；②国家标准与国际标准在技术内容上完全相同，但可以包括 GB/T 20000.2—2001（标准化工作指南　第二部分：采用国家标准的规则）第 4.2 条款规定的小的编辑性修改。

2）修改采用。代号为 MOD，其含义为：①国家标准与国际标准之间允许存在技术性差异，但应清楚地标明这些差异，并给出解释，说明产生这些差异的理由；②国家标准在结构上与国际标准对应，只有在不影响对国家标准与国际标准的内容和结构进行比较的情况下，才允许对文本结构进行修改。

（3）采用国际标准的原则和方法

国际标准和国外先进标准应在条件具备的情况下尽可能地采用，这样可以促进技术进步和消除贸易壁垒，但不加分析、不结合实际地一味照搬采用国际标准和国外先进标准是不可取的，这样不仅造成标准无法应用，还会造成经济上的浪费。因此，采用国际标准和国外先进标准应遵守以下基本原则：

1）采用国际标准，应当符合我国有关法律、法规，遵循国际惯例，做到技术先进，经济合理，安全可靠。

2）制定（包括修订）我国标准应以相应国际标准（包括即将制定完成的国际标准）为基础；除非这些国际标准由于基本气候、地理因素或者基本的技术问题等原因对我国无效或者不适用。

3）对于国际标准中通用的基础性标准，试验方法标准应优先采用。

4）采用国际标准制定或修订我国标准，应当尽可能与相应国际标准的制定同步，并可以采用标准制定的快速程序。

5）采用国际标准，应当同我国的技术引进、企业的技术改造、新产品的开发、老产品改进相结合。

我国在选择采用国际标准时，对于不同一致性程度对应的不同采用国际标准方法也做出了明确的规定，即等同采用国际标准时，应使用翻译法；修改采用国际标准时，应使用重新起草法。翻译法只依据相应国际标准翻译成为国家标准，可做少量编辑性修改，不保留国际标准的前言和引言。重新起草法指在相应国际标准的基础上重新编写国家标准，采用重新起草法的国家标准如果需要增加附录，每个增加的附录编号应与其他附录一起按在标准条文中提及的先后顺序编号。与国际标准非等效采用的国家标准也适用重新起草法。

2．应用国际标准和国外先进标准

国际标准的“采用”指的标准间文本的转化关系。而标准的“应用”指标准在生产、贸易中的使用。企业既是采用国际标准和国外先进标准的主体，也是应用国际标准和国外先进标准的主体。企业采用和应用国际标准和国外先进标准不仅可以促进自身改进技术，提高产品质量，而且可以开拓市场，扩大对外贸易，最终提高企业的综合竞争力。

企业应用国际标准和国外先进标准的具体形式有以下几种。

（1）直接应用国际标准

企业根据国外市场要求或出口合同要求，直接应用国际标准组织生产，不考虑该国际标准是否已被其他标准文件采用。

（2）间接应用国际标准

企业根据国外市场要求或出口合同要求，应用已采用了国际标准的其他标准文件（包括国家标准、行业标准、地方标准和企业标准）。

（3）直接应用国外先进标准

在产品出口、来料加工等企业，根据合同要求，直接采用国外先进标准组织生产。

四、食品标准文献检索

标准文献是按照规定程序编制并经过一个公认的权威机构（主要机关）批准的，供在一定范围内广泛而多次使用，包括一整套在特定活动领域必须执行的规格、定额、规划、要求的技术文件。通常统称为“标准”。标准文献与图书、期刊、专利、学位论文、技术报告、会议文献等完全不同，标准文献的制定要通过起草、提出、批准、发布等，并规定出实施时间与范围。

标准文献有利于企业实现经营管理统一化、制度化、科学化。标准文献反映的是当前的技术水平，国外先进的标准可以为企业提高工艺技术水平、开发新产品提供参照。另外，标准文献还可以为进口设备的检验、装配、维修和配置零部件提供参考。因此，标准文献可以说是世界重要的情报资源，它为整个社会提供了协调统一的标准规范，起到了解决混乱和矛盾的整序作用。

1. 国内标准文献的检索

（1）我国标准的基本类型与编号

我国标准一般分为以下几种类型：

1）国家标准。根据我国“国家标准管理办法”规定，强制性国家标准用“GB”为代号，推荐性国家标准用“GB/T”为代号。

2）部（行业、专业）标准。根据我国“行业标准管理办法”规定，强制性行业标准的代号，用行业名称的两个汉语拼音字母表示；推荐性行业标准的代号，则在该拼音字母后加斜线“/”加“T”表示。

3）指导性技术文件。用部（行业、专业）标准代号为分子，以“Z”为分母表示。

4）企业标准。根据我国“企业标准管理办法”规定，企业标准的代号，用“Q”加斜线“/”加企业的数字代号表示。

5）地方标准。自从我国“地方标准管理办法”颁布后，强制性地方标准的代号用“DB”加省、市、自治区代码前两位数加斜线“/”表示，推荐性地方标准的代号在斜线后再加上“T”表示。

（2）中国国家食品标准检索工具

检索我国各类食品标准的工具主要有以下几种：

1）《中国国家标准汇编》2009年版，中国标准出版社。

2）《中国食品工业标准汇编》2006年版，中国标准出版社。

3）《国家食品卫生标准规范数据汇编》2006年版，中国标准数据出版中心。

4）《食品卫生检验方法》理化部分，2008年版，中国标准出版社。

5）《食品卫生微生物学检验》2008年版，中国标准出版社。

6）《中国农业标准汇编（水产加工品卷、畜禽卷）》，2011年版，中国标准出版社出版。

7）《无公害食品标准汇编》2003年版，中国农业出版社。

8）《绿色食品标准汇编》2007年版，中国农业出版社出版。

9）《最新中国绿色食品标准》2010年版，中国农业出版社。

提供标准文献的网站有国家标准化管理委员会网 http://www.sac.gov.cn/（提供新颁布的标准）和中国标准咨询网 http://www.chinastandard.com.cn/。

标准文献的检索，大都是从标准目录中查找。由于标准目录编排方法大致相同，所以检索途径也相似，主要有分类、主题和标准号三种途径。如果不熟悉标准分类情况，可先从主题索引中查找，查到所属类目时再从分类目录中查出，否则可以直接从分类目录中查找。

2．国际食品标准的检索

国际食品标准包括 ISO、FAO 制定的标准及国际标准化组织认可的其他 27 个国际组织制定的一些标准。其中 ISO、FAO 和 WHO 制定的标准分别可利用下列工具进行检索。

ISO：《国际标准化组织标准目录》。

FAO：《联合国粮农组织在版书目》；《联合国粮农组织会议报告》；《食品和农业法规》等。

WHO：《世界卫生组织出版物目录》；《世界卫生组织公报》；《国际卫生规则》；《国际健康法规选编》等。

在用上述工具进行检索前，应先对每类标准进行识别，ISO 制定的正式标准和标准草案，其标准号均由代号、序号及制定年份三部分组成。

（1）国际标准 ISO＋序号＋制（修）定年份

凡 1972 年以后发布的国际标准，均以 ISO 作代号，如 ISO 6507/1—1982。

（2）推荐国际标准 ISO/R＋序号＋制（修）定年份

凡 1972 年以前发布而至今修订工作尚未结束的标准，均以 ISO/R 为代号，如 ISO/R—2101—1971。

（3）技术报告 ISO/TR＋序号＋制定年份

系指该组织制定某项标准的进展情况，其代号为 ISO/TR，如 ISO/TR 7470—1978。

（4）技术数据 ISO/DATA＋序号＋制定年份

这类标准很少，现已全部为 ISO/TR 替代。

（5）建议草案

ISO/DP＋序号＋制定年份 指有关技术委员会制定并供自身内部讨论研究的建议草案，如 ISO/DP 8688—1984。

（6）标准草案

ISO/DIS＋序号＋制定年份 指经中央秘书处登记后发至各个成员国进行酝酿，最后付诸表决的标准草案，如 ISO/DIS 7396—1984。

对于 ISO 食品标准，还可以利用网络进行检索，ISO 的网址为：http://www.iso.ch，该主页提供以下主要超链接：ISO 介绍，ISO 各国成员，ISO 技术工作，标准和世界贸易，ISO 分类，ISO 9000 和 ISO 14000，新闻，世界标准服务网络，ISO 服务等。

3．国外食品标准的检索工具

对于国外一些发达国家的食品标准，同样可以利用相应的工具进行检索，如：

（1）《美国国家标准目录》(Catalog of American National Standards)。

（2）《英国国家标准目录》(British Standard of Yearbook)。

（3）日本《JIS 总目录》。

（4）德国《英文版德国标准目录》（DIN Catalog－English Translation of German Standards)。

第三节 产品质量认证

一、质量认证的含义

认证是为了获得证据并对其进行客观的评价，以确定满足审核准则的程序所进行的系统的建立并形成文件的过程。质量认证也称合格认证。1991 年国际标准化组织对“合格认证”做如下定义：“第三方依据程序对产品、过程或服务符合规定的要求给予书面保证（合格证书）”。1991 年 5 月国务院发布的《中华人民共和国产品质量认证管理条例》第二条规定：“产品质量认证是依据产品标准和相应要求，经认证机构确认并通过颁发认证证书和认证标志来证明某一产品符合相应标准技术要求的活动。”

由此，可归纳出几点关于质量认证的理解：①质量认证的对象可以是产品或服务，还可以是提供产品或服务的质量体系；②质量认证的依据是标准，这种标准应是经过标准化机构正式发布，由认证机构认可的产品标准、技术规范、质量保证模式标准等；③认证机构属于第三方的性质，独立于“第一方”（产品的生产者）和“第二方”（产品的采购单位），是一个公正的认证机构，如国家标准化机构，一些独立于政府机构的学会、协会、研究所、事务所、审核中心等都属于第三方机构；④质量认证鉴定的方法包括对产品质量的抽样检验和对产品质量体系的审核和评定；⑤质量认证的合格表示方式是颁发“认证证书”和“认证标志”，并予以注册登记。

二、质量认证类型

质量认证主要分产品质量认证和质量体系认证两种，从我国质量认证工作总体发展情况来看，产品质量认证工作开始较早，而独立的质量体系认证出现相对较晚，目前还处于起步阶段，但单独的质量体系认证具有适用面广，灵活性强，对企事业单位建立和完善质量体系促进作用大等特点，因而发展迅速。

1. 质量体系认证

质量体系认证是由第三方（经国家授权的独立认证机构）对供方的质量体系进行评定和系统的检查活动，其目的是在于通过评定和事后的监督，证明供方的质量体系符合某种质量保证模式标准，对供方的质量体系给予独立的证实。

2. 产品质量认证

产品质量认证也称产品认证，国际上称合格认证。根据 1991 年实施的《中华人民共和国产品质量认证管理条例》，产品质量认证是依据产品标准和相应技术要求，经认证机构确认并通过颁发认证证书和认证标志来证明某一产品符合相应标准和相应技术要求的活动。ISO 的定义是：由可以充分信任的第三方证实某一产品或服务符合特定标准或其他技术规范的活动。

产品质量认证分为强制认证和自愿认证两种。一般来说，对有关人身安全、健康和其他法律法规有特殊规定者为强制性认证，即“以法制强制执行的认证制度”，如我国食品生产加工企业的 QS 认证。其他产品实行自愿认证制度，如无公害食品产品认证、绿色食品认证、有机食品认证等。本节将以无公害农产品认证为例介绍食品产品质量认证流程。

三、无公害农产品认证

1. 两个基本概念

（1）无公害农产品

无公害农产品是指产地环境、生产过程、产品质量符合国家有关标准和规范的要求，经认证合格获得认证证书并允许使用无公害农产品标志的未经加工或初加工的食用农产品。

无公害农产品的生产是采用无公害栽培（饲养）技术及其加工方法。按照无公害农产品生产技术规范，在清洁无污染的良好生态环境中生产、加工的，安全性符合国家无公害农产品标准的优质农产品及其加工制品。无公害农产品生产是保障消费者食用农产品安全，提高农产品安全质量的生产。

无公害农产品标志颜色由绿色和金色组成，图案主要由麦穗、对勾和无公害家产品字样组成。麦穗代表农产品，对勾代表合格，金色寓意成熟和丰收，绿色象征环保和安全。无公害农产品标志式样如图 5—4 所示。

图 5—4　无公害农产品标志

（2）无公害农产品认证

无公害农产品认证是依据国家认证认可制度和相关政策法规、程序，按照无公害产品标准，对未经加工或初加工的食用农产品的产地环境、农业投入品、生产过程和产品质量进行全面审查验证，向评定合格的生产单位和个人颁发无公害农产品产地和产品认证证书，并允许使用全国统一的无公害农产品标志的活动。

农业部农产品质量安全中心是农业部和国家认证认可监督管理委员会授权在全国范围内履行无公害农产品认证、监督和管理职能的专门机构。

凡生产《实施无公害农产品认证的产品目录》的产品，并获得无公害农产品产地认定证书的单位和个人，均可申请产品认证。

2. 无公害农产品认证申报流程

（1）省农业行政主管部门组织完成无公害农产品产地认定（包括产地环境监测），并颁发《无公害农产品产地认定证书》。

（2）申请产品认证的单位和个人（简称申请人），可以通过省、自治区、直辖市和计划单列市人民政府农业行政主管部门或者直接向农业部农产品质量安全中心申请产品认证，并提交以下材料：

1）《无公害农产品认证申请书》

2）《无公害农产品产地认定证书》（复印件）

3）产地《环境检验报告》和《环境评价报告》

4）产地区域范围、生产规模

5）无公害农产品的生产计划

6）无公害农产品质量控制措施

7）无公害农产品生产操作规程

8）专业技术人员的资质证明

9）保证执行无公害农产品标准和规范的声明

10）无公害农产品有关培训情况和计划

11）申请认证产品的生产过程记录档案

12）“公司加农户”形式的申请人应当提供公司和农户签订的购销合同范本、农户名单以及管理措施

13）要求提交的其他材料

申请人向农业部农产品质量安全中心申领《无公害农产品认证申请书》和相关资料，或者从中国农业信息网站（www.agri.gov.cn）下载。

（3）省级承办机构接收《无公害农产品认证申请书》及附报材料后，审查材料是否齐全、完整，核实材料内容是否真实、准确，生产过程是否有禁用农业投入品使用和投入品使用不规范的行为。

（4）无公害农产品定点检测机构进行抽样、检测。

（5）农业部农产品质量安全中心所属专业认证分中心对省级承办机构提交的初审情况和相关申请资料进行复查，对生产过程控制措施的可行性、生产记录档案和产品《检验报告》的符合性进行审查。

（6）农业部农产品质量安全中心根据专业认证分中心审查情况，组织召开“认证评审专家会”进行最终评审。

（7）农业部农产品质量安全中心颁发认证证书、核发认证标志，并报农业部和国家认证认可监督管理委员会联合公告。

~思考与练习~

1. 比较标准与标准化的含义。
2. 试述我国质量标准体系的结构特点。
3. 简述食品产品标准结构的组成，试编写具体某食品的产品标准。
4. 什么叫产品质量认证？简要介绍无公害农产品认证的申请流程。

第六章　食品安全控制支持体系

学习目标：

1. 了解质量管理体系认证和环境管理体系认证对食品企业的作用。
2. 理解质量管理体系 8 项原则的内涵和主导思想。
3. 理解 ISO 9001：2008 和 ISO 14001：2004 标准条款。
4. 掌握食品企业建立质量管理体系和环境管理体系的方法和步骤。

第一节　ISO 9001 质量管理体系

一、ISO 9000 基础知识

1. ISO 9000 族标准的产生和发展

任何标准都是为了适应科学、技术、社会、经济等客观因素发展变化的需要而产生，ISO 9000 也是如此。为了促进国际贸易，消除各国标准不统一造成的技术障碍，国际标准化组织（ISO）于 1979 年成立质量管理和质量保证委员（TC176），负责制定质量管理和质量保证方面的国际标准。ISO/TC176 于 1986 年 6 月 15 日首次颁布了 ISO 8402《质量一术语》标准，并于 1987 年 3 月正式颁布了 ISO 9000 系列标准，包括五个核心标准和一个术语标准（ISO 8402）：

ISO 8402：1986（质量—术语）

ISO 9000：1987《质量管理和质量保证标准—选择和使用指南》

ISO 9001：1987《质量体系—设计开发、生产、安装和服务的质量保证模式》

ISO 9002：1987《质量体系—生产和安装的质量保证模式》

ISO 9003：1987《质量体系—最终检验和试验的质量保证模式》

ISO 9004：1987《质量管理和质量体系要素—指南》

ISO/TC176 在 1987 年首次发布 ISO 9000 族系列标准后，分别在 1994 年、2000 年和 2008 年对 ISO 9000 族标准进行过三次修订。新版标准使质量管理体系更加适合组织的需要，能更好地适应组织开展其商业活动的需要。ISO 9000 的变更见表 6—1。

表 6—1　　ISO 9000 的变更

ISO 9000—87	ISO 9000—94	ISO 9000—2000 ISO 9000—2008
历史性开拓	战术性换版	战略性换版
6 项标准	24 项标准	5 项核心标准加技术报告书
主要针对制造业 尤其是较大企业	补充内容、扩大范围， 开始考虑服务业应用	充分考虑一切组织， 包括小企业、服务业的应用
要素	按产品导向建立 20 个要素	按过程导向建立 PDCA 循环

ISO 9000 系列标准自 1987 年颁布以来，随着标准族的逐渐完善，已被世界上近百个国家所接受并采用。如以欧盟各国大公司为代表的采购商，已把 ISO 9000 系列标准作为评价供方质量保证能力的重要依据，并把取得认证作为决定订单走向的重要条件。我国在"等同"采用制定了 GB/T 19000—ISO 9000 系列标准后，也将其作为质量体系认证的技术依据。截至 2009 年 6 月，我国通过认证并保持有效监督的企业数达 17.4 万家。

2. ISO 9000 族标准的结构

根据 ISO 指南 72（管理体系标准的认定和确认）的规定，管理体系的标准有三类，分别是 A 类（管理体系要求标准）、B 类（管理体系指导标准）和 C 类（管理体系相关标准）。

ISO/TC176 目前发布的 ISO 9000 系列标准除以上三大管理体系标准外，还有小册子。具体组成见表 6—2。

表 6—2　　ISO 9000 系列标准的组成

管理体系标准		其他标准
A 类（管理体系要求标准）	ISO 9001：2008　质量管理体系　要求（核心标准一） ISO 16949：2002　质量管理体系　汽车生产件及相关维修零件组织应用	小册子： ➢ 质量管理原则 ➢ 选择和使用指南 ➢ 小型组织实施指南
B 类（管理体系指导标准）	ISO 9004：2000　质量管理体系　持续改进指南（核心标准二） ISO 10012：2003　测量管理体系　测量过程和测量设备的要求 ISO 10006：2003　质量管理体系　项目质量管理	
C 类（管理体系相关标准）	ISO 9000：2005　质量管理体系　基础和术语（核心标准三） ISO 10001：2007　质量管理　顾客满意　组织行为规范 ISO 10002：2004　质量管理　顾客满意　组织处理投诉指南 ISO 10003：2007　质量管理　顾客满意　组织外部争议解决指南 ISO 10005：2005　质量管理体系　质量计划指南 ISO 10007：2005　质量管理体系　技术状况管理指南 ISO/TR10013：2001　质量管理体系文件指南 ISO 10015：1999　质量管理　培训指南 ISO/TR10017：2003　统计技术指南 ISO 19011：2002 质量和环境管理体系审核指南（核心标准四） ISO 10019：2005 质量管理体系咨询师的选择及其服务使用指南	

3. 2008 版 ISO 9000 族的核心标准概要

(1) ISO 9000：2005《质量管理体系　基础和术语》

ISO 9000：2005《质量管理体系　基础和术语》是对 ISO 9000：2000 标准的进一步完善。阐明了八项质量管理原则和运行质量管理体系应遵循的 12 个方面的质量管理基础；在 ISO 9000：2000 标准 80 个相关术语的基础上，增加了 4 个新的定义，扩大或增加了说明性的注释，使一些术语的文字描述更加简洁合理，术语间逻辑关系更加清晰。作为 ISO 9001 和 ISO 9004 两个标准共用理论基础和术语定义。

(2) ISO 9001：2008《质量管理体系　要求》

该标准规定了质量管理体系的要求，可作为内部审核与外部第三方认证注册审核或第二方评定的准则，或帮助组织不断增强顾客满意度。

(3) ISO 9004：2000《质量管理体系　业绩改进指南》

该标准提供了改进质量管理体系业绩的指南，包括持续改进过程，提高业绩，使组织的顾客及其他相关方满意。

该标准不用于认证、法规或合同的目的，也不是 ISO 9001：2008 的实施指南。

(4) ISO 19011：2002《质量和环境管理体系审核指南》

该标准为审核的基本原则、审核方案的管理、环境和质量管理体系的实施以及对环境和质量体系审核员资格要求提供了指南。

4. 八项质量管理原则

2000 年版 ISO 9000 族标准提出了质量管理的八项基本原则，这八项基本原则是全球质量管理工作成功经验的科学总结和高度概括，是当代质量管理的理论基础，它不仅可以指导组织按 ISO 9001 建立质量管理体系，按 ISO 9004 完成质量管理体系，同时也是实现全面质量管理必须遵循的行动准则。

八项质量管理原则的基本内涵如下：

(1) 以顾客为关注焦点

组织依存于顾客。因此，组织应当理解顾客当前和未来的需求和期望，满足顾客需求并争取超越顾客期望。为贯彻“以顾客为关注焦点”的质量管理原则，组织可采取下列活动：

1) 了解和掌握顾客的需求和期望。

2) 确保组织的目标和顾客的需求和期望相结合。将顾客最为关心的因素转化为组织的质量目标。

3) 确保顾客的需求和期望在整个组织内进行沟通。

4) 测量顾客的满意度并根据结果采取相应的活动或措施。

5) 管理好与顾客的关系。

6) 兼顾顾客与其他相关方之间的利益。

(2) 领导作用

领导者确立组织统一的宗旨和方向，他们应当创造并保持使员工能充分参与实现组织目标的内部环境。为贯彻“领导作用”的质量管理原则，组织的最高管理者应采取下列有效的措施：

1）考虑所有相关方的需求和期望。组织应围绕识别和满足所有相关方的需要和期望，制定相应的政策和措施。

2）通过制定质量方针来清晰地描述组织未来的远景。

（3）全员参与

各级人员都是组织之本，只有他们的充分参与，才能使他们的才干为组织带来收益。员工应通过下列活动来体现“全员参与”的原则。

1）了解自身贡献的重要性及在组织中的作用。

2）识别对其活动的约束。在每项工作中，了解每个人的活动将会遇到什么样的阻力和影响，如何突破这种阻力和影响，取得理想的结果。

3）接受所赋予的权利和职责并解决各种问题。

4）每个人根据分解到本岗位的质量目标评价其业绩。

5）主动寻找机会增强员工的能力、知识和经验。

6）自由地分享知识和经验。

（4）过程方法

将相关的资源和活动作为过程进行管理，可以更高效地得到期望的结果，任何将输入转化为输出的活动都可以视为过程，组织为了能有效地运作，必须识别并管理诸多相互关联的过程。通常，一个过程的输出会直接成为下一个过程的输入，组织系统地识别并管理所采用的过程以及过程之间的相互作用，称之为“过程方法”。应用“过程方法”的原则，组织应实施下列主要活动：

1）为了取得预期的结果，使用已建立的方法并确定关键的活动。

2）为了管理这些关键的活动需明确职责和权限。

3）了解并测定关键活动的能力。这要求组织有能力得到所需的、充分的数据和信息，且评审人员具备相关的评估能力。

4）识别组织职能内部和职能之间关键活动的接口。

5）重点管理能改进组织关键活动的各种因素，如资源、方法和材料等。

6）评估风险以及对顾客、供方和其他相关方产生的后果和影响。内部审核、管理评审活动可以用于评估过程的风险及其对所有相关方产生的后果和基础。

（5）管理的系统方法

针对设定的目标，将相互关联的过程作为系统加以识别、理解和管理，有助于组织提高实现目标的有效性和效率。管理的系统方法是指应用系统工程原理的方法去实施管理。系统方法的重点是过程。运用系统工程的方法对过程实施系统管理，不仅可以促进目标的实现，而且由于各个过程的协调运作，还可以缩短周期，减少浪费，降低成本。相互关联的过程链识别如图 6—1 所示。应用“管理的系统方法”原则，组织应采取如下主要措施：

1）建立一个体系，并以最有效的方法实现组织的目标。

2）了解系统的过程之间的相互依存关系。

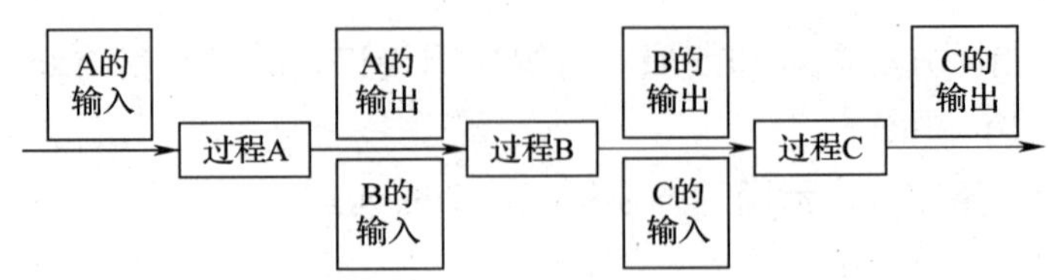

图 6—1　相互关联的过程链

3）确定体系内特定活动的目标以及这些特定活动应如何运作。

4）通过测量和评估并持续改进体系。

（6）持续改进

持续改进总体业绩应当是组织的一个永恒目标。市场是千变万化的，顾客的需求和期望也是不断变化的。持续改进就是通过质量管理体系的持续改进，满足不断变化的市场、顾客的需求和期望，使所有相关方获得更多的“实惠”，使组织自身获得更多的效益。应用“持续改进”的原则，组织需要采取如下主要措施：

1）在整个组织内使用某种一致的方法进行持续改进。如利用制定纠正措施、预防措施和进行过程改进的方法等。

2）为员工提供有关持续改进的方法和手段的培训，这是持续改进得以实现的重要保证。

3）组织的每个员工都应将产品、过程和体系的改进作为自己的努力目标。

4）确定目标以指导、测量、追踪持续改进。这些目标可以指导持续改进的实施，并可作为测量的依据，也为追踪改进措施指出了方向。

5）识别并通报持续改进的情况。管理评审活动的实施应包含这一活动。

（7）基于事实的决策方法

有效决策是建立在数据和信息分析的基础上。对数据和信息进行分析，为决策科学化提供依据。在分析结果的基础上再加上经验和直觉做出判断，确认分析结果的可靠性，做出正确的决策。应用“基于事实的决策方法”原则，组织需采取如下主要措施：

1）确保作为分析依据的数据和信息数量足够且精确、可靠。

2）让数据和信息的需要者能及时得到数据和信息。通过对记录的控制和内部沟通活动，确保使用数据和信息的人员可及时获得所需的数据和信息。

3）基于事实分析、权衡经验与直觉，做出决策并采取措施。在分析不合格原因的活动中以及做出决策时往往会采取这种方法。

（8）与供方互利的关系

组织与供方是相互依存的，建立与供方互利的关系可增强双方创造价值的能力。这种互利关系体现在供方向组织提供的产品直接影响组织向顾客提供产品的质量，组织和供方进行有效的合作和交流，可以优化成本和资源，联合对市场和顾客需求做出快速反应，从而促使双方都增强了创造价值的能力，获得更多的经济效益，形成双赢的局面。

应用“与供方互利的关系”原则，组织需采取如下主要措施：

1）识别和选择关键供方。应确定关键的供方，提出对供方的识别、评价、选择和控制的要求。

2）权衡短期利益与长期效益，确定与供方的关系。对供方的控制方式和程度取决于对随后采购实现过程及采购输出的影响，这是组织确立与供方关系时要考虑的主要方面。

3）与关键的供方共享专门技术和资源。充分意识到组织与供方利益的一致性是实现这一活动的关键。如与供方共同制定采购过程的要求和规范，以便利用供方专家的知识，使组织获益。

4）建立清晰和开放流畅的沟通渠道。组织与供方的相互沟通对于采购产品最终能满足顾客的要求是必不可少的环节。沟通可使双方减少损失，在最大限度上获益。

5）确定联合改进行动。组织与供方的联合改进活动符合双方共同的利益。联合改进的效果将超越仅有组织自身或供方自身实施行动的效果。

6）鼓励、激发改进和承认成果。实施这一活动将会进一步促进组织与供方的关系、增进供方改进产品的积极性、增强双方创造价值的能力，以便共同达到顾客满意的目标。

二、ISO 9001：2008 标准的构成

GB/T 19001—2008（质量管理体系要求）等同采用 ISO 9001：2008。标准由引言、正文和附录三部分组成。

1. 引言

引言部分包括了“01 总则”“02 过程方法”“03 与 GB/T 19004 的关系”“04 与其他管理体系标准相容性”四个条款，阐述了 GB/T 19001—2008 标准的用途、标准中以过程为基础的质量管理模式以及与其他管理体系的关系。

标准中的过程质量管理体系模式如图 6—2 所示。GB/T 19001 和 GB/T 19004 的区别与联系见表 6—3。

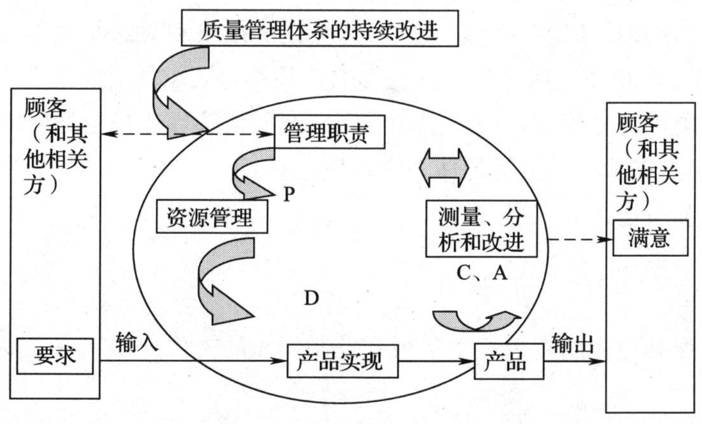

图 6—2　以过程为基础的质量管理体系模式

表 6—3　　GB/T 19001 和 GB/T 19004 的区别

序号	项目	GB/T 19001	GB/T 19004
1	目标	顾客满意和产品质量目标	扩展为与相关方满意和组织业绩
2	内容	管理体系要求	改进组织的总体业绩与效率
3	用途	用于认证或合同的依据	用于追求业绩的持续稳定
4	效果	质量管理体系的有效性	质量管理体系的有效性和高效

2. 正文

GB/T 19001—2008 标准条款的正文共有 8 章。第 1～3 章分别阐述了标准的适用范围、引用的规范性文件以及术语和定义，第 4 章是质量管理体系的总体要求，第 5～8 章分别是对管理职责、资源管理、产品的实现以及测量、分析与改进四大质量职能活动的阐述，它们构成了质量管理体系的四大要素。这四大要素各自又涉及若干具体要求，形成质量管理体系的子要素。与质量管理体系建立与实施联系最密切也是这四大要素。因此本节仅对 GB/T 19001—2008 标准中有关质量管理体系的要求及四大要素进行介绍和说明。

(1) 质量管理体系总要求和文件要求

1) 总要求。质量管理体系总要求是建立（包括形成该文件）、实施、保持质量管理体系，改进其有效性的总体思路，也是质量管理原则中“过程方法”和“管理的系统方法”在质量管理体系中的具体应用。

总要求包括六项内容：

①识别质量管理体系所需的过程及其在整个组织中的应用。

②确定这些过程的顺序和相互作用。

③确定为确保这些过程的有效运作和控制所需的准则和方法。

④确保可以获得必要的资源和信息，以支持这些过程的运作和监视。

⑤监视、测量（适用时）和分析这些过程。

⑥实施必要的措施，以实现对这些过程所策划的结果和对这些过程的持续改进。

组织应按 PDCA 管理这些过程。任何影响产品符合要求的外包过程，均应确保对其实施控制。对此类外包过程控制的类型和程度应在质量管理体系中加以规定。

2) 文件要求。组织的质量管理体系文件应包括：

①质量方针和质量目标（宗旨）。

②质量手册（纲领）。

③程序性文件。

④组织为确保其过程的有效策划运行和控制所需的文件。

⑤记录。

文件可采用任何形式或类型的媒体。一个文件可包括一个或多个程序的要求。一个形成文件的程序的要求可以被包含在多个文件中。

（2）质量手册

组织应编制和保持质量手册，质量手册必须包括三项内容：

1）质量管理体系的范围，包括任何删减的细节与合理性。

2）为质量管理体系编制的形成文件的程序或对其引用。

3）质量管理体系过程之间的相互作用的表述。

质量手册本身也是文件，应在文件控制程序的控制之下。

（3）文件控制

为了使质量管理体系所要求的文件得到控制，组织应编制形成文件的程序：

1）文件发布前得到批准，以确保文件的充分性与适宜性。

2）实施中若由于各种情况发生变化应对文件进行评审（工艺、产品、法律、法规等），若需更新/更改应再次批准。

3）确保文件的更改和现行修订状态得到识别。

4）确保在使用现场可获得有效版本。

5）确保文件保持清晰、易于识别。

6）确保组织所确定的策划和运行质量管理体系所需的外来文件得到识别，并控制其分发。

7）防止作废文件的非预期使用，保留作废文件应进行适当的标识。

组织所编制的程序文件、内容应包括：编制、评审、批准、发放、使用更改、再次批准、标识、回收和作废等控制要求。

（4）记录的控制

记录是组织有效运行、产品/过程体系满足要求的证据。

为符合质量管理体系要求和质量管理体系有效运行提供证据而建立的记录，应予以控制。因此组织应编制文件的程序，以规定记录的标识、储存、保护、检索、保存和处置所需的控制。

记录应保持清晰、易于识别和检索。

（5）管理职责

1）管理承诺。质量管理是一个组织全部管理工作中一个重要的方面，同时又是一项综合性的系统工程，涉及组织的几乎所有部门、人员及其所有的工作或活动以及资源的合理配置等，必须由组织的最高管理者负责并启动。组织的最高管理者担负领导职责，并作出承诺，各级领导者承担具体的管理工作。

最高管理者必须通过以下活动，对其建立、实施质量管理体系并持续改进其有效性的承诺提供证据：

①向组织传达满足顾客和法律法规要求的重要性。

②制定质量方针和质量目标。

③对体系的管理进行评审。

④确保必要的资源。

2）以顾客为关注焦点。组织的生存和发展依附于顾客，以顾客为中心是现代质量管理的基本原则之一。以顾客为中心意味着组织的最高管理者应以不断提高顾客满意度为根本追求，确保顾客的要求得到确定并予以满足。

3）质量方针。质量方针是组织在质量上的追求与承诺，是质量管理体系实施和改进的推动力。由最高管理者正式颁布并对其做出承诺。

质量方针是组织总方针的一部分，应与组织的经营方针相一致。组织的最高管理者应采取一切必要的措施，确保本组织的各级人员理解、实施和评审质量方针。

质量方针内容应做到一个适应（与组织的宗旨相适应），一个框架（提供制定和评审质量目标的框架）和两个承诺（对满足要求和持续改进质量管理体系有效性的承诺）。

4）策划

①质量目标的确定。质量方针是总的质量宗旨和指导思想，质量目标是比较具体的、定量的要求。最高管理者应确保在组织的相关职能和层次上建立质量目标。质量目标应是可测量的，并与质量方针保持一致。

质量目标的内容应包括对产品的要求和满足产品要求所需的内容。

②质量管理体系策划。质量策划是致力于设定质量目标并规定必要的作业过程和相关资源以实现其质量目标的活动。为质量管理体系的总体策划，其结果可由目标、体系文件、各项质量活动实施和有适宜的资源来证实当体系发生变更时，需对体系变更进行策划与实施，以保持质量管理体系的完整性。

5）职责、权限和沟通

①职责与权限。最高管理者应确保组织内的职责、权限得到规定（组织机构图、职能分配表），组织内的职责、权限得到沟通，确保各部门、岗位之间相互了解有关职责、权限。要使各员工明确自己的职责，主动为质量管理体系的建立及改进做出贡献，开展各项管理活动。

②管理者代表。最高管理者应指定一名该组织的管理者担任管理者代表并赋予相应的权限，以使其对质量管理体系进行管理、监控、评价和协调，从而使确保质量管理体系所需的过程得到建立、实施和保持。管理者代表应向最高管理者报告 QMS 的业绩和改进的需求，并与顾客和其他相关方保持联络，确保整个组织提高对顾客要求的认知。

③内部沟通。最高管理者应确保在组织内建立适当的沟通过程，并确保对质量管理体系的过程及有效性进行沟通。沟通应在不同层次、不同部门中全方位地进行。沟通的方法应是多样化的，如质量例会、各种会议；布告栏、黑板报、内部刊物、简报；声像、电子媒体、互联网等。

6）管理评审。管理评审是对质量管理体系的适宜性、充分性、有效性进行定期、系统的评价，提出并确定各种改进的机会和变更的需要，进而确保质量体系实现持续改进。最高管理者应按策划的时间间隔评审质量管理体系，以确保其持续的适宜性、充分性和有效性。评审应包括评价质量管理体系改进的机会和变更的需要，包括质量方针和质量目标。

（6）资源管理

组织应明确实施质量管理体系的战略目标所必需的资源，并及时配备这些资源，以便实施和改进质量管理体系，使顾客满意。资源分为人力资源、基础设施和工作环境。

1）人力资源。人是管理的主体，组织要重视人员的教育与培训，搞好各岗位的上岗资格培训工作，确保组织所有人员都胜任工作。

组织应确定从事影响产品与要求的符合性工作的人员所必需的能力，适当时，提供培训或采取其他措施使员工获得所需的能力；通过必要的方法评价所采取措施的有效性，确保组织的人员认识到所从事活动的相关性和重要性，以及如何为实现质量目标作出贡献，同时保持教育、培训、技能和经验的适当记录。

2）基础设施。基础设施是组织运行的根本条件。组织应确定、提供并维护使产品符合要求所需的基础设施。

3）工作环境。工作环境是指工作时所处的一组条件，这些条件包括物理的、社会的、心理的和环境的。组织应确定和管理为达到产品符合要求所需的工作环境。

（7）产品实现

1）产品实现的策划。产品是过程的结果，通过过程得以实现。产品实现的策划就是产品实现过程的策划。产品实现过程的策划，应包括设计过程控制、采购过程控制和生产过程控制。产品实现过程的策划应以实现质量目标为目的，针对具体的产品、项目或合同，识别产品的质量特性，确立产品的质量目标值，并确定质量要求和约束条件，使其满足顾客和法规的全部要求以及组织自身的要求，并根据确定的产品目标和要求，识别并确定所需的过程、子过程以及活动。

产品实现的策划中还应确定为实现产品需要开展的检查活动和接受准则。做好记录。确保这些记录应能充分证实过程及结果全部符合产品要求。

2）与顾客有关的过程。组织在实施整个产品实现过程之前，应充分理解顾客的要求和期望，以及与顾客要求相关的法律法规和其他要求，才能做出是否实现这些要求的决定，并实现这些要求以达到顾客满意。与顾客有关的过程包括顾客要求的识别、与产品有关的要求的评审和与顾客建立有效的沟通。

3）设计和开发。设计和开发是指将要求转化为产品、过程、体系的规定的特性或规范的一组过程，它是产品实现过程中的一个关键过程。通过设计和开发将顾客的要求以及相关的法律法规要求精确地转换到产品特性或规范中，所以对设计和开发的过程要实施有效的控制，具体有设计和开发的策划、输入、输出、评审、确认，还包括设计和开发变更的控制。

4）采购质量。采购直接影响到产品的质量，所以应对采购的全部过程进行控制。

①采购过程。组织应确保采购的产品符合规定的采购要求。对供方及采购的产品进行控制。组织应制定选择、评价和重新评价的准则，根据供方按组织的要求提供产品的能力评价和选择供方。

②采购信息。采购文件应清楚地说明订购产品的信息、对资质的要求、对人员资格的要求和对供方质量管理体系的要求。

③采购产品的验证。组织应确定并实施检验或其他必要的活动，以确保采购的产品满足规定的采购要求。当组织或其顾客拟在供方的现场实施验证时，组织应在采购信息

中对拟验证的安排和产品放行的方法作出规定。

5）生产和服务提供

①生产和服务提供的控制。组织应策划并在受控条件下进行生产和服务提供。适用时，受控条件应包括获得表述产品特性的信息；获得作业指导书；使用适宜的设备；获得和使用监视和测量设备；实施监视和测量；产品放行、交付和交付后活动的实施。生产和服务提供的过程确认。

②生产和服务提供过程的确认。组织应证实这些过程实现所策划的结果的能力，应规定确认这些过程的安排，适用时包括：为过程的评审和批准所规定的准则；设备的认可和人员资格的鉴定；使用特定的方法和程序；记录的要求；再确认。

③标识和可追溯性。适当时，组织应在产品实现的全过程中使用适宜的方法识别产品。组织应在产品实现的全过程中，针对监视和测量要求识别产品的状态。在有可追溯性要求的场合，组织应控制产品的唯一性标识，并保持记录。

④顾客财产。组织应爱护在组织控制下或组织使用的顾客财产。组织应识别、验证、保护和维护供其使用或构成产品一部分的顾客财产。若顾客财产发生丢失、损坏或发现不适用的情况时，组织应报告顾客，并保持记录。

⑤产品防护。组织应在内部处理和交付到预定的地点期间对产品提供防护，以保持与要求的符合性。适用时，这种防护应包括标识、搬运、包装、储存和保护。防护也应适用于产品的组成部分。

⑥监视和测量设备的控制。组织应确定需实施的监视和测量以及所需的监视和测量设备，为产品符合确定的要求提供证据。应建立过程，以确保监视和测量活动可行并以与监视和测量的要求相一致的方式实施。

此外，当发现设备不符合要求时，组织应对以往测量结果的有效性进行评价和记录。组织应对该设备和任何受影响的产品采取适当的措施。

（8）测量、分析和改进

质量体系不仅要建立、实施和保持，还必须持续改进其有效性，这是质量体系按照过程方法进行自我完善的重要环节，因此，组织应策划并实施对产品过程能力、顾客满意度进行测量和评价，以证实产品的符合性，确保质量体系的符合性，实现质量体系有效性的持续改进。

1）监视和测量。对这个值，存在三个方面的监视和测量。一是对质量体系业绩的测量和监控，主要通过顾客的满意度测量和监控、内部评审来达到监视目的。二是对过程的测量和监控。三是对产品的测量和监控。

2）不合格品控制。组织应确保不符合产品要求的产品得到识别和控制，以防止其非预期的使用或交付。应编制形成文件的程序，以规定不合格品控制以及不合格品处置的有关职责和权限。

3）数据分析。组织应收集和分析适当的数据，以证实质量管理体系的适宜性和有效性，并评价在何处可以持续改进质量管理体系的有效性。这应包括来自监视和测量的结果以及其他有关来源的数据。

4）改进。质量体系不仅要建立、实施和保持，还必须持续改进。组织应采取纠正措施，以消除导致不合格的因素，防止不合格的再发生。

5）预防措施。组织应确定措施，以消除潜在的会导致不合格的因素，防止不合格的发生。评价确保不合格不再发生所需的措施，确定和实施必须采取的纠正措施，记录所采取的纠正措施结果，评审所采取纠正措施是否有效并予以记录。

三、食品企业质量管理体系的建立和实施

ISO 9001 系列标准非常全面，它规范了企业内部从原材料采购到成品支付的所有过程，牵涉企业内从最高管理层到最基层的全体员工。因此，组织建立一个质量体系是一项系统、严密、扎实而又艰巨的工作，需要领导者和全体管理阶层的认真策划和准备，发动全体员工，积极调动各方面力量，最终完成质量体系的建设。

图 6—3 为企业在建立和实施质量管理体系要经过的程序，大体可分为 9 个阶段，包括：准备阶段、体系策划、文件编制、内审员培训、体系试运行等。各阶段的具体工作内容简介如下。

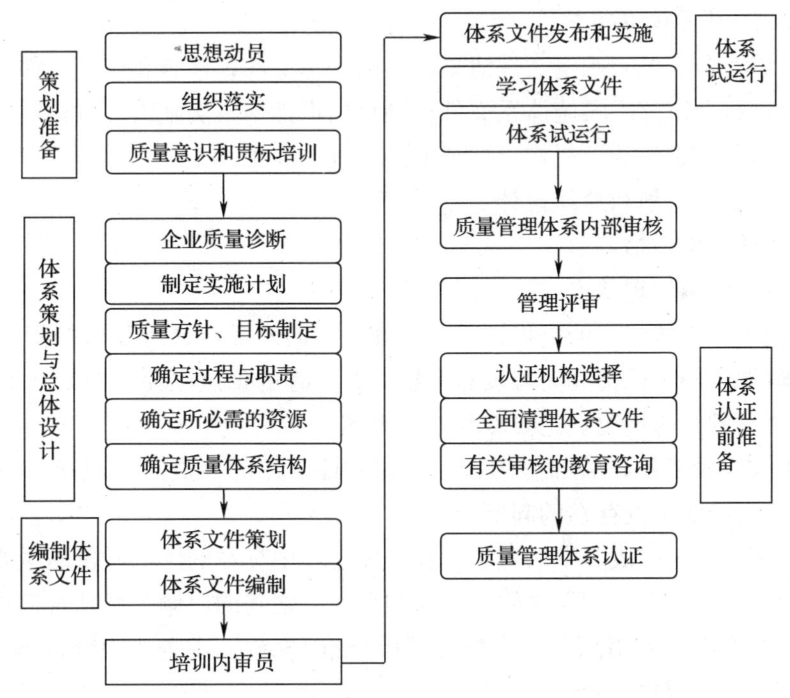

图 6—3 企业建立和实施质量管理体系过程

1. 质量管理体系的策划准备阶段

组织在质量体系建立初期，需要做好许多准备工作，如思想动员、资源调动等。一个有效的质量管理体系需要经过良好的总体策划和准备，内容包括：

（1）决策，统一思想，形成共识

召开全体员工大会，阐明企业建立和实施质量管理体系的必要性，强调提高食品质量的重要性，以及过程改进、通过 ISO 9000 质量体系认证对企业的意义，要求全体员工积极参与质量体系的建立和实施。

(2) 组织落实，成立领导小组和精干的工作班子

成立质量体系认证申办小组，最高管理者在管理层中指定一名管理者代表，代表最高管理者负责质量管理体系的建立和实施。

(3) 进行质量意识和标准的贯标培训

企业应组织各级员工，尤其是各管理层认真学习 2008 版 ISO 9000 族质量管理体系四项核心标准，重点是学习质量管理体系的基本概念和基本术语，质量管理体系的基本要求，通过学习，端正思想，找出差距，明确方向。

以上工作中，企业管理层的认识和投入是质量体系建立与实施的关键，组织和计划是保证，教育和培训是基础。

如有必要，聘请咨询机构为企业建立和实施质量体系提供咨询。包括：

1) 体系策划。制订建立质量体系的实施计划，拟定组织机构职责，选定质量体系要素，制定要素的实施方法。

2) 培训服务。ISO 9000 族标准的理解和实施，ISO 9000 族质量体系文件的编写与实践，ISO 9000 质量体系审核。

3) 文件编写与实施。确定文件清单，帮助编写文件，审查和修订文件。

4) 体系运行及审核。实施体系文件，制订内审计划，实施内部审核，实施纠正。

5) 认证申请。选定认证机构，认证前的检查与准备。

2. 质量体系的策划和总体设计

这一阶段的工作包括：

(1) 调查企业组织现状

调查企业组织现状的目的是识别其与标准规定的质量体系所要求的组织结构之间的差距，以便采取措施，调整和完善现有的组织。调查的重点主要是组织目前的经营情况和现有质量体系的实施情况。主要涉及以下内容。

1) 从事与质量工作相关的管理、执行和验证工作的人员，其职责、权限和相互关系是否明确，实施效果及存在的问题。

2) 正在开发和已完成开发的项目。在开发过程中存在的影响质量的主要问题。

3) 部门之间、上下级领导之间，以及与分包商之间的协调关系是否存在问题。

4) 食品行业中所采用的各类国标、国际标准/规范，或企业内部标准/规范是否适宜，其执行情况及存在的问题。

5) 各类管理、技术文件、报表及质量记录的适用性、完整性。

对上述情况分析汇总，形成企业组织现状报告。

(2) 制订实施工作计划

组织建立质量体系，必须制订建立质量体系的完整工作计划，全面对整个过程的各个阶段进行安排。计划内容包括分哪几个阶段，各项工作的要求和时间进度，每项工作的负责人和参加人员，各阶段及总的经费预算等。

(3) 确定质量方针和质量目标

一个组织的质量方针和质量目标不仅应与组织的宗旨和发展方向相一致，而且应能

体现顾客的需求和期望。质量方针应能体现一个组织在质量上的追求，对顾客在质量方面的承诺，也是规范全体员工质量行为的准则，但一个好的质量方针必须有好的质量目标的支持。质量目标的主要要求应包括：

1）适应性。质量目标必须能全面反映质量方针要求和组织特点。

2）可测量。方针可以原则性一些，但目标必须具体。

3）分层次。最高管理者应确保在组织的相关职能和层次上建立质量目标。一个组织的质量方针和质量目标实质上是一个目标体系。质量方针应有组织的质量目标支持，组织的质量目标应有部门的具体目标或举措文件支持，只要每个员工都能完成本组织的目标，就能实现本部门的目标；能实现各部门的目标，就能实现本组织的目标。

4）可实现。质量目标是“在质量方面所追求的目的”。即当前在已经做到或轻而易举就能做到的不能作为目标；另一方面，根本做不到的也不能称为目标。一个科学而合理的质量目标，应该是在某个时间段内经过努力能达到的要求。

5）全方位。即在目标的设定上应能全方位地体现质量方针，应包括组织上的、技术上的、资源方面的以及为满足产品要求所需的内容。

应根据组织的宗旨、发展方向确定与组织的宗旨相适应的质量方针，对质量做出承诺，在质量方针提供的质量目标框架内规定组织的质量目标以及相关职能和层次上的质量目标。

（4）确定实现质量目标必需的过程和职责

为实现质量目标，组织应：

1）系统识别并确定为实现质量目标所需的过程，包括一个过程应包括哪些子过程和活动。在此基础上，明确每一过程的输入和输出的要求。

2）明确这些过程的责任部门和责任人，并规定其职责。

（5）确定和提供实现质量目标必需的资源

这些资源主要包括：人力资源、基础设施、工作环境、信息、财务资源、自然资源、供方及合作方提供的资源等。

（6）确定质量体系结构

质量体系由组织结构、程序、过程和资源构成。组织结构是指组织的全体员工为了实现组织的目标而进行分工协作。在职务范围、权利方面形成必要的结构体系。不同的企业，应当有不同的组织结构。

在质量体系的设计过程中，组织结构的设计是本阶段工作的重点和难点。组织结构的设置应坚持精简、效率原则，职能完备且各部门之间无重叠、重复或抵触现象存在。

3. 编制质量管理体系文件

质量管理体系文件是描述组织质量体系的一套文件，是质量体系的具体体现和质量体系运行的法规，也是质量审核的依据，属于质量体系的软件部分。编制适合企业自身特点，并且有可操作性的质量体系文件是质量体系建立过程中的中心任务。这项工作包括：质量体系文件结构的策划、体系文件的编制、文件审核、批准和发放。

（1）质量体系文件的策划

确定质量体系文件的层次。文件的层次是质量体系文件的一个特点，依据 ISO 9000 族标准的特点，质量体系文件可分为 3 个层次，如图 6—4 所示。

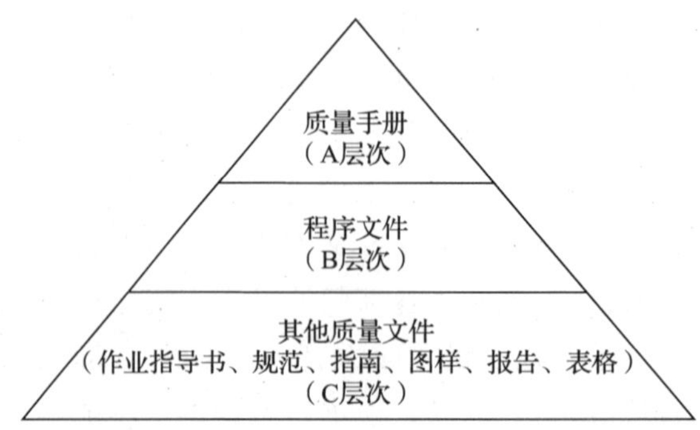

图 6—4 典型的质量管理体系文件层次

1）A 层：质量手册。质量手册是阐明一个企业质量方针、规定质量管理体系的文件。对某一组织而言，质量管理体系是唯一的，质量手册也具有唯一性。质量手册是描述质量体系的纲领性文件。其内容应包括：

①质量方针。

②影响质量的管理、执行、验证或评审工作人员的职责、权限及相关人员。

③为质量管理体系所编制的形成文件的程序或对这些程序的引用。

④关于质量手册评审、修改和控制的确定。

一个企业的质量手册中对应的质量体系要求不少于所选用的 ISO 9000 族标准的要求，但可以根据企业的自身需要增加新的内容。

2）B 层：程序性文件。程序文件是描述为实施质量体系要素所涉及的各职能部门的活动。程序是为进行某项活动所规定的途径，程序可形成文件，也可不形成文件。当程序形成文件时称为程序文件，通常应包括：

①活动的目的和范围。

②做什么和由谁来做。

③何时、何地以及如何做。

④应采用什么材料、设备和文件。

⑤如何对活动进行控制和记录。

程序文件是质量体系有效运行的主要依据，故必须有可操作性和可检查性，质量体系在实施中必须严格按照程序文件执行。

3）C 层：作业指导书、质量记录。此属详细的作业文件、企业可根据需要增加或减少。

作业指导书是描述程序文件中某个具体过程、事物形成的技术性细节的文件。质量体系文件层次 C 中的作业指导书一般是管理性的作业指导书。技术性的作业指导书包括在产品质量文件中。层次 C 中的各种表格、报告，主要用于质量体系运行的证实。

为了提供符合要求的质量管理体系有效运行的证据，组织应建立并保持记录，并对记录进行控制。

(2) 体系文件的编制

体系文件的编制包括以上 3 个层次文件的统筹制定，见表 6—4。

表 6—4　质量体系文件的编制过程表

活动	文件
整体规划	确定文件层次，确定质量活动要素，确定编写计划
制定文件提纲	确定指导性文件，规范所有人员的编写行为
编制文件	按照计划进行质量体系文件的编写

组织在文件编制的过程中，应遵循 7 个原则：

1) 系统性。体系文件应反映一个组织质量管理体系运行的全过程。体系文件的各个层次间、文件与文件间应做到层次清楚、接口明确、结构合理。

2) 法规性。质量管理体系文件是必须执行的法规性文件，应保持其相对的稳定性和连续性。

3) 协调性。应保证质量管理体系文件与其他管理性文件的协调统一，保证质量管理体系文件之间的协调一致。

4) 高增值性。质量管理体系文件不是质量管理体系现状的简单写实，质量管理体系文件应随着质量管理体系的不断改进而完善。

5) 继承性。在编制质量管理体系文件时，要继承以往有效的经验和做法。

6) 可操作性。

7) 唯一性。

质量手册、程序文件的编制顺序可依企业情况而定。文件发放前，要由授权人审批，发放时应做好记录，以便修改、收回。

4. 培训内部审核员

内部审核员执行内部质量体系审核，承担企业管理层与各职能部门、企业与供方、企业与顾客、企业与审核机构之间的联系工作。内部审核员最好从在企业中从事质量管理工作并有一定生产经验的人员中挑选，经过严格培训，达到相应要求。

按照 ISO 9000 标准的要求，凡是推行 ISO 9000 的组织，每年都要进行一定频次的内部质量审核。内部质量审核由经过培训的有资格的内审员来执行审核任务。企业可根据具体情况，培训若干名内审员，内审员可由各部门人员兼职担任。

5. 质量管理体系试运行

完成上述各阶段工作后，进入质量体系试运行。

(1) 质量管理体系文件的发布和实施

质量管理体系文件在正式发布前应认真听取多方面意见，并经授权人批准发布。质量手册必须经最高管理者签署发布。质量手册的正式发布实施意味着质量手册所规定的质量管理体系正式开始实施与运行。

(2) 学习质量管理体系文件

在质量管理体系文件正式发布或将发布而未正式实施之前，各部门、各级人员都要通过学习，清楚地了解质量管理体系文件对本部门、本岗位的要求以及与其他部门、岗位的相互关系的要求，只有这样才能确保质量管理体系文件在整个组织内得到有效实施。

(3) 质量管理体系的运行

质量管理体系的运行主要反映在两个方面：一是组织所有质量活动都在依据质量策划的安排以及质量管理体系文件要求实施。二是组织所有质量活动都在提供证实，证实质量管理体系运行符合要求并得到有效实施和保持。运行中发现的有关质量体系文件存在的问题和不足，可按程序的规定修改。

6. 质量管理体系内部审核

组织在质量管理体系运行一段时间后，应组织内审员对质量管理体系进行内部审核，以确定质量管理体系是否符合质量手册和程序文件的规定，能否正常运行，以及对于实现企业质量方针的有效性。组织申请质量体系认证之前至少要进行过一次质量管理体系内部审核。

7. 管理评审

管理评审时由企业最高管理者，根据质量方针和质量目标，对质量管理体系的现状和适应性进行正式评价，确保质量管理体系持续的适宜性、充分性和有效性。管理评审包括评价质量管理体系改进的机会和变更的需要，包括质量方针、目标变更的需要。组织申请质量管理体系认证之前至少要进行过一次管理评审。

管理评审和内部审核都是组织的自我评价、自我完善机制的一种重要手段，组织应每年按策划的时间间隔坚持实施管理评审。通过内部审核和管理评审，在确认质量管理体系运行符合要求且有效的基础上，组织可向质量管理体系认证机构提出申请。

8. 质量管理体系认证前的准备

(1) 选择认证机构

企业进行质量管理体系认证是为了获得顾客足够的信任，这种信任是间接由认证机构来支持的。因此企业应选择具有较强技术专业能力的权威认证机构，提高信誉。

(2) 对质量管理体系文件的全面清理

质量管理体系文件是质量管理体系审核的主要依据之一。在接受审核前，对企业的质量管理体系文件进行一次全面的整理，并将有关文件和记录放在审核组容易看到的地方。

(3) 有关接受审核的培训

明确质量管理体系审核的目的、意义、审核组的工作等，审核中应注意的问题，如何积极主动配合审核组。

9. 质量管理体系认证

质量管理体系认证过程包括：

（1）认证机构申请与受理。

（2）审核启动。

（3）指定审核组长。

（4）确定审核目的、范围和准则。

（5）确定审核的可行性。

（6）选定审核组。

（7）初访（由审核组决定是否进行）。

（8）文件评审。在现场审核前应评审受审方文件，以确定文件所述的体系与审核准则的符合性。

（9）现场审核。现场审核的准备工作包括：编制审核计划；审核工作分配；准备工作文件。现场审核的实施包括以下过程：举行首次会议；审核中的沟通；信息收集和证实；形成审核发现；准备审核结论。

（10）审核报告的编制、批准和分发。

（11）纠正措施的验证。

（12）颁发认证证书。

（13）监督审核与复评。

第二节　ISO 14001 环境管理体系

ISO 14000 环境管理体系标准是国际标准化组织（ISO）继 ISO 9000 族标准之后推出的又一管理标准。其目的是通过实施这一环境标准，规范企业和社会团体等组织的环境行为，使之与社会发展相适应，改进生态环境质量，减少人类活动对环境所造成的污染，节约资源，实现经济的可持续发展。

一、环境管理体系概述

1. ISO 14000 系列标准的产生和发展

环境问题的日益严重促使人们采取有效的方法来保护环境。英国于 1992 年颁布了 BS7750 环境管理体系规范。该标准的主导思想是采取积极的态度，预防有损环境的行为发生。1993 年欧盟公布了生态管理与审核法规，要求成员国自愿建立生态管理和审核机制（FMAS），FMAS 的目标是促进工业活动的环境行为的持续改进。

由于各国制定的法律、法规的标准不统一，各自实施一套标准在国际贸易中产生技术壁垒作用，不利于国际贸易的发展。为了发挥标准化工作在统一各国环境管理中的作用，并减少因环境问题带来的贸易壁垒，国际标准化组织于 1992 年设立了“环境问题特别咨询组（SAGE）”，之后成立了 ISO/TC207 环境管理技术委员会，于 1993 年 6 月 1 日召开了第一次全体会议，从此正式开展环境管理体系和措施方面的标准化工作。

1996 年，ISO/TC 207 颁布了部分 ISO 14000 系列标准。2004 年，ISO/TC 207 对

1996年颁布的系列标准做了修订。目前，全球140多个国家引入并推行ISO 14000标准。中国1997年4月1日等同转化已颁布的标准超过20个，ISO 14000认证企业数量达到3万多家，约占全球的五分之一。这一体系为规范组织的环境行为，改善组织的环境效果提供了有效的管理模式和管理工具。

2. ISO 14000系列标准的构成

ISO 14000作为一个多标准组合系统，目前已经正式发布的标准有6个，包括：

ISO 14001环境管理体系—规范及使用指南；

ISO 14004环境管理体系—原理、体系和支持技术通用指南；

ISO 14010环境审核指南—通用原则；

ISO 14011环境审核指南—审核程序—环境管理体系审核；

ISO 14012环境审核指南—环境审核员的资格要求；

ISO 14040生命周期分析—原理和实践。

3. ISO 14000系列标准的特点与运行

（1）自愿原则

ISO 14000系列标准全部都是自愿采用的，这是保证标准有效实施的重要原则。

（2）广泛适用性

该标准适用于任何类型与规模的组织，适用于各种地理、文化和社会条件，既可用于内部审核或对外的认证注册，也可用于自我管理。

（3）灵活性

标准的灵活性或合理性是其实用性的基础。ISO 14001标准除了要求组织对遵守环境法规、坚持污染预防和持续改进做出承诺外，再无硬性规定。标准仅提出建立体系，以实现方针、目标的框架要求，没有规定必须达到的环境绩效指标，而是把建立绩效目标和指标的工作留给企业，既调动企业的积极性，又允许企业从实际出发量力而行。

（4）兼容性

ISO 14000系列标准和ISO 9000族标准都是管理性标准，遵循共同的管理原则，采用共同的结构和PDCA循环的管理模式，使用共同的管理术语和词汇，采用已经识别的共同要素。

环境管理体系的运行模式如图6—5所示。

二、ISO 14001标准的要点内容

ISO 14001是环境管理系列标准的基础标准，是企业建立和实施环境管理体系并通过认证的依据。这个标准由五个部分、十七个核心要素构成。各要素之间有机结合，紧密联系，形成PDCA循环的管理体系。它的基本思想是预防和减少环境影响，持续改进环境管理。

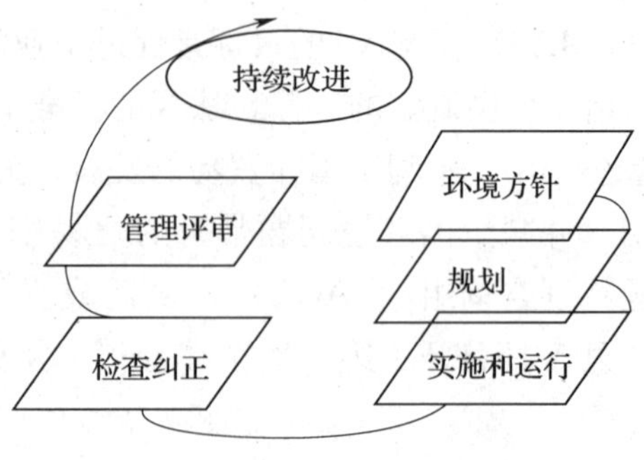

图6—5　环境管理体系的运行模式

1. **环境方针**

作为建立环境管理体系的最初工作之一，组织应根据自身的特点确立环境方针。环境方针反映了组织的环境发展方向及其总目标，并具有对持续改进和污染预防以及对符合法律法规和其他要求两项基本承诺，为组织制定具体的目标指标提供了一个框架。环境方针由最高管理者制定，形成文件，付诸实施，予以保持，传达到全体员工，可为公众所获取。

2. **规划**

环境管理体系的规划活动包括以下两个方面：

（1）确定重大环境因素

建立环境管理体系的最终目的，是控制本组织的环境问题以实现环境行为的持续改进。为了达到此目的，在体系建立之初，首先应全面系统地调查和评审本组织的总体环境状况，识别出其环境因素，然后在此基础上对组织的总体环境进行评价，确定出重大环境因素，作为设立目标指标的依据。

（2）识别法律法规和其他要求

组织要符合所在国家和地区的法律法规是 ISO 14001 的基本要求，并应确保这些要求在体系的运行过程中被遵守和保持。因此，组织应根据法律法规的要求、技术能力、财政经营情况、相关方的要求等诸多方面，设立有层次的环境目标。对每一项指标，应有详细的实施方案予以支持，包括规定相应的职责，采用的方法、步骤、时间进度表等。

3. **实施与运行**

目标指标和相应的环境管理方案的成功实施需要有一系列的管理要素支持。包括以下几方面：

（1）组织机构和明确职责分工。

（2）提供必要的培训，同时保证培训工作充分有效。

（3）建立通畅的内部和外部信息沟通途径。

（4）建立文件化的体系并采取必要的文件控制措施。

（5）对关键活动进行控制。

（6）建立紧急准备与反应程序。

4. **检查与纠正措施**

由于执行人员的素质、技术能力和其他一些不可预见的因素，在实施过程中很可能发生对方针目标的偏离，因此需要有自我检查和纠正机制及时纠正不符合情况，同时对体系的整体运行情况进行评价。体系的检查、评审和纠正措施包括：

（1）对组织日常运行和活动的监控、测量，并由专门的内审员来审核。

（2）由内审员按照规定的程序对体系整体的符合性和有效性进行内部审核。

（3）无论对于监测和测量，还是体系内审所发现的问题，都应按规定的程序及时采取适当的纠正和预防措施。

（4）体系运行的有关活动应予以记录，作为审核和评审的依据。

5. **管理评审**

管理评审是组织的最高管理者在内审的基础上对体系的持续适用性、充分性和有效性进行评价。通过管理评审，组织可确定其环境管理体系中存在的主要问题和有可能改进的领域，并以此作为环境管理体系下一次循环进行持续改进的基础。

以上各要素之间有一定层次性，具体的关系如图 6—6 所示。

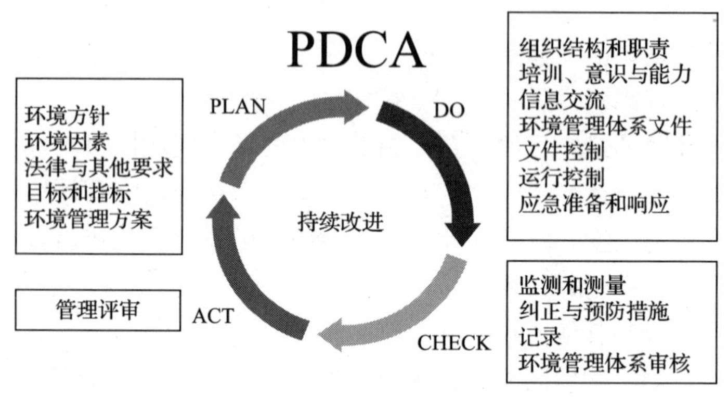

图 6—6　环境管理体系各要素之间的关系

三、食品企业环境管理体系的建立

1. 食品企业引入环境管理体系的意义

长久以来，我国食品行业存在着重卫生管理轻环境管理的局面。特别是许多民营企业处于管理水平低下，环境意识不强，治理设施陈旧，跑冒滴漏严重的粗放型经营方式。将 ISO 14001 管理体系引入到食品行业的环境保护工作中不仅可以有效地控制污染，减少能源、资源的消耗，更可通过对体系运行的三级监控手段加强监督保障机制，使食品行业走上可持续发展之路。同时为获取国际贸易准入，避免非关税贸易壁垒创造条件，增强我国食品工业产品在国际贸易中的竞争力。

2. 食品企业建立环境管理体系的步骤

ISO 14001 与 ISO 9001 从体系上具有一定的相似之处，环境审核的方法与质量认证的方法也较为相似，实施并通过了 ISO 9000 认证的组织在建立其环境管理体系的过程中，从形式上容易符合 ISO 140001 的要求。

在食品企业建立环境管理体系一般要经过 7 个步骤，包括准备阶段、初始环境评审、体系策划与设计、编制环境管理体系文件、体系试运行、内审和管理评审（可统称为评审）。建立过程如图 6—7 所示。其主要工作内容如下。

（1）建立环境管理体系的准备阶段

1）最高管理者决策，建立环境管理体系。建立环境管理体系是企业的一项重大决策，为此企业需提供人、力、财等资源。因此，必须得到最高管理者（层）的明确承诺和支持。领导统一思想，提高认识，将建立环境管理体系列入日程，作为重点工作。

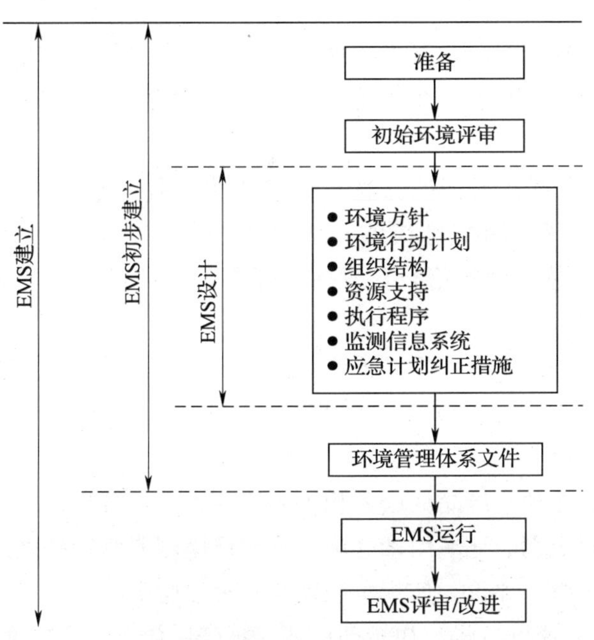

图 6—7 食品企业建立环境管理体系的基本过程

2）建立完善的组织结构。最高管理者任命管理者代表，明确其职责和权限，保证该项工作的领导作用。

根据企业的规模和实际情况，组建一个推进环境管理体系建立和维护的工作组。明确各个部门的职责，形成一个完整的组织结构，保证该工作的顺利开展。

3）人员培训。对企业相关人员进行培训，包括环境意识、标准，对内审员进行与建立体系有关的培训，使其有能力从事环境管理体系的建立、实施和维护工作。

（2）初始环境评审

初始环境评审是建立环境管理体系的基础。目的是了解目前企业的环境管理和企业实际情况，发现其中的薄弱环节和问题所在，分析其有关的环境因素和差距，为改进计划的确立奠定基础。

一般要经过四个步骤，包括准备工作、现场调查和客观证据的收集、分析与评价及初始环境评审报告的编写。

1）准备工作。此阶段，主要的任务有 3 个：

①建立初始环境评审小组。在人员构成上要考虑是否能够充分满足评审工作的需要，同时要对评审组成员进行必要的培训，使全组成员对初始评审的目的、范围、评审要求、评审方法、表格的填写以及相关的法规和标准的要求等有较一致的理解。

②编制评审计划表或评审大纲及各种表格。评审计划是指导评审小组完成评审任务的指导性文件，要求内容详细、具体，同时要经过企业领导审批。评审计划一般应包

括：评审时间；评审范围；每一部门或岗位评审的重点内容；访问对象和评审方法；评审组内分工。

③收集有关信息和资料。主要指法规、记录、报告和规章制度的收集。在收集过程中，力求齐全、系统，但要有目的、有重点。具体由初始评审的任务和大纲的要求而定。

2）现场调查，收集客观证据。光有信息收集往往不能满足初始评审的需要。因此，在实际运作中，现场调查可与调查表同时进行使用，也可交替使用。一般情况下，用调查表收集汇总全面的信息，对关键环节采用现场调查，保证既全面覆盖又突出重点。

可选用的现场调查方法有：现场采访、面谈、实地测量与检查、基准参照和问卷调查。

3）分析与评价

①汇总与组织的活动、产品或服务相关的法律条文，分析组织遵守法规的情况。

②分析环境因素识别、环境因素登记、重要环境因素判定并确定优先顺序。

③其他方面的分析、评价，如规章制度、管理经验等。

4）编写初始环境评审报告。初始环境评审报告应包含7个方面的内容。

①概述部分。组织概况、初始评审的目的、初始评审的范围、评审时间（起止时间）和参加评审的人员及分工情况。

②评审工作的全过程概述。评审的实施经过（概述）和程序或计划的执行情况。

③组织的环境状况（评价性概述）。

④存在的问题。已有或潜在的重大环境因素及其影响和法律、法规的遵守情况。

⑤关于建立和完善环境管理体系的建议，对领导承诺和制定环境方针的建议，对制定环境目标、指标的建议及其他建议。

⑥结论。

⑦附件。环境法律、法规及其他要求清单、环境因素清单及重要环境因素清单，环境因素登记及其他资料、信息。

（3）体系策划与设计

体系的策划与设计阶段有两大任务，即在领导承诺基础上制定环境方针，然后为了保证方针的实现进行策划。策划的具体内容，就是依据环境方针和初始环境评审的结果拟定环境目标、指标以及为保证目标、指标的实现而必须实施的环境管理方案。

（4）环境管理体系文件的编制

ISO 14001环境管理体系跟ISO 9001一样，都要求文件化。ISO 14001环境管理体系的文件系统由环境管理手册、程序文件、作业指导书三个层次构成。企业应按ISO 14001标准要求，同时结合自身的特点和基础来编写，突出适合性，满足体系有效运行的要求。

在进行文件编写时，要按照审核规范条款的要求编写，审核规范要求的一定要写到，文件写到的要能做到，做到的要有证据且有效。同时密切结合企业活动、产品和服务特点，与企业原有的管理制度、管理程序保持协调，避免相互矛盾。

（5）体系试运行

环境管理体系文件编写完成后，修改 1～2 次，正式颁布，环境管理体系开始试运行。其目的是使组织在实践中体验体系的适宜性、充分性和有效性，以便及时发现问题，找到问题的原因，纠正各种不适合，达到体系持续改进的目的。

通常情况下，试运行阶段应包含以下几方面的工作：

1）进行全员培训。

2）按照文件规定去做，目标、指标、方案的层层落实。

3）对合同方、供货方的工作，通过环境管理要求。

4）日常体系运行的检查、监督、纠正。

5）根据试运行的情况对环境管理体系文件进行再修改。

（6）内审

为判定环境管理体系是否已经按照环境管理工作的预定安排和规范要求正确地实施，组织应建立定期开展环境管理体系审核的方案和程序。

审核方案的制定，要依据所涉及活动的环境重要性和以前审核的结果进行。

审核方案应具全面性，内容一般包括审核范围、频次和方法，以及实施审核和报告结果的职责与要求。

审核的基本流程是：

1）任命内审组长，组成内审组。

2）进行内审员培训。

3）制订审核计划，编写检查清单，实施内审。

4）对不符合分析原因，采取纠正措施，进行验证。

5）编写审核报告，报送最高管理者。

（7）管理评审

管理评审是由最高管理者按照一定的时间间隔，依据内审的结果、方针、目标的实现程度以及针对企业客观环境的变化对体系的整体状态做出全面的评价。目的是确保体系的持续适用性、充分性和有效性，并提出新的要求，以实现体系的持续改进。

整个管理评审工作由 5 个步骤组成：

1）环境管理者代表负责搜集充分的信息。

2）由最高管理者评审体系的持续适用性、充分性、有效性。

3）评审方针的适宜性，目标指标、环境管理方案完成的情况。

4）指出方针、目标及其他体系要素需改进的方面。

5）形成管理评审报告。

~思考与练习~

1. 2008 版 ISO 9000 族的核心标准是什么?
2. 在质量管理体系中，管理职责主要涉及哪些方面的质量活动或过程?
3. 如何实施采购质量控制?
4. 质量管理体系文件包括哪些?说明它们相互之间的关系。
5. 试述 ISO 14000 标准的基本思想和运行特点，食品企业引入环境管理体系有何意义?

第七章　食品安全管理体系基础

学习目标：

1. 理解良好操作规范（GMP）的内涵。

2. 了解GMP文件系统的基本组成，能够利用GMP对具体食品企业的基础硬件进行评价并能够就企业存在的薄弱环节提出改进意见。

3. 掌握SSOP在食品企业中的具体要求和使用价值，能够为企业编制有可操作性的SSOP文件以增强企业的卫生管理水平。

第一节　食品生产良好操作规范（GMP）

GMP（Good Manufacturing Practice）即“良好操作规范”，是一种特别注重在生产过程中实施对产品质量与卫生安全的自主性管理制度。它要求企业从原料、人员、设施设备、生产过程、包装运输、质量控制等方面按国家有关法规达到卫生质量要求，形成一套可操作的作业规范，帮助企业改善卫生环境，及时发现生产过程中存在的问题，加以改善。简要地说，GMP要求生产企业应具备良好的生产设备、合理的生产过程、完善的质量管理和严格的检测系统，确保最终产品的质量符合法规要求。

一、GMP的历史沿革与国内外应用概况

1. 食品GMP的起源

GMP是人类社会科学技术进步和管理科学发展的必然产物，它是适应保证食品生产质量管理的需要而产生的。GMP原较多应用于制药工业，现在许多国家将其用于食品工业，制定出相应的GMP法规。

GMP诞生于美国，是由美国首创的用来保障药品质量的一种管理办法，被一例叫“反应停”药物事件所催生。1963年，美国食品药品管理局（FDA）制定，由美国国会通过，以法令颁布了世界第一部GMP——药品GMP。1969年，美国FDA将GMP的观念引用到食品生产的法规中，制定并颁布了食品GMP基本法《食品良好生产工艺通则》(Current Good Manufacturing Practice)，简称CGMP或FGMP。

1969年，世界卫生组织WHO在第22界世界卫生大会上向各成员国首次推荐了

GMP。1975 年，WHO 向各成员国公布了实施 GMP 的指导方针。1981 年国际食品法典委员会 CAC 制定了《食品卫生通则》（CAC/RCPI—1981）及 30 多种“食品卫生实施法则”。1985 年 CAC 制定了《食品卫生通用 GMP》。

2. 良好操作规范（GMP）在世界各国的发展与应用情况

（1）美国

1963 年美国 FDA 制定了药品 GMP，并于第二年开始实施。1969 年美国又公布了《食品制造、加工、包装储存的现行规范》，简称 CGMP 或 FGMP 基本法。1969 年美国公布的《食品制造、加工、包装储存的现行良好制造规范》主要内容包括：

A 部分——总则：定义、现行的良好操作规范、人员、例外情况；

B 部分——建筑物与设施厂房和场地、卫生操作、设施卫生和控制；

C 部分——设备和工器具；

D 部分——（用作预留未来补充）；

E 部分——生产和加工控制、仓储和分销；

F 部分——（用作预留未来补充）；

G 部分——缺陷水平部分。

20 世纪 70 年代初期，美国 FDA 为了加强、改善对食品的监管，根据美国食品药物化妆品法第 402（a）的规定，凡在不卫生的条件下生产、包装或储存的食品或不符合生产食品条件下生产的食品视为不卫生、不安全的，因此制定了食品生产的现行良好操作规范（21 CFR part 110）。这一法规适用于一切食品的加工生产和储存，随后美国 FDA 相继制定了各类食品的操作规范，如：21 CFR part 106 适用于婴儿食品的营养品质控制；21 CFR part 113 适用于低酸罐头食品加工企业；21 CFR part 114 适用于酸化食品加工企业；21 CFR part 129 适用于瓶装饮料。

1986 年，美国 FDA 废除了一些食品 GMP。目前，美国强制执行的 GMP 仅有 CGMP 和低酸性罐头 GMP 两部。

（2）日本

日本厚生省、农业水产省、日本食品卫生协会等于 1975 年开始先后分别制定了各类食品产品的《食品制造流通基准》《卫生规范》《卫生管理要领》等。日本的 GMP 属于推荐性。

（3）加拿大、澳大利亚、英国等国

加拿大、澳大利亚、英国等国都相继借鉴了 GMP 的原则和管理模式，制定了某类食品企业的 GMP，有些属强制性法律条文，有些则属指导性或推荐性的卫生规范。

（4）欧盟

欧盟食品 GMP 分六类：①对动物疫病控制；②药物残留监控；③对食品生产、投放市场的卫生规定；④对检验设施控制的规定；⑤对第三国食品准入控制的规定；⑥对出口国当局卫生证书的规定。

3. GMP 在中国的发展及应用

我国 GMP 也是从药品 GMP 发展起来的。1988 年，国家卫生部颁布我国第一部

《药品生产质量管理规范（药品 GMP)》，1995 年开始实施认证。我国药品 GMP 先后经过 1992 年、1998 年和 2010 年三次修订。药品 GMP 制度在中国的推广和实施，极大促进了我国药品质量控制水平的提高。

我国食品 GMP 的制定开始于 20 世纪 80 年代中期。从 1988 年到 1998 年，我国卫生部先后颁布了 18 个食品企业卫生规范，包含 17 个专用食品企业卫生规范和 1 个通用食品企业卫生规范，简称为“卫生规范”。卫生规范制定的目的是针对当时我国大多数食品企业卫生条件和卫生管理体系比较落后的现状，重点规定了厂房、设备的卫生要求和企业的自身管理等内容，借以促进我国食品企业卫生状况的改善，预防和控制各种有害因素对食品的污染。这些规范制定的指导思想与 GMP 相似，即将保证食品卫生质量的重点放在成品出厂前的整个生产过程的各个环节的卫生管理，而不仅仅着眼于最终产品上。这些卫生规范的发布与实施，使我国食品企业的整体生产条件和管理水平有了较大幅度的提高。但随着食品工业的发展，单纯控制卫生质量的措施已不适应品质管理的需要，鉴于制定我国食品企业 GMP 的时机已经成熟，1998 年，卫生部发布了《保健食品良好生产规范》(GB 17405—1998) 和《膨化食品良好生产规范》(GB 17404—1998)，它们是我国首批颁布的食品 GMP 强制性标准。之后，卫生部开始在各类食品企业卫生规范的基础上组织制定了相应食品的专用 GMP。到 2012 年为止，卫生部共颁布 22 个国标 GMP（1 个通用 GMP GB 14881—1994 和 21 个专用 GMP)，并作为强制性标准予以发布。

21 个专用 GMP 是罐头、白酒、啤酒、酱油、食醋、食用植物油、蜜饯、糕点、乳品、肉类加工、饮料、葡萄酒、果酒、黄酒、面粉、饮用天然矿泉水、巧克力、膨化食品、保健食品、熟肉制品、粉状婴幼儿配方食品良好生产规范。

在我国食品 GMP 体系中，除了由卫生部发布的国标 GMP 外，还有原国家商检局和国家质量监督检验检疫总局颁布的出口食品 GMP，如国家质检总局 2012 颁布实施的第 20 号令《出口食品生产企业卫生注册登记管理规定》、国家环保局发布的有机食品 GMP 和农业部发布的 GMP，如《水产品加工质量管理规范》(SC/T 3009—1999，1999 年颁布，2001 年 1 月生效)。

总之，我国食品 GMP 体系已逐渐形成，所颁布实施的食品生产良好操作规范不仅覆盖了中国主要的食品加工品种，还能满足不同类型食品生产企业的质量管理要求，也表明了中国食品的卫生规范已经构成。

二、食品良好操作规范（GMP）的内容及基本要求

食品 GMP 既是食品生产规范，又是生产食品所必须遵循的技术标准。了解和掌握食品 GMP 的一般卫生管理规定，结合产品特点，制定适合于具体企业的良好操作规范并加以实施，对于确保食品卫生质量、增强产品竞争力、提高企业经济效益有重要作用。

下面以《食品企业通用卫生规范》(GB 14881—1994) 为例介绍 GMP 的相关内容。

1. **原材料采购、运输和储存的卫生要求**

（1）采购

1）采购原材料应按原材料质量卫生标准或卫生要求采购。

2）购入的原料：要具有一定的新鲜度，不含有毒有害物质，也不应受到污染。

3）某些农、副产品原料在采收后，为便于加工、运输和储存而采取的简易加工应符合卫生要求，不应造成对食品的污染和潜在危害，否则不得购入。

4）采购人员应具有简易鉴别原材料质量、卫生的知识和技能。

5）盛装原材料的包装物或容器，其材质应无毒无害，不受污染，符合卫生要求。

6）重复使用的包装物或容器，其结构应便于清洗、消毒。要加强检验，有污染者不得使用。

（2）运输

1）运输工具（车厢、船舱）等应符合卫生要求，应备有防雨防尘设施，根据原料特点和卫生需要，还应具备保温、冷藏、保鲜等设施。

2）运输作业应防止污染，操作要轻拿轻放，不使原料受损伤，不得与有毒、有害物品同时装运。

3）建立卫生制度，定期清洗、消毒、保持洁净卫生。

（3）储存

1）应设置与生产能力相适应的原材料场地和仓库。

2）原材料场地和仓库应设专人管理，建立管理制度，定期检查质量和卫生情况，按时清扫、消毒、通风换气。

3）各种原材料应按品种分类分批储存，每批原材料均有明显标志，同一库内不得储存相互影响风味的原材料。

4）原材料应离地、离墙并与屋顶保持一定距离，垛与垛之间也应有适当间隔。

5）坚持先进先出原则，及时剔出不符合质量和卫生标准的原料，防止污染。

2. **工厂设计与设施的卫生要求**

（1）设计

1）选址

①地势干燥、交通方便、有充足水源。

②厂区周围不得有粉尘、有害气体、放射性物质等污染源；不得有昆虫大量滋生的潜在场所，避免危及产品质量。

③厂区远离有害场所。生产区建筑物与外缘公路或道路应保持一定距离，其距离可由根据食品企业的特点及所属食品类别的卫生规范另行规定。

2）总平面布置（布局）

①根据所生产产品的特性及本厂特点制定整体规划。

②要合理布局，划分生产区和生活区；生产区应在生活区的下风向。

③建筑物、设备布局与工艺流程三者衔接合理，建筑结构完整，并能满足生产工艺和质量卫生要求；原料与半成品和成品、生原料与熟食品均应杜绝交叉污染。

④建筑物和设备布置还应考虑生产工艺对湿度、温度和其他工艺参数的要求，防止毗邻车间受到干扰。

⑤厂区道路应通畅，便于机动车通行，厂区道路应采用便于清洗的混凝土、沥青及其他硬质材料铺设，防止积水及尘土飞扬。

⑥厂房之间、厂房与外缘公路或道路应保持一定距离，中间设绿化带；厂区内各车间的裸露地面应进行绿化。

⑦给排水系统应能适应生产需要，设施应合理有效，经常保持畅通。有防止污水和鼠类、昆虫通过排水管道潜入车间的有效措施。

⑧污物存放应远离生产车间，且不得位于生产车间的上风向，存放设施应密闭或带盖，便于清洗、消毒。

⑨锅炉烟筒高度和粉尘排放量应符合 GB 13271—2001 的规定，烟道出口与引风机之间须设置除尘装置，排烟装置应设置在主导风向的下风向。

（2）厂房建筑与施工要求

1）高度。生产车间高度要求不低于 3 m，能满足工艺、卫生要求，以及设备安装、维护、保养的需要。

2）占地面积。生产车间人均占地面积（不包括设备占位）不能少于 1.50 m^2。

3）地面。生产车间地面应平整、无裂隙，略高于道路路面，便于清扫和消毒。应使用不渗水、不吸水、无毒、防滑材料（如耐酸砖、水磨石、混凝土等）铺砌，应有适当坡度，在地面最低点设置地漏，以保证不积水，其他厂房也要根据卫生要求建造。

4）屋顶。屋顶或天花板应选用不吸水、表面光洁、耐腐蚀、耐温的浅色材料覆涂或装修，要有适当的坡度，在结构上减少凝结水滴落，防止虫害和霉菌，便于洗刷、消毒。

5）墙壁。生产车间墙壁表面应平整光滑，其四壁和地面交界面要呈慢弯行，防止污垢积存并便于清洗。墙壁要用浅色、不吸水、不渗水、无毒材料涂覆，并用白瓷砖或其他防腐材料装修高度不低于 1.50 m 的墙裙。

6）门窗。门窗应严密不变形，有防蚊蝇、防尘设施，窗台离地面 1 m 以上，内侧下斜 45°。全年使用空调的车间、门、窗应有防蝇蚊、防尘设施，纱门应便于拆下洗刷。

7）通道。通道要宽敞，便于运输和卫生防护设施的设置；楼梯、电梯传送、设备等处要便于维护和清扫及清洗和消毒。

8）通风。生产车间、仓库应有良好通风，采用自然通风时通风面积与地面面积之比不应小于 1∶16；采用机械通风时换气频率不应小于每小时 3 次。机械通风管道进风口要距地面 2 m 以上，并远离污染源和排风口，开口处应设防护罩。饮料、熟食、成品包装等生产车间或工序必要时应增设水幕、风幕或空调设备。

9）采光、照明。车间或工作地应有充足的自然采光或人工照明，车间光系数不应低于标准Ⅳ级，检验场所工作面混合照度不应低于 540 lx；加工场所工作面不应低于 230 lx，其他场所一般不低于 110 lx。位于工作台、食品和原料上的照明设备应加防护罩。

10）防鼠、防蝇蚊、防尘设施。建筑物及各项设施应根据生产工艺卫生要求和原材料储存等特点，相应设置有效的防鼠、防蚊蝇、防尘、防飞鸟、防昆虫的侵入、隐藏和滋生的设施，防止受其危害和污染。

（3）设备、工具、管道

1）材质。所有可能接触食品的机器设备和工器具无毒、不生锈、易清洗消毒、坚固和耐腐蚀。

2）结构。设备、工具和管道表面要清洁，边角圆滑，无死角，不易积垢，不漏缝隙，便于拆卸、清洗和消毒。

3）设置。设备应根据工艺要求排列，布局合理。上下工序衔接紧凑。各种管道、管线尽可能集中走向。冷气管不宜在生产线、设备和包装台上方通过，防止冷凝水滴入食品。其他管线和阀门也不应设置在暴露原料和成品的上方。

4）安装。应符合工艺卫生要求，与屋顶（天花板）、墙壁等应有足够的距离，设备一般应用脚架固定，与地面应有一定的距离。传动部分应有防水、防尘罩，以便于清洗。各类料液输送管道应避免死角或盲端，设排污阀或排污口，便于清洗、消毒，防止堵塞。

（4）卫生设施

1）供水。工厂应有足够的供水设备，能够供卫生清洁和生产加工所需的充足水量；供水应保持适当的压力，输水管道应能清洁到车间最远角落；水质符合生活用水卫生指标（GB 5749—2006）的规定，配备储水设施的，应有防污染措施和清洗、消毒设施。为清洁和消毒，车间应提供冷水和热水。

2）废弃物临时存放设施。使用便于清洗、消毒的材料制作，结构严密，能防止昆虫进入、滋生。不得污染厂区和道路。

3）废水、废汽（气）处理系统。设有废水、废汽（气）处理系统，并保持运转状况良好。废水、废汽（气）的排放符合国家环境保护的规定；生产车间的下水道设地漏；废汽（气）的排放口设在车间外的适当地点。

4）更衣室、淋浴室、厕所。工厂应设有与从业人员相适应的更衣室、淋浴、厕所。更衣室内设有个人衣物存放柜、鞋架（箱）；供车间使用的厕所设在方便和不与车间直接相通的地方，便池设计为水冲式，粪便排泄不得与车间内的污水排放管混用。

5）洗手设施。车间进口处和车间内适当位置设置洗手设施，数量与当班人数相适应。

6）清洗、消毒设施

①车间内设有工器具、容器和固定设备的清洗、消毒的设施，并有充足的冷、热水源。

②工厂设清洗和消毒室，并在室内备有工器具、容器消毒用的热水或其他有效消毒设施。

③车库或车棚内设有车辆清洗设施。

3. 成品储存、运输的卫生要求

（1）成品储存的卫生要求

1）经检验合格包装的成品应储存于成品库，其容量应与生产能力相适应。

2）仓库定期清洁，保持卫生，必要时进行消毒。

3）相互串味产品不得同库存放，原料与成品不得同库存放。

4）库内产品堆放整齐，批次清楚（挂牌标明产品名称、规格、产期、批次、数量等）。要留出通道，便于人员、车辆通行。

5）堆垛与地面距离不少于 10 cm，堆垛与墙面、顶面距离保持 30～50 cm。

要设有温度、湿度检测装置和防鼠、防虫等设施，定期检查和记录。

（2）运输中的卫生要求

1）运输工具（包括车厢、船舱和各种容器等）应符合卫生要求，要根据产品特点配备防雨、防尘、冷藏、保温等设施。

2）运输作业应避免剧烈震荡、撞击，轻拿轻放，防止成品损坏、变形，不得与有毒有害物品混运。

3）生鲜食品的运输按产品的质量和卫生要求制定相应规定，由专门的运输工具进行运输。

4. 生产过程中的卫生管理

（1）管理制度

1）应按产品品种分别建立生产工艺和卫生管理制度，明确各车间、工序、个人的岗位职责，并定期检查、考核。具体办法视具体食品的卫生规范要求而定。

2）各车间和有关部门应配备专职或兼职的工艺卫生管理人员，按照管理范围、做好监督、检查和考核等工作。

3）原材料必须检验、化验，合格后方可使用。

（2）生产过程中的卫生要求

1）首先按生产工艺的先后次序和产品特点，将原料处理，半成品处理和加工，包装材料和容器的清洗、消毒，成品包装和检验，成品储存等工序分开设置，防止前后工序相互交叉污染。

2）各项工艺操作应在良好的情况下进行，防止变质和受到腐败微生物及有毒有害物质的污染。

3）生产设备、工具、容器、场地等在使用前后均应彻底清洗、消毒。维修、检查设备时，不得污染食品。

4）包装要求。成品应有固定包装，且须经过检验合格后才可包装；包装应在良好的状态下进行，防止异物带入食品；包装材料应完好无损，符合国家卫生标准；包装上的标签，应按 GB 7718—2004 的有关规定执行；成品包装完毕后，按批次入库、储存，防止差错。

5）生产过程的各项原始记录（包括工艺规程中各个关键因素的检查结果）应妥善保存，保存期应较该产品的商品保存期延长 6 个月。

5. **卫生与质量检验的管理**

应设立与生产能力相适应的卫生和质量检验室，并配备经专业培训、考核合格的检验人员。卫生和质量检验室应具备所需的仪器、设备，并有健全的检验制度和检验方法。原始记录应齐全，并应妥善保存，以备核查。应按国家规定的卫生标准和检验方法进行检验。检验用的仪器、设备，应定期检定，及时维修。

6. **个人卫生与健康的要求**

食品企业的从业人员（包括临时工）应接受健康检查，并取得体检合格证，方可参加食品生产。要先经过卫生培训教育才可上岗。上岗前，要先做好个人卫生才可进入车间工作。工作期间，遵守规章制度，如上班不戴戒指、手表、手镯；不穿工作服上厕所，大小便后坚持洗手消毒；工作时严禁吸烟，不随地吐痰，不用工作服擦汗、擦餐具或擦鼻涕；不用手抓直接入口食品等。

7. **工厂的卫生管理**

（1）机构建设

食品厂必须建立相应的卫生管理机构，配备经过培训的专职或兼职的食品卫生管理人员。

（2）建立健全的各种卫生管理制度

1）环境卫生制度。

2）设备维修和保养制度。

3）清洗、消毒制度。

4）废弃物处理制度。

5）除虫灭害制度。

6）危险品管理制度。

7）从业人员个人卫生制度。

8）从业人员健康管理制度。

三、食品 GMP 文件管理

1. **GMP 文件管理的意义**

实施 GMP 的一个重要特点就是要做到一切以文件为准。按照 GMP 的要求，生产管理和质量管理的一切活动均必须以文件的形式来体现。

建立一套完备的文件系统可以避免语言上的差错或误解而造成事故，使一个行动如何进行只有一个标准，而且完成行动后，都有文字可查，做到“查有据、行有迹、追有踪”，促使企业实施规范化、科学化、法制化管理，促进企业向管理要效益。

2. **食品 GMP 文件系统的组成**

食品 GMP 文件系统由一系列标准文件组成，用来明确在食品卫生管理中的职责与权限，包括技术标准系列、管理标准系列以及两者综合而产生的工作标准，还有工作完成后留下的记录和凭证。

（1）技术标准文件

技术标准文件是由国家与地方、行业和企业所颁布和制定的技术性规范、标准等，如工艺规程、质量标准（包括原料、辅料、工艺用水、半成品、中间体、包装材料、成品等）。

（2）管理标准文件

管理标准文件是指企业为了使行政生产计划、指挥、控制等管理职能标准化、规范化而制定的制度、规定、标准、办法等书面要求，如厂房、设施和设备的使用、维护、保养和检修的制度，物料管理制度，企业员工培训制度等。

（3）工作标准文件

工作标准文件是指以人或人群的工作为对象，对工作范围、职责、权限以及工作内容考核等提出的规定、标准程序等书面要求，如工作职责指令、岗位责任制、岗位操作方法、标准操作规程等。

（4）记录和凭证

记录用于反映实际生产活动中执行标准情况的实施结果，如生产操作记录、检验原始记录、报表、台账等。

凭证是表示物料、物件、设备、房间等所处状态的单、证、卡、牌等，如产品合格证、半成品交接单。

3．GMP 文件制定程序

一般情况下，食品企业 GMP 文件制定要经过 6 道程序。

（1）命题及编码

1）命题。标题应能清楚说明文件性质。

2）编码。由规定部门专人负责，根据编码规定给文件编码并登记。模板如图 7—1 所示。

＊＊＊＊食品有限公司		
标准操作规程（SOP）		第1页　共1页
题目：不合格半成品的处理	起草：　日期：	年　月　日
	审核：　日期：	年　月　日
编码：SOP-QA-005-01		
替换：SOP-QA-005-01	批准：　日期：	年　月　日
修订部门：	生效日期：	年　月　日
本SOP印发至：QA、QC、各车间		

图 7—1　某食品公司一个工作标准文件封面示例

（2）起草及会稿

起草人原则上是文件颁发部门的人员，如 SOP 应由岗位操作人自己起草或在工艺员协助下起草。

会稿：由执行文件的相关部门及责任部门的负责人及执行人参与。

修改：起草人根据会稿意见进行修改。

（3）审核

审核人一般是起草人的部门领导或上级领导。审核人负责对文件的内容、编码、格式、制定程序进行审核，对文件的合法性、规范性、可操作性、统一性进行把关。必要时进行会审。

（4）批准

批准人一般是审核人的上一级领导。批准人负责对文件的内容、编码、格式、制定程序进行复审，对各部门之间的协调、各文件之间的统一及文件的合法性、可操作性进行把关，批准人负责签发生效日期。

（5）分发、培训

按分发部门项的规定分发文件并登记。新文件执行前应先组织培训、学习，并于文件生效日期开始严格执行。

（6）撤销及归档

修订后的文件生效之时，旧版文件自动作废。旧版文件要全数收回，除存档的之外，其余一律销毁。

四、食品 GMP 的认证

食品良好操作规范是一种自主性的质量保证制度，为了提高消费者对食品良好操作规范的认知和信赖，一些国家和地区开展了食品良好操作规范的自愿认证工作。实施 GMP 认证已是食品加工业界的一种趋势。申请 GMP 认证，使企业有法可依、有章可循，在不断提高自己管理水平的同时，也扩大了产品知名度，增强了市场竞争力。

1. 食品 GMP 认证程序

食品 GMP 认证工作程序包括申请受理、资料审查、现场勘验评审、产品抽验、认证公示，颁发证书、跟踪考核等步骤。

（1）食品企业递交申请书

递交的申请书按照一定格式填写，申请书包括产品类别、名称、成分规格、包装形式、质量、性能，并附公司注册登记复印件、工厂厂房配置图、机械设备配置图、技术人员学历证书和培训证书等。同时还应递交质量管理标准书、制造作业标准书、卫生管理标准书、顾客投诉管理办法和成品回收制度等技术与管理性文件。

（2）资料审查

认证执行机构受理申请后，在两星期内审查完毕，以确定是否符合申报要求。

（3）现场评审

由一定人员组成的认定委员会进入现场，通过听取汇报、答疑、查阅资料、现场考察、讨论、投票等程序进行现场评审。

现场评审结束后，由推行委员会行文告知评审结果，并通知认证执行机构。

（4）产品检验

现场评审通过者，当天由认证执行机构于工厂现场进行产品抽样，对产品进行检验。

各类食品的检验项目由食品 GMP 技术委员会决定。产品标示应与其内容物相符，其标示方法应符合食品 GMP 通（专）则之相关规定。

（5）确认

申请认证工厂通过现场评审和产品检验后，将认证产品的包装标示样稿送认证执行机构核备，由认证执行机构编定认证产品编号，并附相关资料报请推行委员会确认。

（6）签约

申请认证工厂通过确认函后，推广宣导执行机构应函请申请认证工厂于一个月内办妥认证合约书签约手续；申请认证工厂逾期视同放弃认证资格。

（7）授证

申请食品 GMP 认证工厂在完成签约手续后，由推广宣导执行机构代理推行委员会核发“食品 GMP 认证书”。

（8）追踪考核

认证工厂应于签约日起，依据“食品 GMP 追踪管理要点”接受认证执行机构的追踪查验。依认证工厂的追踪结果，按食品 GMP 推行方案及相关规定，对表现绩优者予以适当鼓励；对严重违规者，取消认证。

2. 食品 GMP 认证标志及编号

食品 GMP 认证标志如图 7—2 所示。

OK 手势：“安心”，代表消费者对认证产品的安全、卫生相当“安心”。

笑颜：“满意”，代表消费者对认证产品的品质相当“满意”。

图 7—2　食品 GMP 认证标志

食品 GMP 认证的编号是由 9 个数字组成，编号的前 1～2码代表认证产品的产品类别；3～5 码称为工厂编号，代表认证产品制造工厂取得该产品类别的先后序号；6～9 码称为产品编号，代表认证产品的序号。

食品 GMP 认证编号不但采用生产线认证亦采用产品认证法，因此每一项认证产品都有其专属的食品 GMP 认证编号。

第二节　卫生标准操作程序（SSOP）

一、卫生标准操作程序（SSOP）简介

SSOP（Sanitation Standard Operation Procedures）是卫生标准操作程序的英文缩写，是食品企业为了满足食品安全的要求，在卫生环境和加工要求等方面所需实施的具体程序。SSOP 和 GMP 是进行 HACCP 体系（见第八章）认证的基础。

20 世纪 90 年代，美国频繁爆发食源性疾病，造成每年数百万人次感染和数千人死

亡。调查数据显示，其中有大半感染或死亡的原因与肉、禽产品有关。这一结果促使美国农业部（USDA）重视肉、禽产品的生产状况，并决心建立一套涵盖生产、加工、运输、销售所有环节在内的肉禽产品生产安全措施，从而保障公众的健康。1995 年 2 月颁布的《美国肉、禽产品 HACCP 法规》第一次提出了要求建立一种书面的常规可行程序——卫生标准操作程序（SSOP），确保生产出安全、无掺杂的食品。同年 12 月，美国 FDA 颁布的《美国水产品的 HACCP 法规》进一步明确了 SSOP 必须包括的八个方面及验证等相关程序，从而建立了 SSOP 的完整体系。

此后，SSOP 一直作为 GMP 和 HACCP 的基础程序加以实施，成为完成 HACCP 体系的重要前提条件。我国食品生产企业都制定有各种卫生规章制度，对食品生产的环境、加工的卫生、人员的健康进行控制。

二、SSOP 的八项内容与要求

为确保食品在卫生状态下加工，充分保证达到 GMP 的要求，加工厂应针对产品或生产场所制定并且实施一个书面的 SSOP 或类似的文件。SSOP 中最重要的是具有八个卫生方面（但不限于这八个方面）的内容，加工者根据这八个主要卫生控制方面加以实施，以消除与卫生有关的危害。实施过程中还必须有检查、监控，如果实施不力还要进行纠正和记录保持。该程序适用于所有种类的食品零售商、批发商、仓库和生产操作。

SSOP 的八项原则具体内容如下：

1. 水（冰）的安全

生产用水（冰）的卫生质量是影响食品卫生的关键因素，食品加工厂应有充足供应的水源。对于任何食品的加工，首要的一点就是要保证水的安全。食品加工企业一个完整的 SSOP，首先要考虑与食品接触或与食品接触物表面接触用水（冰）来源与处理应符合有关规定，并要考虑非生产用水及污水处理的交叉污染问题。

（1）生产加工用水的要求

水对食品加工企业的作用非常重要。无论是作为某些食品的组成成分（如酒和饮料），还是用于食品原料的清洗，设施、设备、工具、器具的清洗和消毒，饮用等都离不开安全卫生的水。

食品加工企业的生产用水必须保证充足且来自于合适的水源。食品企业的水源通常有城市公共用水（自来水）、地下水和海水。自来水是食品加工中最常用的水源，具有安全、可靠的优点。地下水，一般指井水，硬度较高，并含有一定的有机质和微生物。

在采用自备水源，即井水时，通常要认可水井周围环境、深度，禁止污水的进入，保证水质卫生。对储水设备（水塔、储水池、蓄水罐等）要定期进行清洗和消毒。同时，对井水进行适当处理，使之满足加工用水的要求。如是利用海水作为生产用水的企业，同样要对海水做相应的处理，使其净化、脱盐，达到国家饮用水的标准。还要考虑周围环境、季节变化、污水排放等因素对水的污染。

国家饮用水标准（GB 5749—2006）对我国生活饮用水做了具体规定：细菌总数小于 100 个/mL；37℃培养，大肠菌群小于 3 个/mL；致病菌不得检出；水管末端游离余氯不高于0.05 mg/L。海水水质标准参见国家标准GB 3097—1997。从安全、卫生角度上看，重点关注的是生产用水的细菌学指标。

（2）饮用水和污水交叉污染的预防

1）供水管理方面。供水设施完好，一旦出现损坏应能立即修好。管道的设计要防止冷凝水积聚下滴，污染裸露的加工食品。防止饮用水管、非饮用水管及污水管间交叉污染。从供水管理方面预防饮用水和污水交叉污染，可采取的措施有：

①绘制详细、科学的供水网络图和恰当的供、排水管路布置。

②出水口编号管理。

③管道区分标记，不互连。

④防虹吸，如清洗、解冻、漂洗槽管口距水面大于水管直径2倍，软水管不得入水；防止水倒流。

⑤加工案台等工具有将废水直接导入下水道的装置；备有高压水枪。

⑥生产中使用的软水管用浅色，不易发霉的材料制成。

⑦工厂蓄水池或水塔要有完善的防尘、防鼠措施，并定期对其进行清洗、消毒。

2）废水排放方面。从废水排放方面预防饮用水与污染水交叉污染，应考虑以下几点：

①要求地面有一定坡度（1°～1.5°）易于排水。

②加工用水、台案或清洗消毒池的水不能直接流到地面，应直接入沟，以防止地面污水飞溅，污染产品和工具。

③水流向要从清洁区到非清洁区。

④地沟（明沟、暗沟）要加篦子（易于清洗、不生锈），与外界接口要防异味、防蚊蝇。

⑤地漏或排水沟的出口应使用U形、P形或S形等有存水弯的水封，以防异味。

3）污水处理方面。污水排放前应做必要的处理，排放符合国家环保部门的要求。

（3）监控

企业监控项目与方法：

①余氯。采用测氯试纸、比色法、化学滴定法测定。

②pH值。采用pH试纸、pH计测定。

③微生物。细菌总数用平板培养计数法测定；采用多管发酵法测定大肠菌群和粪大肠菌群。

企业监测频率：企业至少每月进行一次微生物监测；企业每天对水的pH和余氯进行监测；当地主管部门每年对水做两次全项目的监测报告。每次取样时必须包括总的出水口，一年内做完所有的出水口。

（4）生产用冰

直接与产品接触的冰必须采用符合饮用水标准的水制造。制冰设备和盛装冰的容器必须保持良好的清洁卫生状况。冰的存放、粉碎、运输、盛装、储存等都必须在卫生条件下进行，防止与地面或不洁面接触造成污染。

（5）纠偏

监控时发现加工用水存在问题，不符合标准时，应立即停止使用不合格水，并查找原因，采取措施，直至水质符合国家标准后才可重新使用。发现生产用水管道与非饮用水或污水管道有交叉连接处应终止使用这种水源，必要时应该停产整改，直到问题得到解决。对非正常情况下生产出的产品应进行彻底检验，防止不合格产品出厂。

（6）记录

水的监控、维护及其他问题处理都要记录、保持。生产用水应具备以下几种记录和证明：

1）每年1～2次由当地卫生部门进行的水质检验报告的正本。

2）自备水源的水池、水塔、储水罐等有清洗消毒计划和监控记录。

3）食品加工企业每月一次对生产用水进行细菌总数、大肠菌群检验的记录。

4）每月检验生产用水的余氯。

5）生产用直接接触食品的冰，自行生产者应具有生产记录，记录生产用水加工、器具卫生状况，如是冰厂采购，冰厂应具备生产冰的卫生证明。

向国外申请注册的食品加工企业需根据注册国家要求项目进行监控检测并加以记录。

2. 与食品接触的表面（包括设备、手套、工作服）的清洁度

与食品接触的表面分为直接接触面和间接接触面。直接接触面指加工设备、工器具、操作台案、传送带、储冰池、内包装物、加工人员的手或手套、工作服等。间接接触面指未经清洗消毒的冷库，车间、卫生间的门把手，操作设备的按钮，车间内电灯开关，垃圾箱，车间内的空气等。

与食品接触的表面通常要求无毒、浅色、不吸水、不渗水、不生锈、不吸尘、抗腐蚀、不与清洁剂和消毒的化学品产生反应。

（1）加工设备及工器具的卫生要求

1）材质。加工设备和工器具采用无毒、无味、抗腐蚀、不生锈、不吸水、不与清洁剂和消毒剂发生反应、不变形的材料，原则上不用竹木制品、纤维制品、黑铁或铸铁及含锌或铅材料、黄铜制品等。

2）设计及制作要求。表面光滑，无粗糙焊接、无凹陷、无破裂，在不同表面接触处应具有平滑的过渡，并易于清洗和消毒。

3）维修及保养。维修部门定期或不定期对设备、工器具进行检查，并及时维修，始终保持完好。

（2）食品接触面的清洗和消毒

食品接触表面在加工前和加工后都应彻底清洁，并在必要时消毒。清洗的目的是除去微生物赖以生长的营养物质，确保消毒效果。清洗一般用清水、温水或加有洗涤剂的水溶液。

消毒的方法有机械除菌（冲洗、刷、擦、抹、铲除、通风和过滤）、热力消毒（干烤、烧灼、煮沸、蒸汽）、辐射消毒等物理消毒法，还有利用化学消毒剂（如酒精、含氯消毒剂等）杀灭微生物的化学消毒法。

食品企业中常用的消毒剂及使用特点，见表7—1。选择洗涤剂和消毒剂以及使用的方法根据污染物的性质、需清洗和消毒的程度、被清洗表面的类型而定。

表7—1 食品企业常用的消毒剂

消毒剂	使用形式	优点	缺点
热水	82℃以上	杀死大部分类型的微生物，渗入不规则的表面，价格便宜，适于CIP系统	针对性较差，有烫伤的危险
氯（次氯酸）	次氯酸盐、漂白粉、氯气、有机氯（氯胺）	杀死所有类型微生物，水质对其影响小，价格低廉，使用方便，无残留，浓度易于确定（试纸条），在低温下使用更有效	刺激皮肤、眼睛和喉咙，不够稳定，降解快，易受有机物及pH值影响，可腐蚀金属和软化橡胶
臭氧	现场产生气体溶于溶液	杀死大部分类型的微生物，比氯和二氧化氯更强的氧化剂（消毒剂）	不稳定，不能储存，可腐蚀金属和软化橡胶，潜在的毒性，可被有机物失活，价格相对较高，对pH值敏感
过氧乙酸	乙酸和氢过氧化物形成过氧乙酸	能破坏微生物孢子，杀死大部分类型的微生物（广谱杀菌剂），稳定性较好，在低温下使用有效，符合排放要求，适于CIP系统	价格较贵，稳定性较差，可被某些金属或有机物失活，可腐蚀某些金属
二氧化氯	现场产生气体通过水或含氯溶液	杀死大部分类型的微生物，有机物对其影响小，比氯更强的氧化剂（消毒剂），比氯的腐蚀性小，pH值敏感性低	不稳定，不能储存，具有潜在的爆炸性和毒性，设备费用相对较高
季铵盐化合物（QACs）	如新洁而灭、洛本清（新型廉价消毒剂）	对单核细胞增生李斯特菌特别有效，有机物对其影响小，浓度易于确定（试纸条），稳定性好，无腐蚀性，常用于即食食品生产设备杀菌和靴鞋、地板、工器具等的杀菌	可被大多数清洁剂失活甚至与其发生反应，低温下效率低，可被硬水失活，需与其他消毒剂配合使用（因其具有灭菌选择性），不适于CIP系统（起泡）
无机酸	表面活性剂和酸的结合物	杀死大部分微生物，相当稳定，有机物的影响小，高温下可使用，不受硬水影响	可腐蚀金属，对不同微生物的杀菌效力不同，不适于CIP系统（起泡）

1）加工设备和器具的清洗消毒。首先必须进行彻底清洗（除去微生物赖以生长的营养物质、确保消毒效果），再进行冲洗，然后进行消毒，再冲洗。应设有隔离的工器具洗涤消毒间（不同清洁度工器具分开）。

2）员工手部、工作服、手套的清洗消毒。员工手部的清洗消毒在进入车间前进行。手套在每班结束生产或中间休息时要更换，手套材料应不易破损和脱落，不得采用线手套。工作服和手套集中由洗衣房清洗消毒，不同清洁区的工作服分别清洗消毒。存放工作服的房间设有臭氧、紫外线等设备，且干净、干燥和清洁。

3）空气消毒。采用紫外线照射法、臭氧消毒法、过氧乙酸熏蒸法。

以上清洗消毒的频率为：台面、大型设备、地板，每班加工结束后进行；工器具根据实际情况而定，一般每 2～4 h 进行一次；加工设备、器具（包括手）被污染之后应立即进行。

（3）食品接触表面卫生状况的监控

监控的方法有：感官检查、化学检测（消毒剂的浓度）、表面微生物检查（细菌总数、金黄色葡萄球菌）。经过清洗消毒的加工设备、工器具等食品接触表面的细菌总数应低于 100 个/mm^2，致病菌不得检出。对车间空气的清洁程度，可通过空气暴露法（直径 9 cm 装有普通牛肉琼脂的平板暴露 5 min 后 37℃培养）进行微生物检测，平板菌落数在 30 个以下的，空气为清洁，评价为安全；当达到 50～70 个，空气为低等清洁。

（4）纠偏措施

在检查发现问题时，应对所有的环节进行分析，查找原因，采取适当的方法及时纠正。

（5）记录

记录包括：生产一线人员的手部卫生记录和手套、工作服洁净检查记录；操作表面和生产所用器具的监控记录；设备的完好与卫生状况记录；车间卫生清扫及卫生状况记录；更衣室、加工车间的空气卫生程度记录；内包装物料的卫生程度记录；纠偏记录。

3. 防止发生交叉污染

交叉污染是通过生的食品、食品加工者或食品加工环境把生物或化学的污染物转移到食品的过程。

（1）交叉污染的来源与预防

造成食品交叉污染的原因是多方面的，包括工厂选址及设计不科学、车间布局不合理；生、熟产品未严格分开；原料、成品未隔离；加工人员卫生习惯不良等。针对以上原因，通常应从三个方面开展交叉污染的预防工作。

1）工厂选址、车间设计应合理。对厂区周围环境不造成污染，厂区内不造成污染。车间工艺布局、工艺流程合理。该隔离就应隔离，实现生、熟加工分开，初加工、精加工、成品包装分开，原材料、半成品、成品在生产和储藏中分离，清洁区域和非清洁区域分开；运输原辅料或成品的车辆专车专用；人流、水流遵循从清洁区到非清洁区，物流单向流动，不造成交叉污染。气流要进行进气的控制和正压排气。

2）生产工艺设计和生产工艺管理需符合卫生要求。同一车间禁止加工不同类别的产品；生产中所用的设备、器具要严格执行清洗和消毒规程；卫生操作规范化；各工序中的工具、用具都应加以区别并有标志，不得混用，防止污染；各工序的人员应固定，污染工序的人员在未消毒和更换工作服以前不得参与易受污染工序的工作；洗涤用水应勤更换，采用大流量的流动水。

3）培训员工养成良好的卫生习惯。严禁员工有影响食品卫生的不良行为，如处理非食品的表面后未清洗和消毒手就处理食物产品；把接触过地面的货箱或原材料包装袋放置到干净的台面上；不规范着装；在车间里随地吐痰，无遮蔽地打喷嚏；边工作边谈笑、打闹、吃东西。

（2）交叉污染的监控

在开工时、交班时、餐后续加工时进入生产车间检查；生产时连续监控；每日检查产品储存区域（如冷库）。

（3）纠偏措施

一旦发生交叉污染，应立即采取措施防止再发生，纠正失误的操作，必要时让设备停止运行，甚至停产整改，直到有改进，并达到要求后再重新组织生产。对被怀疑已受到交叉污染的产品进行隔离放置，评估产品的安全性后，再做具体处理。增加员工培训程序。

（4）记录

防止食品发生交叉污染的相关检查记录应包括：企业人员接受培训的记录；生产车间的地面、墙壁、空间、门窗设备、器具的清洗和消毒记录；个人卫生检查记录；进入车间的员工规范着装检查记录；改正措施记录。

4．手的清洗和消毒、厕所设备的维护与卫生保持

（1）洗手消毒的设施

洗手消毒设施应包括非手动开关的水龙头、冷热水、皂液器、消毒槽、干手设备、流动消毒车等。在合适地方（车间入口、卫生间、车间内）配置足够数量的水龙头及洗手消毒设施（每 10 人一个），做到有温水（43℃）供应。车间内最好常年备有流动的消毒车，以便于员工在操作过程中定时洗手、消毒。

（2）洗手消毒方法、频率

进入车间前，良好的洗手程序是：工人穿工作服→清水洗手→用皂液洗手→冲净皂液→于 50 mg/L（余氯）消毒液浸泡 30 s→清水冲洗→干手（用消毒纸巾、毛巾或干手器）。

手部清洗程序如图 7—3 所示。

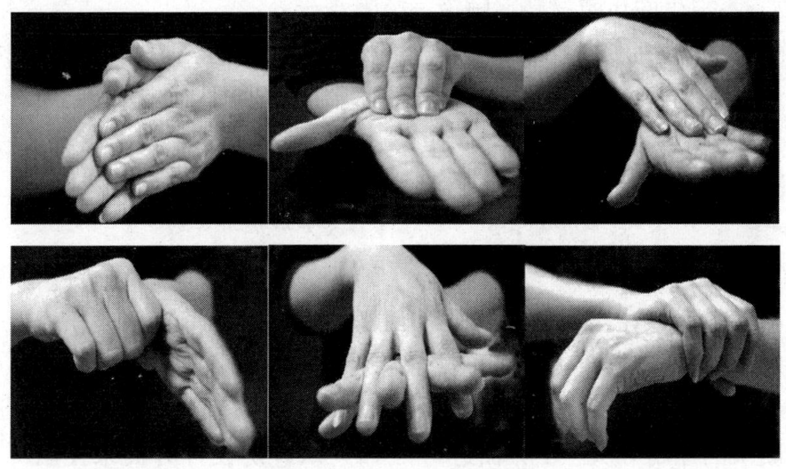

图 7—3　洗手、消毒示意图

清洗和消毒频率一般为：每次进入车间时，如打电话、吃饭、喝水、便后，加工期间每 30 min 至 1 h 进行 1 次；当手接触了污染物、废弃物后等。

(3) 卫生间的设施与要求

卫生间与车间建筑连为一体，应设在卫生区域内并尽可能离开作业区。要求通风良好、地面干燥、光照充足、距离生产车间不太远的位置。卫生间的门不能直接朝向车间。卫生间应配有更衣、换鞋设施，有冲水、消毒设施，尽量避免使用大通道冲水式卫生间，宜采用蹲便器或坐便器。卫生间内的便坑数量与加工人员相适应（每 15～20 人设一个），有手纸和纸篓。有专人负责卫生间的日常卫生管理，卫生状况保持良好。

(4) 监测

建立必要的监测制度，包括保证设施清洁与完好的日常检查、作业工人手表面的微生物检验、消毒液的浓度检测以及卫生监控人员的巡回监督，使设备保持正常运转状态，卫生保持良好不造成污染。

(5) 纠偏

检查发现问题后立即纠正。损坏设施应及时维修和更换；补充洗手间里的用品；消毒液浓度不适宜的，重新配制新液。

(6) 记录

该项记录应包括下列内容：生产一线人员手部卫生检查，如手部清洗规范的检查记录、手的消毒记录、手的棉签检验记录、手套和工作服穿戴整洁等记录；消毒液的配制及使用记录；卫生间的设施更换、检修记录，清洁消毒记录，保持卫生周期长短记录；纠偏记录。

5. 防止食品被外来污染物污染

在食品的加工过程中，还要防止食品、食品包装材料和食品所有接触表面不要被外来污染物（微生物、物理性杂质和化学品）所污染。

(1) 污染物的来源

食品中微生物污染主要来自于车间内被污染的水滴和冷凝水、空气中的尘埃或颗粒、地面污物、不卫生的包装材料、唾液、喷嚏飞沫等。

食品中物理性污染一般来自于照明设施突然爆裂产生的碎片、车间天花板或墙壁产生的脱落物、工器具上脱落的漆片或铁锈片、木器或竹器具上脱落的硬质纤维、人体脱落的头发等。

食品中化学污染通常来自于企业使用的润滑剂、清洁剂、杀虫剂、消毒剂、燃料等。

(2) 污染物的防止与控制

1) 包装材料应保存在干燥洁净、通风良好、有防虫防霉设施的库房，且内外包装材料分开存放并覆盖上塑料布，以防止灰尘或杂质，可配备防虫、鼠设施；每批内包装进厂后要进行微生物检验：细菌数小于 100 个/cm^2，致病菌未检出。必要时进行消毒。

2) 对冷凝水的控制可从三个方面进行：(1) 从厂房设计方面来控制冷凝水（如车间顶棚呈圆弧形）；(2) 通过日常的卫生清扫来控制冷凝水；(3) 通过保持良好的通风

和温度控制（缩小温差）来减少冷凝水的形成。

3）照明灯的破碎已经成为食品生产的危害性污染，应该使用防爆灯，或者照明灯泡必须用保护套覆盖或以塑料包封。

4）加工设备上的润滑油选用食品级的，控制清洁剂、消毒剂的残量，定期检查润滑油是否渗漏。对有毒、有害的化学品严格管理，禁止使用无标签化学品。

5）食品的储存库保持卫生，不同产品、原料、成品分别存放，设有防鼠设施。

（3）监控

监控对象：任何可能污染食品或食品接触面的掺杂物，如潜在的有毒化合物、不卫生的水（包括不流动的水）和不卫生的表面所形成的冷凝物。

监控频率：建议在生产开始时及工作时间每 4 小时检查一次。

（4）纠偏

除去不卫生表面的冷凝物，控制车间温度，减少温差以减少水蒸气凝结；用遮盖物防止冷凝物落到食品、包装材料及食品接触面上；清除地面积水、污物，清洗化合物残留；评估被污染的食品；培训员工正确使用化合物。正确处置无标签化学品。

（5）记录

为了确保食品、食品包装材料和食品接触面免受污染，通常应做好如下记录：原辅料库卫生检查记录；车间消毒记录；车间空气菌落沉降实验记录；包装材料的领用、出入库记录；食品微生物检验记录；纠偏记录。

6．有毒化学物质的标记、储存和使用

食品工厂可能使用的有毒化学物质包括清洗剂、消毒剂、杀虫剂、灭鼠剂、润滑油、食品添加剂（如硝酸钠）、化验室药品。它们是进行正常生产所必需的，在操作过程中必须正确标识、保存并按产品说明和相关规定正确使用。

（1）有毒化学物质的存储

食品级化学品与非食品级化学品分开存放；清洗剂、消毒剂、杀虫剂分开存放；一般化学品与剧毒化学品分开存放；储存区域应远离食品加工区；化学品仓库应上锁，并有专人保管。

（2）有毒化合物的正确标识

原包装容器的标签应标明：名称、生产厂名、厂址、生产日期、有效期、批准文号、使用说明、注意事项等。

工作容器标签应标明：名称、浓度、使用说明、注意事项（MSDS）。

（3）有毒化学物质的储存和使用

由经过培训的人员实行专人管理，配制和使用人员也要经过专门的培训，能正确使用，所使用的化合物有主管部门批准生产、销售、使用的证明，列明主要成分、毒性、使用剂量和注意事项，并标识清楚。对标记不清的化学品拒收或退回。建立有毒化合物一览表，做好使用登记记录。

有单独的区域进行分类储存，配备有标记带锁的密闭柜子，防止随便乱拿，设有警告标示。只有经过培训的人才能进入有毒化学物质储存处。存放错误的化学品要及时归位。对内容物不清楚的工作容器及时处理。加强对保管和使用人员的培训，强化责任意识。

7. 雇员的健康与卫生控制

(1) 雇员的健康与卫生习惯管理要求

食品企业的生产人员（包括检验人员）是直接接触食品的人，其身体健康及卫生状况直接影响食品卫生质量。《中华人民共和国食品安全法》第三十四条规定，食品生产经营者应建立并执行食品从业人员健康管理制度，凡从事食品生产的人员必须经过体检合格，获得健康证后方能上岗。

食品生产企业应制订有体检计划，并设有体检档案，凡患有有碍食品卫生的疾病，例如：病毒性肝炎、活动性肺结核、肠伤寒及其带菌者、细菌性痢疾及其带菌者、化脓性或渗出性脱屑皮肤病患者、手外伤未愈合者不得参加直接接触食品加工，痊愈后经体检合格后可重新上岗。食品生产企业应制订有卫生培训计划，定期对加工人员进行培训，并记录存档。

生产人员要养成良好的个人卫生习惯，按照卫生规定从事食品加工。生产人员要认识到疾病对食品卫生的危害，主动向管理人员汇报自己和他人的健康状况。

(2) 监控

食品企业应定期对员工进行健康检查，一般每年一次。车间负责人每天都要对员工的健康状况进行了解，控制因员工身体不健康而可能导致食品、食品包装材料和食品接触面的微生物污染。

(3) 纠偏

对未及时体检的员工进行体检。体检不合格的调离生产岗位，直至痊愈；不按要求穿戴的，要求其立即更正；受伤者（刀伤、化脓）应自己报告或经检查发现。

(4) 记录

企业员工的健康控制及监控记录应包括：企业员工体检记录及健康档案；企业员工日常卫生检查记录；员工卫生培训记录；因病调离岗位或病愈重返岗位的员工姓名、日期、病因、治疗结果；纠偏记录。

8. 虫害的防治

(1) 虫害防治方法

害虫主要包括啮齿类动物、鸟和昆虫等，它们是人类病原菌的传播者，如蟑螂、苍蝇可传播沙门氏菌、葡萄球菌、志贺氏菌等，啮齿类动物是沙门氏菌的宿主。通过害虫传播的食源性疾病的数量巨大，虫害的防治对食品加工厂是至关重要的。

每个食品企业都应制订可行的覆盖全厂范围内有害动物的扑灭及控制计划。害虫的灭除和控制包括加工厂（主要是生产区）全范围，甚至包括加工厂周围，重点是厕所、生产区进出口、垃圾箱周围、食堂、储藏室等。

食品加工区域内保持卫生对控制害虫至关重要。可采取的主要措施包括：清除滋生地，如废物、垃圾堆积场地、不用的设备、产品废物和未除尽的植物等；预防虫、鼠进入车间，防虫采用纱窗、门帘、风幕、灭蝇灯等，防鼠采用挡鼠板、粘鼠板、鼠笼、防鼠夹、翻水湾等，不能用灭鼠药；杀灭害虫，产区用杀虫剂，车间入口用灭蝇灯。

家养的动物，如用于防鼠的猫和用于护卫的狗或宠物不允许在食品生产和储存区。由这些动物引起的食品污染构成了同动物、害虫引起的类似风险。

（2）虫害监控

对工厂内害虫可能进入的各个防控点要进行检查监控。监控各控制措施是否正常执行及其有效性，如厂区内及周围杂草、污水、垃圾等害虫滋生地是否清除，设置的"捕虫器"是否完好；门窗是否完好或密封，有无纱窗、水帘等防护层；设备周边是否清洁；排水沟是否清洁，水沟盖是否完好。

对虫害的监控频率可根据检查对象的不同而定。对于工厂内虫害可能入侵的检查，可以每月检查一次；对工厂内遗留痕迹的检查，通常为每天检查；也可根据经验来调整监控频率，如在害虫、害鼠活动的季节加强监控。

（3）纠偏

根据发现死鼠的数量和次数以及老鼠活动痕迹等情况，及时调整方案，必要时调整捕鼠夹的疏密或更换不同类型的捕鼠夹；根据杀虫灯检查记录以及虫害发生情况及时调整灭虫方案，必要时维修和更换或加密杀虫灯，以及其他应急措施。

（4）记录

记录包括：企业定期灭虫、灭鼠行动及检查记录；企业卫生清扫及消毒（次数、过程、范围、消毒剂种类、周期）检查记录；重点区域的虫害防治和消灭监控记录；全厂性的卫生执行纠偏记录。

~思考与练习~

1. 简述食品企业 GMP 的基本思想和实施意义。

2. 参观学校周边具有一定规模的食品企业，对照我国食品卫生通则（GMP）的基本要求，对其基础设施进行安全评价。

3. 根据 SSOP 的原则，谈谈食品企业应如何做好食品防污染工作。

第八章 食品安全管理体系原理(HACCP)

学习目标：

1. 了解 HACCP 的发展历史。
2. 掌握 HACCP 的概念与基本原理。
3. 掌握 HACCP 计划制订的步骤。
4. 了解 HACCP 内部审核程序及内容。

第一节 HACCP 体系概述

由于食品安全直接关系到国计民生和人类社会的发展，很早就引起了人们的重视。随着人们生产、生活方式的变化，传统的通过对成品抽样检验的食品安全、卫生管理方法因受到抽样规则而带来的误判风险，以及事后检验而导致的食品危害预见性和可追溯性的缺乏，已经不再符合现代食品工业管理发展的趋势，取代它的是一种基于全面分析普遍情况的食品安全预防战略。该战略完全可以提供满足食品质量控制预定目标的保证，使食品生产最大限度地接近“零缺陷”。这种新的方法就是危害分析与关键控制点（HACCP）。

一、HACCP 体系的概念、特点

HACCP 是 Hazard Analysis and Critical Control Point 的首字母缩写。即危害分析及关键控制点，其核心是通过对食品的危害分析（Hazard Analysis，简称 HA）和关键控制点（Critical Control Point，简称 CCP）控制，将食品危害预防、消除、降低到可接受的水平。其宗旨是将这些可能发生的食品危害消除在生产过程中，而不是靠事后检验来保证产品的可靠性。

与传统的食品安全监督管理方法相比较，HACCP 体系呈现出 5 个方面的特点，具体内容见表 8—1。

二、HACCP 体系的产生与发展

HACCP 的概念起源于 20 世纪 60 年代末，由美国皮尔斯堡（PILLSBURY）公司和美国陆军纳提克（NATICK）实验室，以及美国航空航天局（NASA）共同提出，主要是为了开发太空食品，确保宇航员的食品安全。其发展大致分为两个阶段（创立阶段和

应用阶段），经历了HACCP概念的提出、HACCP概念的局部应用、HACCP体系应用准则的形成、HACCP体系的广泛推广和被采纳及不同种类食品的HACCP模式的提出等过程，并随时代而不断发展。具体经历过程如图8—1所示。

表8—1　　HACCP体系的特点

针对性	主要针对的是食品安全卫生，保证食品生产系统中任何可能出现的危害或有危害危险的地方得到控制
预防性	是用于保护食品防止其被生物、化学和物理因素危害的管理工具，它强调企业自身在生产全过程的控制作用，而不是最终的产品检测或者是政府部门的监管作用
经济性	设立关键控制点控制食品的安全卫生，降低了食品安全卫生的检测成本，同以往的食品安全控制体系比较，具有较高的经济效益和社会效益
强制性	被世界各国的官方所接受，并被用来强制执行。同时，也被联合国粮农组织和世界卫生组织联合食品法典委员会（CAC）认同。我国出口企业六类产品出口必须通过HACCP验证
动态性	HACCP中的关键控制点随产品、生产条件等因素改变而改变，企业如果出现设备、检测仪器、人员等的变化，都可能导致HACCP计划的改变

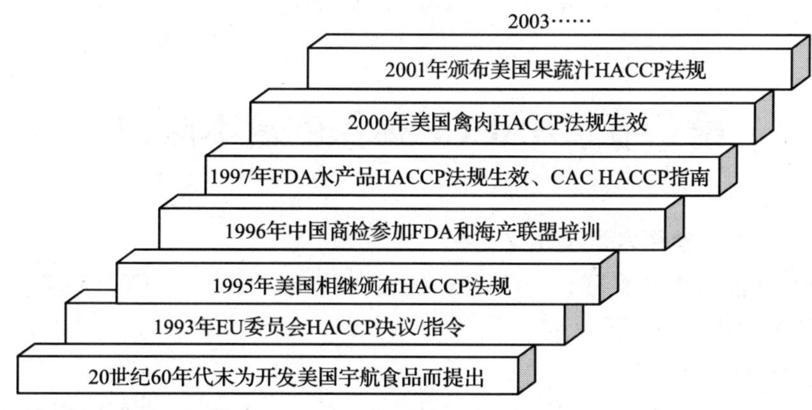

图8—1　HACCP的发展历程

目前HACCP推广应用较好的国家有：加拿大、泰国、越南、印度、澳大利亚、新西兰、冰岛、丹麦、巴西等，这些国家大部分是强制性推行采用HACCP。HACCP体系的推广应用涵盖了饮用牛乳、奶油、发酵乳、乳酸菌饮料等近30个领域。

HACCP作为国际公认的现代食品安全控制方式，在20世纪90年代被引入中国，经过二十余年的推广，有关HACCP的研究和应用领域都已走在世界前列，对提高我国食品企业的食品控制水平发挥了巨大作用。目前，中国已初步形成了门类齐全、结构相对合理、具有一定配套性和完整性的HACCP标准体系，涉及水产品、肉及肉制品、速冻方便食品、罐头、果汁和蔬菜汁类、餐饮业、乳制品、饲料等，基本涵盖了食品生产、加工、流通和最终消费的各个环节。

三、HACCP体系结构及相互关系

一个有效的HACCP体系需要包括三大部分：良好操作规范（GMP）、HACCP前提计划（SSOP）规定的活动、HACCP 计划规定的活动，在体系文件上表现为由四个层次组成，包括：HACCP 手册、程序文件、支持文件和记录（见图 8—2）。GMP 是整个食品安全控制体系的基础，SSOP 是根据 GMP 中有关卫生方面的要求制定的卫生控制程序，HACCP 计划是控制食品安全的关键程序。

图 8—2　HACCP 体系结构

第二节　HACCP 体系的基本原理

一、HACCP 体系常用术语及定义

FAO/WHO 食品法典委员会（CAC）在法典指南，即《HACCP 体系及其应用准则》中规定的基本术语及其定义有：

1. 危害（Hazard）

危害指食品中所含有的对人体健康有潜在不良影响的生物性因素、化学性因素、物理性因素或食品存在条件。

2. 潜在危害（Potential hazard）

潜在危害指理论上可能发生的危害。

3. 危害分析（Hazard Analysis，HA）

危害分析指对危害以及导致危害存在条件的信息进行收集和评估，以确定食品安全的显著危害的过程。危害分析应列入 HACCP 计划表。

4. 显著危害（Significant hazard）

显著危害指由危害分析所确定的，需通过 HACCP 体系的关键控制点予以控制的潜在危害。

5. 关键控制点（Critical Control Point，CCP）

关键控制点指一个操作环节，通过在该步骤施予一预防或控制措施，能消除或最大限度地降低一个或几个危害。

6. 控制措施（Control Measure）

控制措施是为防止或消除危害或将危害降低到可接受水平的所需的活动。

7. 关键限值（Critical limit）

关键限值指区分可接受与不可接受水平的控制指标。可以是感官指标，如色、香、味；物理性指标，如时间、温度；也可以是化学性指标，如含盐量、pH 值；微生物学特性指标为菌落总数、致病菌数量。

8. 监测（Monitor）

监测是为确定关键控制点是否处于控制或安全支持性措施（Supportive Safe Measure，SSM）是否得到遵循而设计的对控制参数的一系列观察或测量。

9. 偏差（Deviation）

偏差指达不到关键指标限量。

10. 纠偏行动（Corrective action）

纠偏行动指监测结果表明关键控制点（CCP）失控时，在 CCP 上所采取的措施。

11. 环节（Step）

环节指食品从初级产品到最终食用的整个食物链中的某个点、步骤、操作或阶段。

12. 流程图（Flow diagram）

流程图指生产或制造特定食品所用操作顺序的系统表达。

13. 验证（Verification）

验证是应用不同方法、程序、试验等评估手段，确定食品生产是否符合 HACCP 计划的要求。

14. 确认（Validation）

确认是通过提供客观证据对待定的预期用途或应用要求是否得到满足的认定，包括 HACCP 计划中要素的科学性、有效性的证据。

15. HACCP 计划（Hazard Analysis Critical Control Point plan）

HACCP 计划指根据 HACCP 原理所制定的用以确保 HACCP 管理体系中对食品显著危害予以控制的文件。

二、HACCP 体系的七项基本原理

1993 年，由联合国粮农组织（FAO）和世界卫生组织（WHO）联合创建的 CAC 开始鼓励各国使用 HACCP，其下属机构——食品卫生委员会（The Food Hygiene Committee of the Codex Alimentation Commission）起草了《HACCP 原理应用指导》，用于推行 HACCP 体系，其中提出了目前在全世界普遍推行的 HACCP 七项基本原理，覆盖了从原材料到消费者食物配制的全过程安全控制，程序如图 8—3 所示。

原理 1：进行危害分析

拟定工艺中各工序的流程图，通过分析以往资料、现场实地观测、实验采样检测等方法，鉴定与食品生产各阶段（从原料生产到消费）有关的潜在危害性，并对各危害发生的可能性及发生后的严重性进行估计，确定显著危害，并制定具体有效的预防和控制措施。

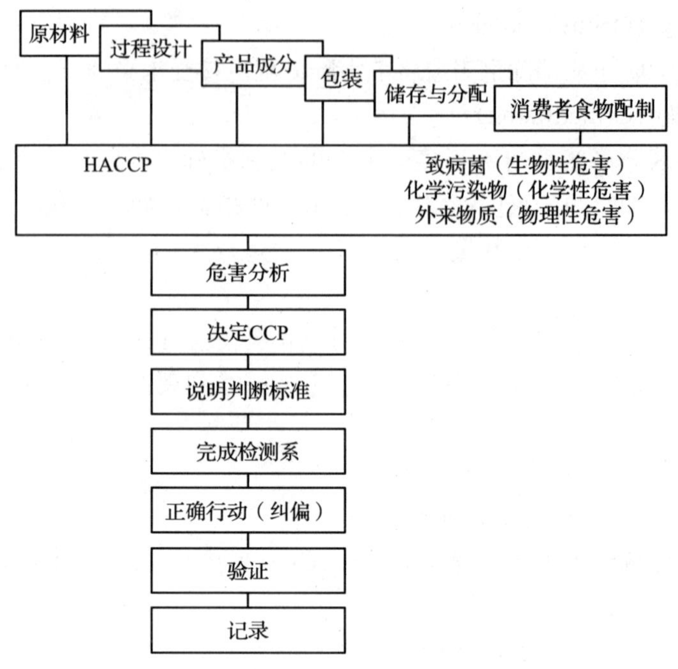

图 8—3 食品企业中的 HACCP 安全控制程序

原理 2：确定关键控制点（CCP）

确定能够实施控制且可以通过正确的控制措施达到预防、消除危害或使危害减低到可接受水平的某一环节，可以是食品生产加工过程中的某一操作方法或工艺流程，也可为食品生产加工的某一场所或设备。关键控制点的确定可以借助 CCP 判断树来进行。

原理 3：确定 CCP 的关键限值（CL）

即保证关键控制点限制在安全值范围内的临界技术指标，它是确保食品安全的界限。所用指标可以是物理性的（如时间或温度），也可以是化学性的（如盐或醋酸的浓度、pH 值、水分或水分活度、有效氯等），还可以是生物性质或感官性状的。这些定量指标的确定使 HACCP 体系具有了可操作性和可比性。每个 CCP 至少有一个 CL。

原理 4：建立关键控制点的监控程序

对关键控制点的控制实施过程进行有计划、有顺序的现场观察（检查）或测试，以保证 CCP 处于被控制状态，同时准确记录监控结果，以备用于将来核实或鉴定之用。从监控观点来看，在被控制的关键控制点上只要有一个发生失误就会成为一个关键缺陷，从而导致消费者危害和不安全的缺陷发生，因此，监控应尽可能采用连续的理化方法，如无法连续监控，则要求须有足够的间隙频率次数来观察测定每一 CCP 的变化规律，以确保监控的有效性。

原理 5：建立纠偏措施

通过监控关键限值显示原有控制措施未达到控制标准时需立即采用的替代措施。因任何 HACCP 方案都不可能完全避免偏差的出现，一旦发现关键限值偏离临界值时，应当采取预先制定好的文件性的纠正程序，减少或消除失控所导致的潜在危害，使 CCP 再次处于可控状态。这些措施应列出恢复控制的程序和对受到影响的产品的处理方式，同时要保留纠偏措施的执行记录。

原理 6：建立验证程序

审核 HACCP 体系是否正确运行以及正确运行时的有效性，验证内容包括：①验证各关键控制点是否都按照 HACCP 计划严格执行的；②验证 HACCP 体系的全面性和有效性，如对显著潜在危害确定的控制措施是否正确，所确定的关键限值是否能保证 CCP 处于可控状态，监控程序在评价工作中是否有效等；③验证 HACCP 体系是否处于正常、有效的运行状态。验证可通过生物学的、物理学的、化学的或感官方法来进行。

原理 7：建立有效记录的保持程序

确定有效记录的保持程序：要求将确定的危害性质，关键控制点，关键限值的书面 HACCP 计划的准备、执行、监控、记录保持和其他措施等与执行 HACCP 计划的有关信息、数据记录完整地保存下来。

应该强调的是，在整个 HACCP 执行程序中，潜在危害分析、食品生产过程中的 CCP 判定和 CCP 关键限值的建立三个步骤属于食品安全风险评价操作范畴，应由技术专家主持，其他步骤则属于质量管理范围。

第三节　HACCP 体系在食品企业的建立和实施

一、建立和实施 HACCP 管理体系的前期工作

正确的准备和计划对成功建立 HACCP 体系是非常重要的。为确保 HACCP 体系的科学性、全面性和有效性，在建立 HACCP 体系的早期必不可少的工作有：

1. 获得管理层的认可和支持

国外 HACCP 的应用实践表明，HACCP 是由企业自主实践，政府积极推行的行之有效的食品安全管理技术。实施 HACCP 取得成功的关键在于全力投入，有管理方面的参与以及具备相当的人力资源是实施 HACCP 的基础。最高领导给予的强有力的持续的支持和领导是 HACCP 得以研究、建立以及实施的必要条件，只有管理层大力支持，HACCP 小组才能得到必要的资源，HACCP 体系才能发挥作用。

2. 建立必要的技术支持体系

HACCP 的实施应在对人体健康危险性研究的科学证据指导下进行，对具体产品的 HACCP 研究需要多学科技术支持，充分得到各方面和各学科人员的参与、支持与协助，并广泛收集有关文献技术资料。可以说，HACCP 不是单个人或单学科能解决的，而是建立在众多基础学科上的科学，是不断发展的科学。如果缺乏某一领域的专家或人员的介入，可能导致整个 HACCP 计划的失败。

3. 进行必要的 HACCP 知识培训

任何食品企业，实现管理者的承诺和员工的全员参与是确保 HACCP 体系有效性关键，这取决于具备 HACCP 管理和控制知识与技能的管理层和员工，因此，在适宜的情

况下，有计划地对各级管理者和员工进行相关培训非常必要。

4. 建立和实施必备的前提计划

实施HACCP体系的目的是预防和控制所有与食品相关的安全危害，HACCP体系作为全面质量控制体系中的一部分，必须建立在现行的良好操作规范（GMP）和可接受的卫生标准操作程序（SSOP）的基础上，通过这两个程序的有效实施确保食品生产设施等基本条件满足要求以及对食品生产环境的卫生进行控制，否则，就有可能导致生产不安全食品。除此之外，食品企业单位在实施HACCP计划前还应有相应的一些前提计划做保证，它们也是HACCP体系建立和有效实施的基础。前提计划中还应包括以下计划或程序：

（1）基础设施设备保障维护计划。

（2）原辅料采购安全计划。

（3）产品包装、储存、运输和销售防护计划。

（4）产品标识、可追溯性保障计划和召回程序。

（6）应急预案和响应程序。

（7）人员培训计划。

（8）以上各前提计划的纠正监控程序。

（9）以上各前提计划的记录保持程序。

有关GMP规范和SSOP程序的具体内容参看前一章，以上各前提计划的具体内容参看相应的参考书。

二、HACCP计划的制订

HACCP具有产品和加工的特定性，食品企业在制订HACCP计划时应充分考虑自身的特定条件来选择较适合的格式。一般每个产品类别需要一个HACCP计划，除非是通过相似的加工方法生产相似的产品，需要预防和控制的危害也相似。

根据CAC《HACCP体系及其应用计划准则》中的规定，HACCP计划的制订过程由12个步骤组成，前5个为HACCP计划制订的预备步骤，后7个是HACCP基本原理的应用，具体如图8—4所示。

1. 步骤1：组建HACCP小组

一支稳定的、具备足够专业知识和HACCP应用理论知识的HACCP小组是企业成功应用HACCP管理体系的必备条件，它的建立能使企业减少风险，避免关键控制点被错过或某些操作过程被误解。因此，组建一个能力强、水平高的HACCP小组是有效实施HACCP计划的先决条件之一。

HACCP小组的主要职责是制订HACCP计划，修改、验证HACCP计划，监督HACCP计划的执行，书写SSOP，对全体人员进行培训等，涉及多方面的知识，如生产管理、卫生管理、原料质量保证、加工质量控制、设备维修、产品质量检验、HACCP知识等。

为了确保HACCP计划的全面性和有效性，使决策更科学，HACCP小组成员应由以上相关学科或专业的人员及熟悉现场的人员组成，满足食品企业HACCP管理体系范围内的产品、过程和危害相关的专业技术知识、技能和经验等的要求。

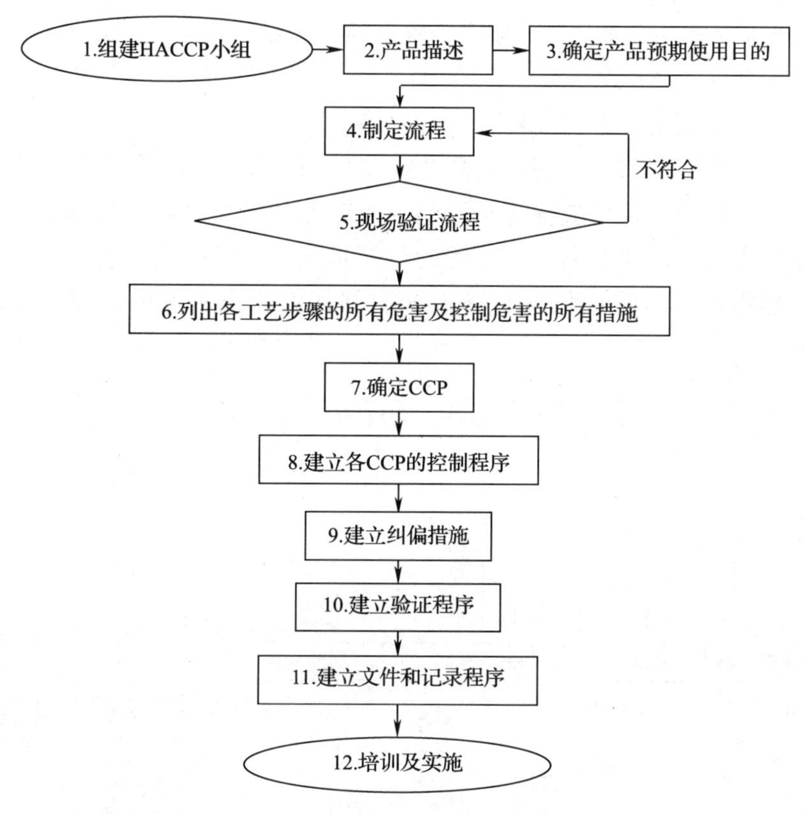

图 8—4　HACCP 体系的建立程序

HACCP 小组应由食品生产企业的最高管理者或最高管理者的代表负责组织，同时鼓励一线的生产操作人员参加。HACCP 小组组长最好是 HACCP 方面的专家。HACCP 小组成员的数量可以根据企业的规模、产品及操作的复杂确定，应当能够满足 HACCP 小组所应履行的职责需求。

2. 步骤 2：产品描述

对产品（包括原料和半成品）及其特性、规格与安全性等进行全面描述，尤其对以下内容要作具体定义和说明：

（1）原辅料（商品名称、学名和特点）。

（2）成分（如蛋白质、氨基酸、可溶性固形物等）。

（3）理化性质（包括水分活度、pH 值、硬度、流变性等）。

（4）加工方式（如产品加热及冷冻、干燥、盐渍杀菌程度）。

（5）包装系统（如密封、真空、气调、标签说明等）。

（6）储运（冻藏、冷藏、常温储藏等）和销售条件（如干湿与温度要求等）。

（7）所要求的储存期限（如保质期、保存期、货价期）。

3. 步骤 3：确定预期用途及消费群体

食品的最终用户或消费者对产品的食用期望即用途。实施 HACCP 计划的食品应确定其最终消费者（目标群体），特别要关注特殊消费人群，如老人、婴儿、孕妇、病人及免疫缺陷者等对食品安全的特殊要求。食品的使用说明书上要明示该食品适宜的消费对象、食用目的和食用方式。

4．步骤4：制定生产工艺流程图

编制食品生产的工艺流程图是食品企业实行HACCP体系管理的一项基础性工作。流程图没有统一的模式，但应描述从原料到终产品的整个过程的详细情况，内容应包括所有的操作步骤，即对食品生产过程的每一道工序，从原料选择、加工到销售和消费者使用，都要在流程图中依次清晰地标明并加以研究，不可含糊不清，如图8—5所示。

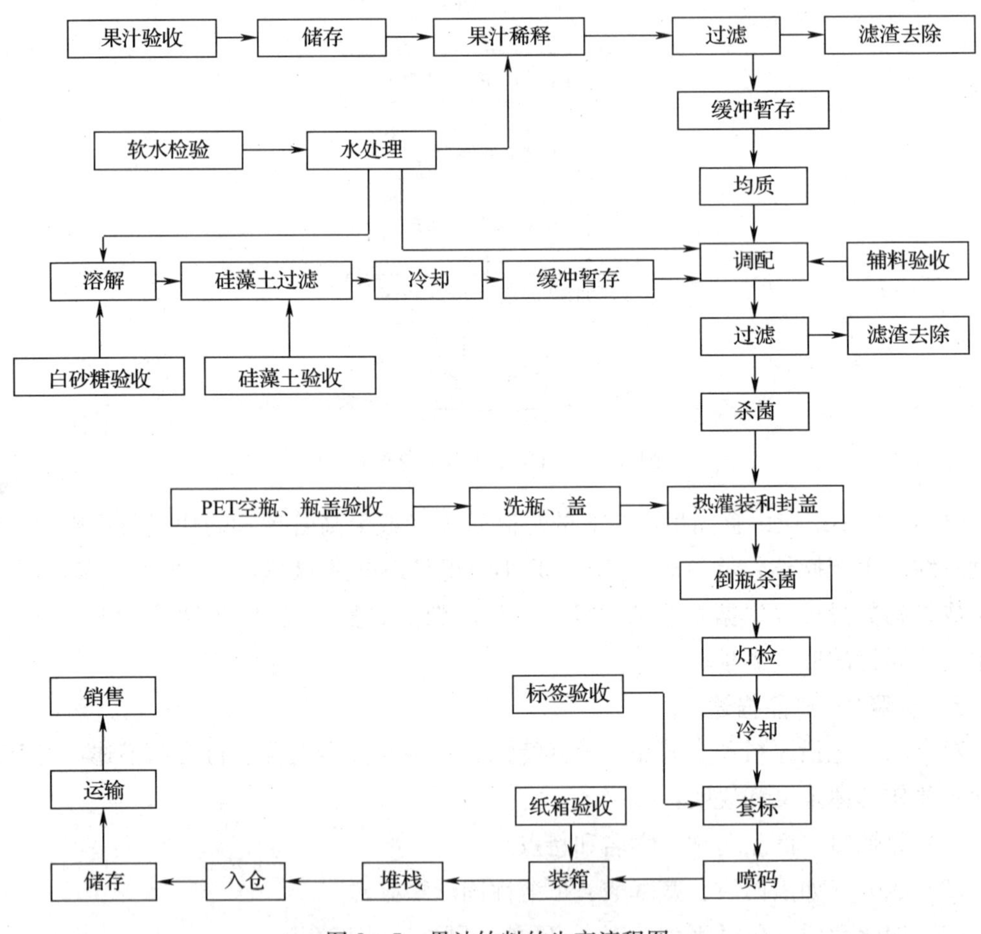

图8—5　果汁饮料的生产流程图

确定一个可满足制订HACCP计划的生产工艺图，需要一定的技术数据资料做支撑，如①所使用的原辅料、原辅料组分、包装材料以及它们的微生物、化学及物理的数据资料；②楼面布局和设备布局，包括相关配套服务设施如水、电、气供应等；③所有工艺步骤次序（包括原辅料添加次序）；④所有原辅料、中间产品和最终产品的时间、温度变化数据，包括延迟的可能性及其他工艺操作细节要求；⑤设备设计特征；⑥清洁和消毒操作步骤的有效性；⑦环境卫生；⑧人员进出与工作路线和潜在的交叉污染路线；⑨高与低风险区的隔离等。

5．步骤5：现场确认工艺流程图

流程图的精确性影响到危害分析结果的准确性，因此，生产流程图绘制完毕后，必须由HACCP小组对流程图中所列的每一步操作对照实际操作过程进行比较确认，以确保生产流程图能确实无误地反映实际生产过程。一般应由对加工操作有充分知识的HACCP小组成员来进行，必要时应对流程图予以更改并记录在案。

只有完成了上述5个预备步骤后，才可应用HACCP的7个原理开始进行HACCP计划的制订。

6．步骤6：进行危害分析

危害分析是收集信息和评估危害及导致其存在的条件的过程，以便确定哪些对食品安全有显著意义，从而应被列入HACCP计划中。它是制订HACCP计划时最重要的一环，一般由企业的HACCP小组来完成。如果企业没有相应的技术力量，也可以向社会求助。

危害分析必须要达到三个目标：确认显著危害及其相应的控制措施；为确保安全产品的实现或者提高产品的安全性，通过危害分析，考虑是否需要对生产过程或产品进行改进；为确定关键控制点提供有效的证据。

危害分析一般通过四个步骤来完成，即危害识别、危害评估、确定预防控制措施和做出危害分析报告。具体如下：

（1）危害识别

在HACCP体系中，危害指的是食物中可能引起疾病或伤害的情况或污染，这些危害主要分为三大类，即生物性危害、化学性危害和物理性危害。

对于HACCP管理体系范围内所有可能发生的潜在危害，HACCP小组都应根据下列方面进行识别：

1）组织的食品安全方针。

2）已接受的顾客要求。

3）组织的现状。

4）对原料和产品的描述。

5）对产品用途的确定。

6）流程图和布置图。

（2）危害评估

在对危害进行识别后，评估潜在危害的显著性（风险性和严重性）。如速冻全虾的原料可能存在微生物的、化学的和物理的危害，但研究表明只有其中的微生物危害和化学危害是显著的，因此必须提供相应的控制措施。在进行危害评估时，HACCP小组应充分考虑以下资料：动植物疫情、历史上的流行病学或疾病统计数据和食品安全事故；科技文献；食品企业过去的经验或其他食品企业的经验等。

（3）确定预防控制措施

控制措施是针对已经确认的显著危害制定的。当所有潜在显著危害被确定后，针对每种危害列出有关控制机制、某些能将危害消除或将危害的发生率减少到可接受水平的预防控制措施，并提供依据。应对确定的控制措施的有效性进行确认和验证。显著危害与控制措施之间应具备对应关系，在现有技术条件下，针对某种显著危害如不能制定有效的控制措施，意味着不能保证提供安全产品。在此情况下，食品企业应该策划和实施必要的技术改造。必要时，变更过程、产品或预期用途，直至建立有效的控制措施。

在确定控制措施时一定要根据潜在显著危害的特点来进行。

如致病细菌是活的生命体，需要营养、水、温度以及空气为条件（需氧、厌氧或兼性），因此通过控制这些因素，就能有效地抑制、杀灭致病菌，从而把细菌危害预防、消除或减少到可接受水平。对于这类危害，一般可采用下列控制措施：①原辅料、半成品的无害化生产，并加以清洗、消毒、冷藏、快速干燥、气调等；②加工过程中采用调 pH 值、控制水分活度 A_W；③加热、冻结、发酵；④添加抑菌剂、防腐剂、抗氧化剂处理；⑤防止人流、物流交叉污染等。

对于寄生虫引起的生物危害，可采用加热、冷冻、辐射、人工剔除、气体调节来消除其危害。

化学危害不易消除，目前很多化学危害都是通过首要必备条件控制的，比如供应商原料来源控制和良好操作规范。但是人们经常在一些非专门生产线生产的含坚果类的制品中发现有过敏物质交叉污染的危险，需通过 HACCP 体系控制，具体的措施有正确标识、生产调度和清洁、隔离或控制交叉污染、采用专用设备和返工控制。

物理危害大多是外来物，可以通过首要必备程序控制，如采用提供质量保证书、原料严格检测、过滤、金属探测、清洗、遮挡等方法解决。

（4）做出危害分析报告

危害分析必须考虑所有的显著危害。从原料的接收到成品的包装储运整个加工过程的每一步都要考虑到。为了保持分析时的清晰明了，一般可利用危害分析工作单来组织分析过程，并以危害分析工作单的形式做出危害分析报告，有关危害分析报告单的模板见表 8—2。应该强调的是：在对第二栏中列出的潜在危害进行危害显著性判定时，要根据食品的预期用途、消费方式、预期的消费群体以及危害的严重程度来进行，而判定一个危害是否为显著危害，有两个判据：一是它是否极有可能发生，二是它是否一旦发生就可能导致消费者出现不可接受的健康风险。

表 8—2　　危害分析工作单

企业名称：________　　产品名称：________

企业地址：________　　储藏和销售方法：________

产品预期用途与消费方式：________

（1）加工步骤	（2）确定本步引入、控制或增加的潜在危害		（3）潜在危害显著性	（4）危害显著的判断依据	（5）显著危害的预防控制措施	（6）本步骤是否是关键控制点
	生物危害					
	化学危害					
	物理危害					

企业负责人签名：________　　日期：____年____月____日

科学的危害分析是保证企业 HACCP 体系经济性和有效性的基础，为了充分满足危害分析中的全面性、系统性和准确性的要求，HACCP 小组在进行危害分析时应注意以下几点：

1）要有科学的态度，不能“盲目求稳”。避免在没有充分的科学依据和没有进行深入分析的基础上，就将一般危害确定为显著危害，造成控制点太多，导致看不到真正的危害，达不到 HACCP 的“经济”和“有效”的目的。因此，需要通过沟通、确认、验证等手段搜集相关信息，作为危害分析的输入，保证危害分析的持续合理性。

2）危害分析是针对特定产品的特定过程进行的，因此不同的产品或同一产品加工过程不同，其危害分析也应有所不同。

3）危害分析是一个反复的过程，需要 HACCP 小组（必要时聘请外部专家）广泛参与，这样才能确保食品中潜在的危害被都被识别以便实施控制。

以下步骤进行的结果都将列入 HACCP 计划表中，它们是 HACCP 体系正常运行时的操作根据。HACCP 计划表见表 8—3。

表 8—3　　HACCP 计划表

CCP	显著危害	关键限值	监控				纠偏行动	验证	记录
			对象	方法	频率	人员			

7．步骤 7：关键控制点（CCP）的确定

（1）关键控制点（CCP）的认定

CCP 是食品生产中的某一点、步骤或过程，通过对其实施控制，能预防、消除或最大限度地降低一个或几个危害。在 HACCP 计划中，并非只要有潜在的显著性危害就设关键控制点，HACCP 小组常用 CCP 判断树作为判定 CCP 的工具，即对工艺流程图中确定的各控制点按先后顺序回答每一问题，然后按次序进行审定；如图 8—6 所示。

因此，只有那些具有控制危害措施，并能将可能的显著危害（该危害在此处一旦控制不好所造成的污染会加剧到不可接受的水平，且在以后的步骤中不能得到有效控制）降低至可接受水平的步骤（加工点或工序）才是关键控制点。CCP 判断树是非常实用的 CCP 判定工具，但它并不是 HACCP 法规的必要因素，它不能代替专业知识，更不能忽略相关法规的要求。

（2）设定关键控制点（CCP）应注意的问题

1）关键控制点（CCP）控制的是影响食品安全的显著危害，但显著危害的引起点不一定是关键控制点（CCP）。例如：在生产速冻虾仁的过程中，原料虾有可能带有细菌性病原体，它是一种显著危害，原料虾收购是细菌性病原体的引入点，但该点并不是关键控制点，关键控制点在虾的蒸煮阶段，通过蒸煮可以把细菌性病原体杀死。

2）一个 CCP 可能可以控制多个危害。如加热可以消灭致病性细菌以及寄生虫；而冷冻、冷藏可以防止致病性微生物生长和组胺的生成。

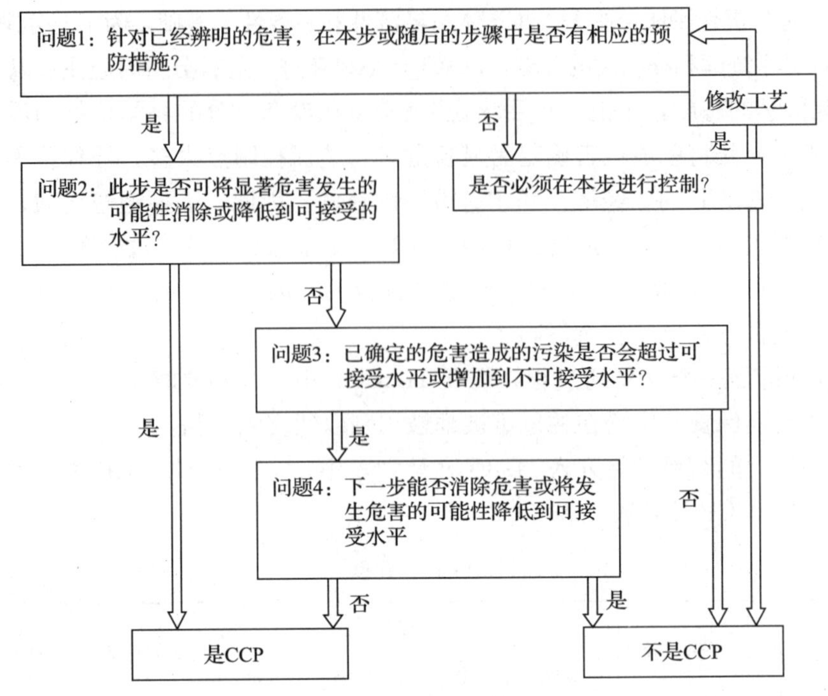

图 8—6　CCP 判断树

3）有些危害需要多个 CCP 来控制，如对于罐装金枪鱼，在原料收购、解冻等几个 CCP 来控制组胺的形成（鲭鱼毒素）。

4）产品和加工过程的特殊性赋予了 CCP 特异性。对于已确定的关键点，如果工厂的位置、产品配方、加工过程、仪器设备、原料供应、卫生控制和其他支持性计划发生改变以及用户发生改变，CCP 都有可能发生改变。

8．步骤 8：建立各 CCP 的关键限值（CL）和操作限值（OL）

在确定了工艺过程中所有的 CCP 后，就应确定各 CCP 的控制措施要求达到的关键限值（CL），即 CCP 的绝对允许极限，这是用来区分食品安全与否的分界点。如果超过了关键限值，就意味着这个 CCP 失控，产品可能存在潜在的危害。

关键限值的确定，可参考有关法规、标准、文献、专家建议、实验结果及数学模型。如果食品企业一时找不到适合的 CL 值，应选用一个保守的 CL 值。由于一个 CCP 可能存在多种控制方案及相应的限值内容，所以关键限值的确定或选择原则是：可控制且直观、快速、准确、方便和可连续检测。

关键限值可以是化学指标、物理指标或微生物指标。在目前的生产实践中，一般选用温度、时间、流速、水分含量、A_W、pH 值、盐分含量、比重、质量、有效氯等物理的和可快速检测的化学参数作为 CL，微生物指标法几乎不被选用，原因主要是微生物指标（大肠杆菌是否检出）传统的检测方法耗时很久不能满足关键限值选择要求的快速的条件，但随着科技的发展已有先进方法缩短了微生物指标检测的时间，如 ATP 生物发光，它既能显示清洁过程的有效性，又能用于估计原料中的微生物水平，微生物指标作为关键限值在今后会变成现实。CL 值的建立实例见表 8—4。

表 8—4　　CL 值实例

危害	CCP	关键限值（CL）
致病菌（生物的）	巴氏消毒	≥72℃，≥15 s（将牛奶中致病菌杀死）
致病菌（生物的）	干燥室内干燥	≥93℃，≥120 min，风速≥0.15 m^3/min，半成品厚度≤1.2 cm，达到水分活度≤0.85，以控制被干燥食品中的致病菌
致病菌（生物的）	酸化	批次生产配料表，半成品质量≤100 kg；浸泡时间≥8 h；醋酸浓度≥3.5%，≥50 L，pH 值达到 4.6 以下，以控制腌制食品中的内毒梭状芽孢杆菌（Clostridium botulinum）

下面举例说明关键限值的确定或选定原则。以鱼馅油炸关键控制点为例，其目的是用油炸来消除致病菌且保证良好的色香味，其关键限值可以有三种方案：①无致病菌检出；②最低中心温度 66℃，最少时间 1 min；③最低温度 177℃，最大饼厚 0.6 cm，最少时间 1 min。三种方案都能确保产品质量与安全，但其中方案①是不实际的，费时且要大量测定，不能及时监控；方案②，测定中心温度难度大，但不容易连续监控；方案③则检测方便，可连续监控，是最快速方便且准确的方案，可保证无效致病菌和中心温度达到 66℃以上。因此，在确定限值内容以及取值范围时，要做充分全面考虑，研究出最佳的监控方案。

操作限值（OL）指具体操作时的限值，是操作人员用以降低偏离关键限值风险的标准，比关键限值更严格。设置操作限值有利于弥补设备与监测仪表存在的正常误差，可以最大限度地减少偏离关键限值的风险，避免损失，确保产品的安全。在食品加工生产中，很多参数如温度、压力、时间、水分活度等都有规定的限值范围，如鱼饼油炸，其油温在正常操作时有 2℃的波动值，即 OL≥CL+2℃。合理的油炸温度范围能提高产品品质（色香味），同时能达到最重要的杀灭致病菌的目的。

9. 步骤 9：建立各 CCP 的监控程序

制订某食品的 HACCP 计划，还应拟定各 CCP 的监控程序，以对 CCP 是否符合规定的限值进行有计划的连续检测或观察，从而确保所有 CCP 都在规定的条件下运行。监控过程应做精确的运行记录（填入 HACCP 计划表中），既能为将来验证时所用，又可为食品安全原因分析提供直接的数据。

（1）监控的目的

包括：跟踪加工过程中的各项操作，及时发现可能偏离关键限值的趋势并迅速采取措施进行调整；查明何时失控；提供加工控制系统的书面文件。

（2）监控程序通常包括以下四项内容

1）监控对象。监控对象是针对 CCP 而确定的加工过程或产品的某个可以检测的特性，既可以是生产线上的，如温度与时间的测量；也可以是非生产线上的，如盐、pH 值、总固形物、化学成分、微生物总数等；还可以是原辅料供货商的产品质量证书、现场观察检查、卫生环境条件等。

2）监控方法。对每个CCP的具体监控过程取决于关键限值的属性以及监控设备和检测方法。一般采用两种基本的监控方法：一种方法为在线检测系统，即在加工过程中检测各临界因素，另一种为终端检测系统，即不在生产过程中而是在其他地方抽样测定各临界因素。最好的监控过程是连续在线检测系统，它能及时检测加工过程中的CCP的状态，防止CCP发生失控。常用的监控设备有：温度计（自动或人工）、钟表、pH计、水活度计、盐度计、传感器以及分析仪器。测量仪器的精度、相应的环境条件以及校验，都必须符合相应的要求或被监控的要求，对于监控测量仪器的误差，在制定CL值时应加以充分考虑。

3）监控频率。监控的频率取决于CCP的性质以及检测过程的类型。监控可以是连续的也可以是非连续的。当然连续监控最好，如自动温度时间记录仪、金属探测仪。因为一旦出现偏离操作限值就采取加工调整，一旦出现偏离关键限值就采取纠偏措施。如果不能进行连续监控，那么就进行非连续监控，但必须确定监控的周期，保证可在最短的时间内就能发现可能出现的CL值或OL值偏离。

4）监控人员的选择及任务。监控人员选择与HACCP计划是否能得到贯彻实施关系重大。CCP监控的人员可以是流水线上的人员、设备操作者、监督员、维修人员、质量保证人员。监控人员必须懂得所有HACCP的全部内容及其含义和原理，充分理解CCP监控的重要性。监控人员由HACCP小组推荐，企业主管认定，要求经过严格的监控技术培训，能对监控活动过程及结果提供准确报告，在没有达到规定操作限值范围的关键点时知道如何采取改正措施。监控人员的任务是：及时报告异常或CCP偏离情况；对失控状态下的CCP采取改正行为；做好各项规定的记录并同另一审核人员共同签字，同时做好数据档案保管。

10. 步骤10：建立纠偏措施

当监控结果表明某一CCP偏离关键限值时，必须立即采取纠偏措施，并以文件形式表达。纠偏措施通常要解决两类问题：一是制定使工艺重新处于控制之中的措施，二是拟好CCP失控时期生产的食品的处理办法，包括将失控生产的食品进行隔离、扣留，评估其安全性；原辅料及半成品等移做他用；重新加工和销毁产品等。对每次所施行的这2类纠偏行动都要记入HACCP记录档案，并应明确指明原因所及责任所在。纠偏措施应能保证CCP在控制限值内，并经权威部门认可。

纠偏行动过程应做的记录内容包括：①产品描述、隔离和拘留产品数量；②偏离描述；③所采取的纠偏行动（包括失控产品的处理）；④纠偏行动的负责人姓名；⑤必要时提供评估的结果。

11. 步骤11：建立验证程序

只有“验证才足以置信”，验证的目的是通过严谨、科学、系统的方法确认所规定的HACCP系统是否处于准确的工作状态中，确定HACCP计划是否需要修改和再确认，能否做到确保食品安全。验证是HACCP计划实施过程中最复杂、必不可少的程序之一。

验证活动包括确认、验证CCP和验证HACCP体系等三大要素，必要时由执法机构执法验证，具体内容如下：

（1）确认

确认的目的是提供证明 HACCP 计划的所有要素（包括危害分析、CCP 确定、CL 建立、监控程序、纠偏措施、记录等）都有科学依据的客观证明，从而有根据地证明只要有效实施 HACCP 计划，就可控制影响食品安全的潜在危害。

任何一项 HACCP 计划在开始实施前都必须经过确认。HACCP 计划实施后，各要素如发生变化需要再次采取确认行动。

（2）验证 CCP

HACCP 小组必须对 CCP 制定相应的验证程序，才能保证所有控制措施的有效性以及 HACCP 计划的实际实施过程与 HACCP 计划的一致性。CCP 验证包括对 CCP 的校准、监控和纠偏措施记录的监督复查，以及针对性的取样和检测。

（3）验证 HACCP 体系

目的是确立企业 HACCP 体系的符合性、有效性及实际操作的一致性。验证内容包括：

1）检查工艺过程是否按照 HACCP 计划被监控。

2）检查工艺参数是否在关键限值内。

3）检查记录是否准确，是否按要求进行记录。

4）审核记录的复查活动。

5）监控活动是否按 HACCP 计划规定的频率执行。

6）监控表明对发生了关键界限的偏差是否采取了纠偏措施。

7）设备是否按 HACCP 计划进行了校准。

8）最终产品的微生物实验是否保证食品安全指标达到相关法律法规及顾客要求。

（4）执法机构执法验证

执法机构执法验证内容有以下几个方面：

1）对 HACCP 计划及其修改的复查。

2）对 CCP 监控记录的复查。

3）对纠正记录的复查。

4）对验证记录的复查。

5）检查操作程序，HACCP 计划执行情况及记录保存情况。

6）抽样分析。

验证活动一般分为两类：一类是内部验证（内审），由企业内部的 HACCP 小组进行；二是外部验证，由政府检验机构或有资格的第三方机构进行（外审）。

12. 步骤 12：建立记录保持和文件归档制度

完整准确的过程记录，有助于及时发现问题和准确分析与解决问题，使 HACCP 原理得到正确应用。因此，认真及时和精确地记录及资料保存是必不可少的。

保存的文件包括：①HACCP 计划和支持性文件，包括 HACCP 计划的研究目的和范围；②产品描述；③生产流程图；④危害分析工作单；⑤HACCP 审核表；⑥确定关键限值的偏离；⑦验证关键限值的依据。

保存的记录包括：①关键控制点的监控记录，偏差记录与纠正措施记录；②验证活动的结果；③校准记录；④清洁记录；⑤产品标识和可追溯记录；⑥害虫控制记录；⑦培训记录、供应商记录；⑧审核记录；⑨HACCP 体系的修改记录。

三、HACCP 计划的建立范例（以果肉凝胶型果冻生产为例）

1. 预备步骤

（1）公司简介

XYZ 食品有限公司是一个大型的果冻生产企业，生产系列果冻。主要生产过程全自动化。

（2）确定 HACCP 工作组成员

HACCP 工作组成员包括负责技术或质量保证的经理、负责生产的经理、生产线主管、质量控制主管、负责维护的经理。

2. HACCP 计划的建立过程

（1）产品描述

果冻产品描述见表 8—5。

表 8—5　果冻产品描述

项目	产品描述
产品特性	果冻是以食用胶和食糖为原料，经煮胶、调配、灌装、杀菌等工序加工而成的胶冻食品。果冻按其成型度的大小可分为凝胶果冻和可吸果冻；果冻按其添加内容物可分为果味型果冻、果肉型果冻、果汁型果冻、含乳型果冻和其他果冻。果冻的主要理化特征是：糖度≥15.0，pH 值为 3.6～4.2
主要配料	水、砂糖、果肉、卡拉胶、柠檬酸、防腐剂、营养强化剂、椰果、食用色素、食用香料等
包装	塑料杯、塑料膜和软瓶包装
保质期及储存	常温下储藏、保质期 12 个月（添加果肉或乳制品的果冻为 9 个月）
食用方法	开启后即食
食用人群	消费对象为青少年
特殊运输要求	不得与有毒、有害的物品混运；运输时防挤压，应轻搬轻放，严禁抛掷
标签说明	应符合 GB 7718 的要求

（2）果冻生产工艺流程图及说明

1）工艺流程如图 8—7 所示。

2）流程说明

① 原材料检验与储存。原（辅）料、添加物（果肉/椰果等）、杯、膜、包装材料等原材料到货后，查看供应商提供的合格证明。然后依照相关的质量检验指标，通过一定的检验程序和方法查验各原料、物料的品质、重量及批号等数据，依据检验合格的原物料验收入库，对不合格的原物料进行退货。对检验合格的原（辅）料、添加物（果肉/

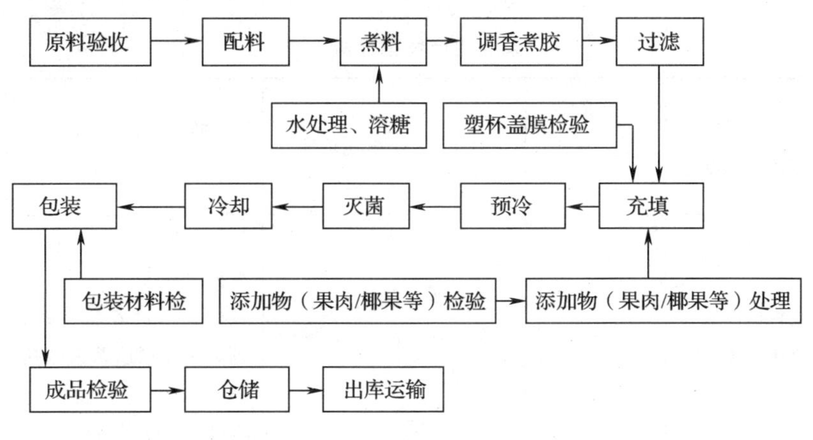

图 8—7　果冻加工生产工艺图

椰果等）、杯、膜、包装材料等贴合格标签并入库，按照各物料的储存性能分类并分类贮存。

②配料。根据工艺及配方标准的要求，准确称取各种原、辅料混匀备用。

③水处理。根据工艺、水处理工艺将自来水通过多介质过滤器、活性炭过滤器、三塔流动床、精密过滤器和紫外线杀菌器处理，使之达到工艺用水的水质要求。

④溶糖。根据溶糖工艺要求，将白砂糖加入适量工艺水（符合饮用水标准）的高速溶糖机，使白砂糖在高速溶糖机中充分溶解，经过滤后打入储糖罐中备用。

⑤煮料。按工艺要求用量，在煮料缸中注入工艺水和糖浆，开启搅拌及蒸汽，将所配原料及辅料均匀缓慢地投入煮料缸中，注意投料中水温应控制在工艺标准内，做到投料不结块，继续升温至 95～100℃保温。

⑥调香。将过滤后的料液抽至调香缸，调香后进行搅拌，使香精（料）与料液均和均匀，静置 5 min 开始抽料。

⑦过滤。将煮好的料液抽至过滤缸，进行过滤，以除去料液中的杂质、异物。

⑧添加物（果肉/椰果等）处理。按照相应的添加物（果肉/椰果等）处理工艺，在果冻填充前对添加物（果肉/椰果等）进行预处理和加工、备用。

⑨充填。向果冻杯中加入添加物（果肉/椰果等）后，将调香后的料液抽至充填机的充填体，并按工艺要求的充填量进行充填。充填时必须保持温度符合工艺要求。

⑩灭菌。将半成品输送至消毒线进行巴氏杀菌，杀菌温度 84～87℃，消毒时间控制在 25 min 以内。

⑪冷却、烘干。将消毒后的半成品输送至冷却池冷却，冷却水温度及冷却时间按相关工艺执行，将冷却后的半成品用热风烘干后送包装车间包装。

⑫包装。依据产品质量判定标准，对半成品进行挑选和检查后，按相应的包装工艺进行装袋、装箱、封箱及码板。

⑬成品检验。将包装好的成品在室温下储存在干净卫生的仓库中。

⑭出库运输。防潮、防晒、常温下运输，注意运输车辆车厢内保持干净卫生。

（3）果冻生产过程中的危害分析（见表 8—6）

表 8—6　　果冻生产危害分析单

加工工序	可能引入的潜在危害或增加的危害	潜在危害是否显著（是/否）	对第三栏判定的依据	防止显著危害的预防措施	是否为关键控制点
水处理	生物性的：致病菌、寄生虫等污染	是	水质本身存在微生物及在处理输送过程中可能受到污染	（1）水处理系统过滤，紫外线杀菌 （2）通过煮料工序、消烘工序可以杀灭致病菌 （3）SSOP 控制	否
	化学性的：重金属、化学物质残留	否	（1）自来水符合要求 （2）按 SSOP 控制		
	物理性的：无	无			
砂糖检验	生物性的：无				
	化学性的：重金属、化学物质残留	否	蔗糖生产过程中经过溶解、过滤、结晶，如原料带有农药或重金属，也不会带入糖中		
	物理性的：无				
果汁检验	生物性的：酵母菌、霉菌、细菌、致病菌	是	果汁在加工、储存过程中污染	（1）供应商提供形式监督检验报告和每批检验合格证书 （2）进料检验 （3）验收时剔除胀罐、漏罐 （4）后工序杀菌除去	否
	化学性的：重金属、化学物质残留	是	由于环境污染及果树种植过程使用农药，或土壤中有重金属造成农药残留和重金属残留	供应商提供形式监督检验报告	否
	物理性的：金属屑及其他异物	否	果汁生产过程中会过滤，可消除危害		

此外还有增稠剂检验，柠檬酸检验，香料检验，防腐剂检验，盐类/铁锌矿物质检验，乳酸钙/乳酸锌检验，维生素 A、C、D、E 等的检验，奶粉检验，添加物（果肉/椰果等）的检验，杯检验，盖膜检验，纸箱及其他包辅材料检验，原材料仓储、配料、溶糖、水处理、煮料、过滤、调香、CIP 设备、工器具等清洗消毒（停产、转产）、灭菌、

冷却、烘干、包装、成品检验、仓储、运输等工艺的危害识别，在这里不一一表述。

（4）果冻生产中的CCP确定（见表8—7）

表8—7　　果冻生产过程中的CCP

序号	工序	关键控制点（CCP）
1	配料（CCP1）	化学性危害：放错添加剂或添加剂量加大
2	充填（CCP2）	生物性危害：充填温度过低，滋生细菌等微生物
3	充填（CCP3）	物理性危害：过滤袋破裂，金属、玻璃、隔膜泵的密封球破裂后碎片进入到果冻
4	CIP清洗（CCP4）	化学性危害：消毒剂残留
5	原材料验收（CCP5）	化学性危害：消毒剂、农药、重金属残留
6	灭菌（CCP6）	生物性危害：灭菌温度、时间未达到要求，感染细菌等
7	挑选、金属检测（CCP7）	物理性危害：添加物中金属、玻璃碎片

（5）果冻生产中的关键限值确定（见表8—8）

表8—8　　果冻生产中的关键限值（CL）

序号	工序	关键控制点（CCP）	关键限值（CL）
1	配料	化学性危害：放错添加剂或添加剂量加大（CCP1）	添加剂食用量，按GB 2760—2011《食品安全国家标准　食品添加剂使用标准》实施
2	充填	生物性危害：充填温度过低，滋生细菌等微生物（CCP2）	料液充填温度≥70℃
3	充填	物理性危害：过滤袋破裂、金属、玻璃、隔膜泵的密封球破裂后碎片进入到果冻（CCP3）	果冻产品内金属、玻璃、隔膜泵的密封球破裂后碎片为0
4	CIP清洗	化学性危害：消毒剂残留（CCP4）	清洗后测pH值，pH值与水的pH值相比后的误差值应在±0.2内
5	原材料验收	化学性危害：消毒剂、农药、生物性危害，灭菌温度、时间未达到要求，感染细菌等重金属残留（CCP5）	供应商提供的每批原料、物料合格证明（重金属、农药残留）应100%准确
6	灭菌	生物性危害：灭菌温度、时间未达到要求，感染细菌等（CCP6）	灭菌温度84℃以上，灭菌时间符合工艺要求
7	挑选、金属检测	物理性危害：添加物中金属、玻璃碎片（CCP7）	添加物（果肉、椰果等）单层摆放，每平方米挑选台保证3位挑选人员；每台金属检验机至少1人负责监控；

(6) 果冻生产加工关键控制点的监控（见表 8—9）

表 8—9　　果冻生产加工关键控制点的监控

序号	关键控制点（CCP）	监控			
		监控对象	监控方法	监控频率	监控人员
1	化学性危害：放错添加剂或添加剂量加大（CCP1）	配料时称量的添加剂量	按工艺标准准确添加剂；对称量的添加剂量由另一个人员确认	配料时，对每次称量的化学添加剂进行一次复核	配料人员
2	生物性危害：充填温度过低，滋生细菌等微生物（CCP2）	充填料缸料液的温度	监控和记录充填料缸料液的温度	每 30 min 监控和记录一次充填缸料液的温度	充填操作人员和品管员
3	物理性危害：过滤袋破裂，金属、玻璃、隔膜泵的密封球破裂后碎片进入到果冻（CCP3）	过滤袋（网）的完好性	检查过滤袋（网）的完好性	每 24 h 对管道过滤网的完好性检查一次	操作人员和品管员
4	化学性危害：消毒剂残留（CCP4）	管道清洗水的 pH 值	CIP 清洗完成后，测试管道清洗水的 pH 值	每次 CIP 清洗完成后，测试管道清洗水的 pH 值	品管员
5	化学性危害：消毒剂、农药、生物性危害，灭菌温度、时间未达到要求，感染细菌等及重金属残留（CCP5）	供应商提供的每批原物料的化学、金属、农药残留的合格证明	进料检验前，查验供应商提供的原物料的化学（重金属、农药）残留合格证明	进料检验前，查验供应商提供的原物料的化学（重金属、农药）残留合格证明	进料检验员
6	生物性危害：灭菌温度、时间未达到要求，感染细菌等（CCP6）	后巴氏杀菌的温度、时间	确认并记录后巴氏杀菌的温度、时间	每 30 min 确认并记录后巴氏杀菌的温度、时间	消毒操作人员
7	物理性危害：添加物中金属、玻璃碎片（CCP7）	添加物挑选时的摆放；挑选人员的密度；金属检测机监控人员及记录	观察并记录添加物挑选时的摆放情况、挑选人员的密度。检查金属检测机监控人员	每小时记录一次	品管员

(7) 果冻生产中的纠偏行动

1）纠偏人员。

2）纠偏措施。

3）关键限值偏离时异常果冻的处理。

(8) 果冻生产加工中的记录保持

1）果冻 HACCP 体系及其支持性文件。

2）关键控制点监控记录。

关键控制点监控记录见表 8—10。

表 8—10 果冻关键控制点监控记录

关键控制点名称		监控方法	
监控对象		监控顺序	
监控人员		监控时间	年 月 日
监控位置		生产批号	
生产线号		包装规格	
关键限值			
观察测定结果			

操作记录人：年 月 日 复核人： 年 月 日

3）纠偏行动记录。纠偏记录见表 8—11。

表 8—11 XYZ 食品有限公司果冻生产纠偏记录表

日期：2010/04/17 批号：56782101 产品名称：×× 生产线：05 产品数量：120 箱

问题描述： 下午 5：30，检查 06 线后巴氏杀菌温度时发现，温度显示为 82.6℃，经确认偏离时间为 40 min，而关键限值大于等于 84℃
采取措施： 调整蒸汽阀，使杀菌温度大于等于 84℃，然后将偏离时间内产生的所有果冻半产品全部隔离，并抽样送检，如果细菌总数、大肠菌数和致病菌等检测结果符合标准要求时，将隔离的果冻予以解封，正常出厂。如检测结果不符合标准要求，将隔离的果冻做废品处理。
解决问题日期：2010/04/17
目前状态：产品可接受，生产恢复正常
监督员：张三
复查人：李四；复查日期：2010/04/18

4）验证记录。验证记录见表 8—12。

表 8—12 XYZ 食品有限公司 HACCP 修改记录表

编号

原制定时间	年 月 日	修改时间	年 月 日至 月 日
负责修改人	参加修改人		
修改原因			
修改内容			
修改结果			

操作记录人 年 月 日 复核人 年 月 日

（9）HACCP 计划表

果冻食品企业的 HACCP 计划范例见表 8—13。

表 8—13　**XYZ 食品有限公司果冻产品 HACCP 计划表**

企业名称：XYZ 食品有限公司　地址：××省××市××路××号　销售和储存方法：全国销售，常温保质 1 年

预期用途和消费者：即食，一般消费者　制表人：HACCP 小组　制表日期：2010/06/07

CCP	显著危害	关键限值	监控				纠偏行动	记录	验证
			对象	方法	频率	人员			
配料	化学性：放错添加剂或添加剂量超标	添加剂量偏差控制在工艺要求的添加范围内	添加剂称量数量	每次称量后均复核添加量，要求与工艺要求一致	每次称量均要确认	配料员	（1）添加量与工艺不一致的立即补救 （2）定期校正量具	配料操作记录	（1）查看记录 （2）化验室每月抽检添加剂 （3）市场监督消费者投诉率
充填	生物性危害：充填温度过低，滋生细菌等微生物（CCP2）	料液充填温度≥70℃	料液充填温度	观察温度计，确保充填料液温度70℃以上	每 30 min 检测一次料液的温度	操作人和品管员	（1）对不符合要求的半产品隔离、抽样送化验室微检后评审 （2）通知煮料段提升料液温度； （3）检定温度计	充填机操作确认记录	（1）查看记录 （2）化验室产品检验结果验证 （3）成品包装时质量反馈 （4）成品包装检验质量 （5）市场产品质量反馈信息
	物理性：过滤袋破裂、金属、玻璃、隔膜泵的密封球破裂后碎片进入到果冻（CCP3）	果冻产品内金属，玻璃、隔膜泵的密封球碎片为 0	（1）管道过滤网清洗 （2）设备点检	（1）清洗管道过滤网 （2）点检	（1）每 24 h 对管道过滤网清洗一次 （2）每班点检	操作人员	（1）如发现清洗时间间隔超出规定，立即请求清洗 （2）管道过滤网破损后立即更换	（1）点检表；（2）纠偏记录	（1）查看记录 （2）若果冻产品内有金属、玻璃、隔膜泵的密封球碎片不良，及时反馈 （3）市场金属异物、玻璃异物消费者投诉率

续表

CCP	显著危害	关键限值	监控				纠偏行动	记录	验证
			对象	方法	频率	人员			
灭菌	生物性：灭菌温度、时间未达到要求，感染细菌等微生物（CCP5）	灭菌温度84℃以上，灭菌时间符合工艺要求	（1）温度 （2）时间	（1）观察温度计和温控仪 （2）观察转速表或时控仪	每小时2次	操作工	（1）纠正温度计、温控仪和转速表 （2）成品抽检 （3）对未按规定温度时间操作产生的产品隔离、评审	（1）消烘操作记录 （2）纠偏记录 （3）人工消毒记录	（1）查看记录 （2）化验室产品检验结果验证 （3）校正温度计、浊控仪和转速表
原材料验收	化学性：消毒剂、农药、重金属残留（CCP6）	供应商提供每批原物料的化学（农药、重金属）残留合格证，100%准确无误	料液充填温度	查验	每批原物料	进料检验人员	无化学（农药、重金属）残留合格证明的原材料拒绝入库	原材料验收记录	（1）查看记录 （2）定期送官方检验机构检验
挑选、金属检测	物理性：添加物中金属、玻璃碎片（CCP7）	（1）添加物（果肉/椰果等）单层摆放，每平米挑选台保证3个以上的挑选人员 （2）每台金属检测机至少有1人负责监控	（1）添加物挑选人员密度 （2）金属检测机操作人员数	检查	每小时1洗	品管员	（1）添加物（果肉/椰果等）重叠摆放挑选，挑选人员密度不够，应立即调整添加物单层摆放，每平米调整至3人以上 （2）金属检测机无专人进行监控时立即安排专人监控	（1）纠偏记录 （2）金属检测机运行记录	（1）查看记录，若果冻产品内有金属、玻璃、不良，及时反馈 （2）市场金属异物、玻璃异物消费者投诉率

三、HACCP 计划的实施

HACCP 计划完成并得到确认后，并不代表就能从先前的一切工作中获得真正的益处，只有正确实施 HACCP 计划，将 HACCP 工作当作日常工作的一部分，才能体现出 HACCP 体系的全部优点。因此，管理层应该将 HACCP 的实施责任分配给相关人员。相关规程必须安排培训、生产、工程和技术问题，然后落实时间表以组织培训和执行培训并确认监控体系、工具和设备到位。HACCP 研究者曾将整个 HACCP 计划的实施分解为八个步骤，并认为实施 HACCP 计划的三个关键步骤是人员培训、建立监控体系和完成支撑行动。各步骤的要点及步骤间的关系如图 8—8 所示。

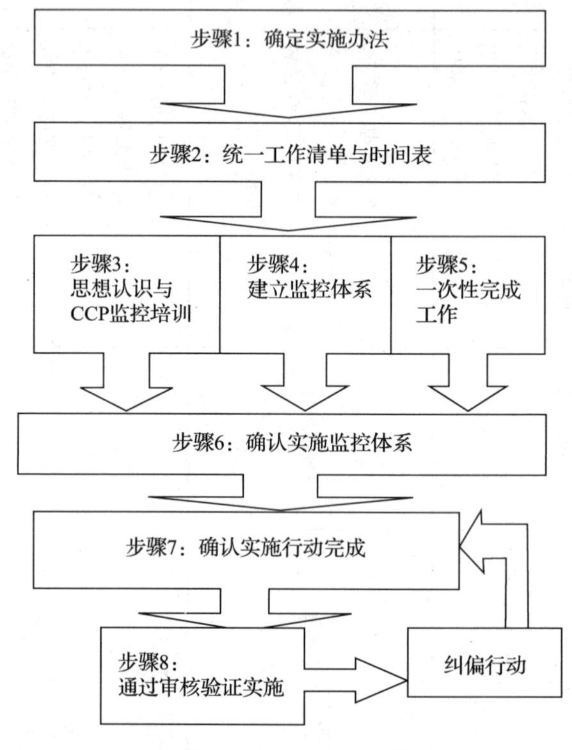

图 8—8　实施 HACCP 计划举例

1. 步骤一：确定实施方法

主要有两种实施 HACCP 体系的方法可供选择，一是同时完成实施法，即在某特定日期完成实施的每一步骤；二是分阶段完成实施法，即当前一步骤已经完成时，允许每一个步骤独立完成。两种方法各有优缺点，但分阶段法对大多数企业较为实际。

2. 步骤二：统一工作清单与时间表

因实施 HACCP 计划要求大量人员的参与并需要耗费一定时间才能完成，为确保 HACCP 计划的各项活动有序地步入正轨，有必要建立一个详细的工作清单和时间表，在上面标出每项工作的细节、参与人、整个事件的责任人以及完成工作的最后期限。该工作清单和时间表可以以图表的形式表现，具体见表 8—14。

表 8—14　　　　　　　　HACCP 计划实施的进度安排表示例

任务	3 月 w/c				4 月 w/c				5 月 w/c					6 月 w/c			
	6	13	20	27	3	10	17	24	1	8	15	22	29	5	12	19	26
HACCP 小组的确认与培训	■																
原始资料审核与差距分析		■	■														
准备工作				■													
加工流程图					■	■	■										
危害分析								■	■								
确认 CCPs										■	■						
完成控制图表												■	■				
操作培训														■			
建立监控体系														■	■		
培训监控人员														■			
装配设施与设备														■	■		
审核实施验证情况																■	
重新验证 HACCP 计划																	■

3．步骤三：思想认识和监控培训

参与 CCP 监控的所有人员必须要清楚自己在体系运行中的作用，特别是 CCP 监控者及其代理者、监督者和管理人员，有必要接受详细的 HACCP 培训。培训方式最好采取课堂教学和在职现场教授两种方式相结合。通过培训使他们了解 HACCP 期望他们做什么，为什么要做和如何与体系其他部分配合，使他们清楚地认识到 CCP 监控原理、偏差的含义、偏差发生应采取的纠偏行动，以及应该如何记录结果或行动。

4．步骤四：建立监控体系

先制定监控说明书，并准备好由 CCP 监控者使用的相关设备和数据记录表，使验证 HACCP 计划时所列出的监控要求在日常生产实际工作得到落实。

5．步骤五：一次性完成工作

每一项工作的负责人要完成自己的工作，并与工作清单核对，便于 HACCP 工作组在日常工作中对进展情况进行检查。

6. **步骤六：确认监控体系**

确认是否在按监控要求在实施对关键控制点的监控，以及是否能按照 HACCP 计划要求的频率工作。

7. **步骤七：确认实施行动完成**

确认培训完成和监控系统建立，即意味着组织能把 HACCP 计划落实到了以下日常工作，如 CCPs 监控、采取必需行动和结果记录。

8. **步骤八：通过审核验证实施**

当体系实施并有一定时间的记录（如 6 个月），就应进行验证审核。该工作由不直接参与日常 HACCP 计划工作的内部人员或外来 HACCP 顾问进行。

四、保持 HACCP 体系的有效运行

时代在不断地变化，食品生产中的实际操作常因一些外在因素的影响而改变，如新原料、新配方和新产品、工艺改进、设备更新和工厂结构变化、食品安全要求变化等。关于危害的最新科学信息也可能导致要重新审核现有系统，因此有必要根据信息的变化对 HACCP 计划进行定期审核，更新和修订，才能保持 HACCP 计划的持续有效。对 HACCP 计划的更新应该每年修正一次。

为了确保参与实施 HACCP 体系的工作人员认识体系的变化，了解新的信息，如危害分析与控制，企业应该定期进行培训，保证修正后体系的有效实施。保持 HACCP 体系的有效运行措施可参考图 8—9 进行。

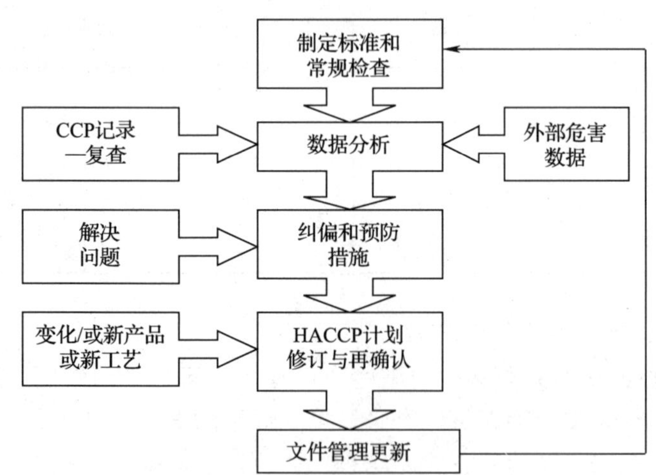

图 8—9 保持 HACCP 体系有效运行举例

第四节 HACCP 体系的内部审核与认证

一、HACCP 体系审核概述

1. **HACCP 体系审核的概念**

审核（Audit）是为获得审核证据并对其进行客观地评价，以确定满足审核准则的程度所进行的系统的、独立的并形成文件的过程。

审核准则是审核的证据。审核准则（Audit criteria）是“作为依据和收集的审核证据相比较的一组方针、程序或要求”。HACCP 体系审核是验证食品安全活动及其结构是否达到生产安全食品目标的系统性的、独立的审核行为，其目的是确定企业正在运行的 HACCP 体系的适宜性和有效性，以便及时发现问题，保持体系的持续改进。

2．HACCP 体系审核的分类

根据审核实施的主体不同，HACCP 审核可分为 3 种类型：第一方审核、第二方审核和第三方审核。通常说的内审指的是第一方审核，而外审则指的是第二方审核和第三方审核。除了实施审核的主体不同以外，它们还存在着其他差异。表 8—15 显示了三方审核之间的异同。

表 8—15　　不同审核类型的差异比较

	第一方审核	第二方审核	第三方审核
相同点	（1）同属体系审核的范畴 （2）以有关法律法规和标准作为审核准则 （3）由独立于受审核方之外的审核员进行审核 （4）审核内容为组织的 GMP、SSOP、HACCP 计划和实施情况与记录，以确定体系的符合性和有效性		
审核的目的	为了改进自身的食品安全管理体系，提高自身安全控制水平	是为了决定是否批准签订购货合同	决定是否批准对某一组织的认证注册
审核的重点	发现问题，采取纠正措施	寻找与审核依据相符合的客观证据	
审核所依据的文件次序	食品安全管理体系文件、法律法规、顾客合同	合同要求、相关标准、法律法规、食品安全管理体系文件	通用标准、法律法规、食品安全管理体系文件、合同要求
审核员来源	来自组织	来自组织的顾客或其代表	来自独立的认证机构
审核范围和审核时间	审核范围由组织最高管理者确定，按照计划的时间间隔进行	审核范围主要由顾客决定，按合同约定的审核范围和供需双方的协议时间进行	由审核组长与受审核方共同确定。一般来说，初审、复评为全面审核，监督审核为部分审核。审核时间按照认证认可机构的有关规定执行
审核结果对被审核方的影响	是自我验证并提出改进建议，因而是实现被审核方体系持续改进的需求，也是 HACCP 原理的要求，因而影响较大	审核结果对被审核方的影响力往往取决于合同及顾客的管理水平	对被审核方不得提出改进建议，审核结果影响主要表现在组织食品安全管理体系实施水平和对组织经营的潜在影响方面

3. HACCP 体系内部审核的目的、范围和准则

在 HACCP 体系中，审核是除监控手段之外，用于确定并验证企业是否按 HACCP 计划运作所使用的方法、步骤或检测手段。当组织建立了 HACCP 管理体系，并按规范要求运行时，必须要同时建立定期的内部审核制度，以确定体系是否按标准的要求，并且有效地运行。

(1) 内部审核目的

在通常情况下，企业组织 HACCP 体系审核往往基于以下几个原因：

1) 出于检查企业 HACCP 体系有效性的需要。

2) 出于检查 HACCP 管理体系是否满足规范要求的需要。

3) 出于满足法律法规要求的需要。

4) 出于组织商业意图的考虑，如合同情况。

5) 为迎接外部评审（第二方或第三方）做准备。

6) 出于查找体系运行中的不符合项，及时采取纠正和预防措施，不断改进和完善 HACCP 管理体系的需要。

不是每一次内审都要针对上述所有目的，有可能是为了达到其中的某一个或几个目的，也可能将上述目的分成一次或几次审核活动来完成。

(2) 内部审核范围

内审范围指实施审核活动应覆盖的食品安全活动的区域、部门、产品、过程或要素。具体如下：

1) 过程或要素

①上次审核（内审/外审）的不符合项的纠正措施的实施情况。

②HACCP 管理体系的组织结构是否与组织的生产活动相适应。

③HACCP 管理体系各要素的实施运行的符合性和有效性。

④有关的各项制度、规章、HACCP 管理体系文件、程序、法律法规、标准、作业规范及指导书等的执行情况。

⑤资源配置是否能满足 HACCP 管理体系的要求。

⑥记录是否充分、清晰和可追溯。

2) 区域、部门

①领导、各管理部门。

②各生产线、分公司、分厂、车间等。

③仓库，包括原料仓库、内外包装材料仓库、有毒有害物品仓库、成品仓库等。

④检测中心、化验室。

(3) 审核准则

审核准则是指作为依据的一组方针、程序或要求，可以是：

1) HACCP 管理体系规范、法律、法规和相关标准。

2) 企业制定的 HACCP 管理文件的文件要求，包括 HACCP 手册、HACCP 计划、指南、程序和作业指导书以及相关记录。

3）顾客合同要求。

二、HACCP 体系内部审核程序

食品企业管理体系的内部审核通常从审核策划开始，然后开始进入内部审核的实施阶段。审核策划应依据企业管理体系内部审核控制程序文件和管理现状进行，同时考虑审核的活动和区域的食品安全状况、重要性，以及以往审核的结果。策划的审核方案中应包括审核准则、审核范围、审核频次、审核方法、审核时间、资源需求等。审核策划一般一年一次。审核方案一般由管理者代表（如食品安全小组组长）编制，报最高管理者批准后实施。

食品企业 HACCP 体系的每一轮内部审核通常都必须经过 6 个过程，如图 8—10 所示。

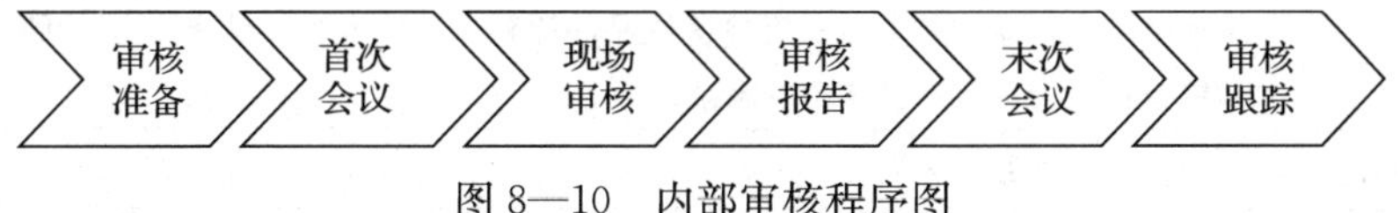

图 8—10　内部审核程序图

1. 审核准备

在进行内部审核之前，需要做好审核人员、文件资料和其他资源的准备工作。

（1）组建审核组

在开展内审前，管理者代表根据年度审核计划提出内部审核要求，任命审核组长。审核组长从接受过内审员培训并获得内审员资质的人员中选拔内审员组建审核组。审核组长和审核员的人选应考虑的因素和原则以能满足规定的审核组长职责要求和内审员职责要求为准。

1）审核组长的职责。审核组长除了应承担内审员的职责外，还应承担以下职责：

①负责文件评审。

②对内审进行策划、选拔审核组成员、制订内审计划、内审组的任务分配、指导编制检查表。

③组织和指导审核组工作。

④领导审核组对审核发现作最后评价，得出审核结论。

⑤对内审过程进行控制、预防和解决冲突。

⑥编制和完成内审报告，组织内审后续活动中的纠正措施完成和有效性验证。

2）内审员的职责

①准备内审工作文件，编制检查表。

②参加内审过程的沟通及首、末次会议。

③完成分配的内审工作，即收集信息、获取审核证据与形成审核发现。

④参加审核发现的评审和准备内审结论。

⑤适当时，参加内审后续活动，如纠正措施的实施和有效性验证。

（2）编制审核计划

在组建好内部审核组后，审核组长根据审核的目的和范围编制具体的审核计划，该计划是内审员审核活动程序和日常安排的指导性计划。审核计划的形式随组织、体系、人员而有所不同，但内容应包括：审核目的和范围（区域或单位部门）、审核内容、审核成员、各主要审核活动的预计日期和持续时间、首末次会议时间。审核计划的格式通常采用表式，如图 8—11 所示。

XYZ 食品有限公司 HACCP 管理体系内部审核计划

<table>
<tr><td>审核目的</td><td>1. 评价本公司 HACCP 管理体系是否符合审核准则要求
2. 为食品安全管理体系提供改进机会</td></tr>
<tr><td>审核时间</td><td>2010 年 3 月 10 日至 3 月 12 日</td></tr>
<tr><td>审核准则</td><td>HACCP 管理体系要求；受审核组织的 HACCP 管理体系文件；
适用的法律、法规和其他要素</td></tr>
<tr><td>审核范围</td><td>冰淇淋类、棒冰类、雪糕类冷冻饮品的原料采购、验收、生产制造、储存、运输及相关过程（产品名称见附录）</td></tr>
<tr><td>审核地点</td><td>××市××路××号</td></tr>
<tr><td>审核组长</td><td>张三</td></tr>
<tr><td>审核组成员</td><td>A 组：张三
B 组：王一、李四
…</td></tr>
</table>

审核组日程安排

<table>
<tr><td rowspan="7">3 月 10 日</td><td>08：00—08：30</td><td colspan="3">审核组预备会议</td></tr>
<tr><td>08：30—09：00</td><td colspan="3">首次会议</td></tr>
<tr><td rowspan="3">09：00—12：00</td><td>A</td><td>公司领导</td><td>4.1∶5.6.1∶6.2∶6.3∶6.5…</td></tr>
<tr><td>B</td><td>HACCP 小组</td><td>5.6∶7.2∶7.4∶7.5∶7.6∶7.7∶…</td></tr>
<tr><td>C</td><td>质检室</td><td>8.2…</td></tr>
<tr><td>12：00—13：00</td><td colspan="3">午餐</td></tr>
<tr><td>13：00—17：00</td><td colspan="3">A、B、C 组继续上午审核</td></tr>
<tr><td rowspan="5">3 月 11 日</td><td rowspan="3">08：30—12：00</td><td>A 组</td><td>预处理车间</td><td>5.6.2∶5.7∶7.2…</td></tr>
<tr><td>B 组</td><td>成型车间</td><td>5.6.2∶5.7∶7.2…</td></tr>
<tr><td>C 组</td><td>包装车间</td><td>5.6.2∶5.7∶7.2…</td></tr>
<tr><td>12：00—13：00</td><td colspan="3">午餐</td></tr>
<tr><td>13：00—17：00</td><td colspan="3">…</td></tr>
<tr><td rowspan="5">3 月 12 日</td><td>08：30—12：00</td><td colspan="3">…</td></tr>
<tr><td>12：00—13：00</td><td colspan="3">午餐</td></tr>
<tr><td>13：00—14：00</td><td colspan="3">…</td></tr>
<tr><td>14：00—16：00</td><td colspan="3">审核组总结</td></tr>
<tr><td>16：00—17：00</td><td colspan="3">与公司领导沟通</td></tr>
</table>

编制人：张三　编制时间：2010.3.4　审批人：周华　审批时间：2010.3.4

图 8—11　审核计划范例

（3）审核员的准备工作

在审核计划确定后，审核员在现场审核前应按分配的任务做好两项准备工作。工作内容如下。

1）熟悉必要的文件和程序，同时对体系文件进行审核。

必要的文件主要指审核依据中的 HACCP 管理体系规范、法律、法规和相关标准，组织制定的 HACCP 体系文件以及顾客合同和相关要求。同时，审核员还要了解组织相关的一些程序文件。有时把文件审核划归为这个阶段，即审核员在熟悉文件和程序的同时，也是对审核范围内的所有有关文件进行了一次审核。审核组织 HACCP 体系文件的符合性、系统性、充分性、适宜性和协调性。确定组织文件是否满足体系、顾客和法律法规的要求，层次是否明确，内容是否充分，是否对所识别的过程均规定了相关的控制措施，规定是否合理、科学，文件之间是否协调一致，有无矛盾。

2）根据要求编制检查表。审核员应按照审核计划的安排和文件审核的结果编制现场核查表。

①检查表的作用。检查表的作用包括：审核的主要条款及要求明确化；使审核程序规范化、系统化，在不同的审核员之间保持一致性，保持评审过程的透明度；使审核员在现场评审中始终保持明确的审核目标，帮助确保审核完成；还作为重要的审核记录存档。

②检查表编写

a. 检查表的基本内容：应该有受审核部门、审核时间、审核员姓名；审核依据栏里应标明本项审核内容所依据的审核准则中的条款要求（或 HACCP 体系文件的要求）；在检查事项及检查方式栏里应填写本项检查的内容及检查方式。包括提问的问题或检查记录及文件的内容；检查及跟踪记录栏里是在现场审核中作为审核结果的记录或跟踪审核的记录。现场审核时，必须将审核观察到的符合/不符合项加以详细记录。

b. 检查表的编写：检查表可按标准的条款、过程、职能、部门进行编写，并可按过程展开以利实施审核。按过程审核时，鼓励按照目标、策划、实施、测量与监视、改进的过程方法编制检查表。检查表的格式一般均为“问题—结果”型，左边写出审核的内容，右边留出空格填写审核的结果。

编制检查表应在三个方面加以注意：一是应以相关的 HACCP 标准和准则以及受审方的 HACCP 体系文件为依据；二是注意逻辑顺序，明确审核步骤；三是应对受审方的体系文件有充分的了解，结合受审方实际来编写检查表，不要仅仅将标准或准则上的肯定句变成疑问句。

检查表的模式可参考表 8—16。

③检查表的运用。检查表是审核员的工作文件，没有必要透露给受审方，更不能提前通报给受审方以使其针对性地做好准备；核查表最好由审核员默记在脑中，并以自然而巧妙的方式提问，审核员手中的检查表只起到备忘录的作用，在审核中如果遇到新的或有价值的情况，审核员可以调整核查表的内容，但要防止完全抛弃检查表，进行“随机应变式”的审核。

表 8—16　　现场审核检查表范例

标准条款	审核内容	审核方法	事实记录
7.6.4 关键控制点的监控系统	(1) 组织是否对每一 CCP 建立了监控计划	(1) CCP 监视岗位验证 (2) 与监视岗位人员面谈 (3) 抽样审核监视记录、查询文件及记录档案 (4) 向指定专门人员询问其职责 (5) 查阅管理评审记录	
	(2) 每一个监控计划是否包包括了以下要素：监视对象、监视方法、监视频率、监视人员		
	(3) 监控的科学合理性：监控方法是否科学、快速、能及时反映信息；监控频率是连续的，还是非连续的；是否能及时发现偏离，保证产品隔离；监控岗位及人员配备是否合理，其岗位是否能及时发现生产中的变化和隔离		
	(4) 品控人员的资格是否符合规定，并经过相关的培训；是否对监控结果进行评估；评估人员是否为组织规定的有权启动纠正措施（检查相关文件与记录）的人员		
	(5) 是否制定文件对监控人员和评估人员的身份予以明确；是否覆盖每个 CCP 的监控人员与评估人员		

(4) 通知受审部门

为了使审核工作顺利进行，审核组长在审核前 3～5 天与受审部门领导接触，协商确定审核的具体时间，受审部门陪同人员以及审核中双方关心的其他问题，商妥后发出书面审核通知。

2. 首次会议

首次会议是审核实施的开始，是审核组全体成员与受审核部门领导及有关人员共同参加的会议，会议由审核组长主持，完成内审组与受审核方有关审核过程安排方面的信息交流。

(1) 任务及要求

1) 阐明审核的目的和范围，确认审核计划。

2) 简要介绍审核的方法和程序。

3) 建立审核组与受审方的正式联系。

4) 落实审核组需要的资源和设施。

5) 确认审核组和受审方领导之间末次会议和中间数次会议的时间安排。

6) 澄清审核实施计划中不明确的内容（如限制的区域和人员、保密申明等)。

7) 参加首次会议的人员应包括审核组全体成员、高层管理者、受审核部门代表及主要工作人员。

8) 做到准时、简明，时间控制在超过半小时。

(2) 会议内容和程序

1) 会议开始。参加会议人员签到，审核组长宣布会议开始。

2) 人员介绍。审核组长介绍审核组成员及分工，受审核部门介绍将要陪同工作人员。

3）传达审核计划。审核组长宣读审核计划，重点阐明审核目的和范围、审核将涉及的部门；强调审核原则，审核是抽样的过程，但审核将尽可能取有代表性的样本，使审核结论公正；说明相互配合的重要性；提出不符合项报告的形式。

4）审核计划征得受审部门的最后确认。

5）简明澄清有关问题。对有疑问的问题进行澄清确定末次会议的时间、地点及出席人员。

6）落实后勤安排。

7）审核组长致谢辞结束会议。

3．现场审核

首次会议结束后，即进入现场审核阶段，通过收集审核证据，并与审核准则进行对照，以此来对体系的符合性和有效性进行评价，得到审核发现和审核结果的活动过程。对现场审核的控制及掌握一定的现场审核策略和技巧，对实现审核一次性成功很有必要。

（1）现场审核的工作任务

1）现场验证流程图。

2）HACCP 计划的现场验证。

3）现场审查管理的有效性。

4）HACCP 前提条件的现场审核。

5）现场审查文件有效性。

（2）现场审核的工作内容

1）收集审核证据。审核证据是指与审核准则有关的并且能够证实的记录、事实陈述或其他信息，通常以存在的客观事实、被访问人员的口述、现存文件记录等形式存在。审核员可通过在审核范围内所进行的面谈，查阅文件和记录，对现场的观察，对实际活动和结果的测量和试验结果，来自其他方面的报告，职能部门之间的接口信息等渠道获得。

收集客观证据过程中注意客观证据的适用性、有效性（反映当前实际情况），客观证据之间的相关性及一致性，核查证据的真实性，同时应收集能确定审核目标是否可以达到的客观证据。

2）记录现场审核。在采用各种形式收集客观证据的过程中，审核员应记下审核中听到的、看到的有用的真实信息。记应录做到这样几点：记录清楚、全面、易懂，便于查阅、追溯；记录准确、具体，如文件名称、物质标识、产品批号、设备编号、记录编号、合同编号、陈述人职位和岗位等；记录及时，当场记录。

3）形成审核发现。对所收集的客观证据进行整理、分析、筛选，得出审核证据。根据审核准则，对审核证据进行评价，形成审核发现。审核发现的内容包括符合项和不符合项。

4）编写不符合项报告和观察项报告。不符合项报告是对现场审核得到的审核发现进行评审并经受审方确认的不符合项的陈述。是审核报告的以部分，是审核组提交给受审核方的正式文件之一。

①不符合项报告的内容：

a. 受审核方名称、审核员、陪同人员、日期。

b. 不符合项现象的描述（应指出不符合项、缺陷的客观事实）。

c. 不符合现象的结论（违反标准、文件的条款）。

d. 不符合项性质（按严重程度），受审核方的确认，纠正措施及完成时间，采取纠正措施后的验证记录等。

其中不符合项现象的描述、不符合现象的结论和不符合项性质被认为是不符合项报告的三要素。

②不符合项报告的写法与要求

a. 不符合项报告应简单明了，只陈述客观事实，不进行分析、评判。

b. 既反映出问题，又使受审方容易接受，应写明何时、何地、何人出现的事情；规定要求的具体内容，对应的 HACCP 体系标准条款号和内容。

c. 使用受审方的术语（便于受审方理解）必要的细节，使之可追溯（如合同号、设备号、校准证书号、标准/手册/程序/作业指导书的名称和章节号等）。

d. 适当陈述理由，便于帮助受审方纠正。

③不符合报告无一定的格式，只要涵盖了不符合项报告的基本内容即可。

④观察项的整理。内审的目的是验证体系的有效性，推进体系的改进，因此，有必要对观察项进行整理。格式也可采用表格式，写明不符合观察项发生日期、发生所属审查领域、标准条款、纠正措施。

4. 完成审核报告

现场审核结束后，审核组长将审核组成员提交的不符合项及观察项进行分类，汇总统计，同时系统分析和研究所有的审核发现，对组织 HACCP 体系总体运行情况做出综合性评价，即审核报告。

审核报告应包括如下内容：

(1) 企业的基本情况。

(2) 企业 HACCP 管理体系概述。

(3) 文件审核概况。

(4) 现场审核概况。

(5) 审核总结。

(6) 企业 HACCP 管理体系与审核准则的符合程度。

(7) 企业 HACCP 管理体系实施情况及有效性。

(8) 企业 HACCP 管理体系存在的主要问题，发现的不符合项及改进的建议。

(9) 审核结论。

此外要注意在对原始审核所发现的 HACCP 管理体系中的不足提出相关依据。

5. **末次会议**

末次会议是内部审核结束时的一个重要会议。会议由审核组长主持，应有审核组、受审核方领导和有关职能部门负责人员共同参加，时间不超过 1 h。

末次会议的主要任务有：

（1）回顾首次会议。

（2）向受审方介绍审核情况，以使他们能清楚地理解审核结论。

（3）报告审核发现和审核结论，对发现的问题，特别是不符合项，要用事实做佐证。

（4）就后续工作围绕不符合项提出纠正措施及要求，安排跟踪审核。

（5）记录参会人员。

（6）提交审核报告，结束现场审核。

6. **跟踪审核**

对审核中提出的不符合项，通常由受审部门提出纠正措施建议，经审核组认可，然后报管理者代表批准，最后成为纠正措施计划，纠正措施计划的实施期限一般为 15 天。在这期间，由审核组安排进行跟踪审核，以验证纠正措施计划的实施情况和实施效果。当审核员认为纠正措施计划已经完成后，在不符合项报告验证栏中签名，代表不符合项得到了纠正，此时，组织 HACCP 管理体系内部审核工作全部完成。

三、企业 HACCP 管理体系的认证

认证是指由独立于企业的 HACCP 体系认证机构（第三审核方）为企业的 HACCP 体系进行符合性和有效性的一种评定活动，如评定结果符合标准要求，组织将会获得合格证明并被登记注册。认证的通过表明在审核的有效期内，组织的 HACCP 体系具有 HACCP 审核范围规定的能力，可以确保产品的安全性。

1. **企业实施 HACCP 体系认证的意义**

（1）通过对相关法规的实施，提高声誉，避免认证企业违反相关法规。

（2）当市场把认证作为的准入要求时，增加出口和进入市场的机会。

（3）提高消费者的信心。

（4）与非认证的企业相比，有更大的竞争优势。

（5）改善公司形象。

2. **企业 HACCP 体系认证实施步骤**

（1）认证前准备工作

1）编制 HACCP 体系认证工作计划。为了有计划地进行体系认证工作，企业质量部门要在调查和收集有关体系认证信息的基础上，对体系认证工作进行全面策划，编制“企业 HACCP 管理体系认证工作计划”，进行总体安排。“计划”的内容应包括体系认证应做好的工作（项目）、主要工作内容和要求、完成时间、责任部门、部门负责人和企业主管领导等。“计划”编制完成后，应经主管认证工作的领导部门批准，由质量部门印发。

2）选定认定机构。根据掌握认证机构的信息选定认证机构。应选择那些收费合理、

具有合法性、公正性和权威性的认证机构。选定的认证关键看认证机构的合法性和权威性。然后与选定的认证机构洽谈，签订认证合同或协议；根据领导决策（批准的报告），质管部门与选定的认证机构进行初次洽谈，提出申请体系认证的意向，了解申请体系认证的程序，商讨认证总体时间安排，以及认证费用等。

3）做好检查前的准备。认证企业应做好现场检查迎检的准备工作，主要包括资料准备、人员准备、成立迎检组织机构等工作。

（3）体系认证的实施步骤

1）企业申请并提交相关资料。企业向其自愿申请的某 HACCP 体系认证机构提出申请，填写《HACCP 体系认证申请书》。内容一般包括：企业基本情况如企业名称、企业地址、企业性质、法人代表、联系人、联系电话、电子邮箱、邮编、与体系有关的人员、场所、生产线情况等；企业获得资质情况，如取得卫生许可及卫生注册证明及其他相关管理体系及产品认证状况；申请认证的范围（包括产品范围和场所范围）、认证依据、拟定审核时间等。

企业在提出申请的同时，应按该机构要求提交相关资料，一般应包括：

①企业营业执照及其他资质证明复印件。

②企业概况说明；组织机构图。

③申请认证产品描述、生产工艺流程图及工艺描述。

④HACCP 体系文件。

⑤厂区总平面图、车间平面图（必要时或对特殊要求的食品还要求提供车间人流图、车间物流图、供水网络图、空气流向图、防鼠器具分布图）等图样。

⑥认证依据法律法规及其他要求文件等。

2）合同评审。体系认证机构根据提交的有效文件进行审核，决定是否受理申请。申请资料的评审一般内容有：

①申请方资质的符合性。

②提交文件的完整性。

③申请认证的产品范围是否在认证机构的认证业务范围内。

④申请方选择的认证依据是否适宜。

⑤是否具备满足对申请方所要求的认证时间、场所及特殊要求的能力。

3）确定审核范围和审核依据。审核范围是进行审核的依据。审核范围的确定考虑因素应包括：产品范围；加工、制造方法；活动范围；现场区域、生产线。审核产品范围应具体化（危害分析与产品种类有密切关系）。审核范围由委托方决定，现场审核加以界定。审核依据包括认证中心审核准则/标准；适用于受审核方的与食品的与安全相关的法律、法规及其他要求；受审核方的体系文件。

确定审核依据应重视对与受审核方相关的法律法规的识别和评审，选择适用的法律、法规作为审核依据。

4）认证机构进入审核策划和准备阶段。签订认证合同后，认证结构进入审核策划与准备阶段，按其发生的先后顺序排列是：

①组建符合认证要求的审核组（成员组成、规模和能力）。

②文件资料审核（简称文审）。主要是对文件的符合性、系统性、充分性、适宜性、协调性的审核，确定企业文件是否满足法律法规和认证准则的要求，层次是否明确，内容是否充分，对所识别的过程是否均规定了相关的控制措施，规定是否合理、科学，文件之间是否协调一致、有无矛盾。

③初访。初步了解被审核方 HACCP 体系的运作情况，以便最终确定方式审核的日期安排。初访进行与否，由审核组长可视需要而定。

④制订审核计划。审核计划是确定审核员审核活动程序和日程安排的指导性文件，由审核组长制订。内容包括：审核的目的和范围、审核依据、审核日期、日期安排、审核组人员及分工。注意考虑审核时间安排的合理性、审核顺序的科学性和审核分组时审核员的专业性。

⑤准备审核工作文件。根据审核计划制订用来评价体系要求的检查表、报告审核观察结果的表格和记录审核员所得到结论的证明依据的表格。

5）现场审核。体系认证机构按审核计划上的现场审核安排日期，指派确定的审核组去申请认证企业实施现场审核工作。

现场审核的目的是：

①判断受审核方的 HACCP 管理体系实施的有效性。

②确认受审核方的食品安全危害是否降低到可接受水平。

③评价组织实现食品安全方针、目标的程度。

现场审核的基本程序：

①首次会议。

②现场审核评审。

③总结审核证据，确定不符合项，提出审核结果。

④与受审方沟通审核结果。

⑤末次会议。

⑥编写审核报告。

6）纠正措施的跟踪与验证。申请认证企业针对认证机构提交的审核结果中的不符合项，在三个月内完成纠正措施。审核组根据审核准则通过纠正措施的实施记录跟踪、实施方案跟踪、现场跟踪验证等方式对企业纠正措施方案有效性进行评价。

7）审批与注册发证。HACCP 体系认证机构根据审核报告，经审查决定是否批准认证。对批准认证的企业颁发 HACCP 体系认证证书，并将企业的有关情况注册公布。HACCP 体系认证证书有效期为 3 年。

8）证后监督。在证书有效期内，认证机构需每年对企业至少 1 次监督检查，查证企业有关 HACCP 体系的保持情况，一旦发现企业有违反有关规定的事实依据，即对企业采取相应措施，暂停或撤销企业的 HACCP 体系认证。

认证流程如图 8—12 所示。

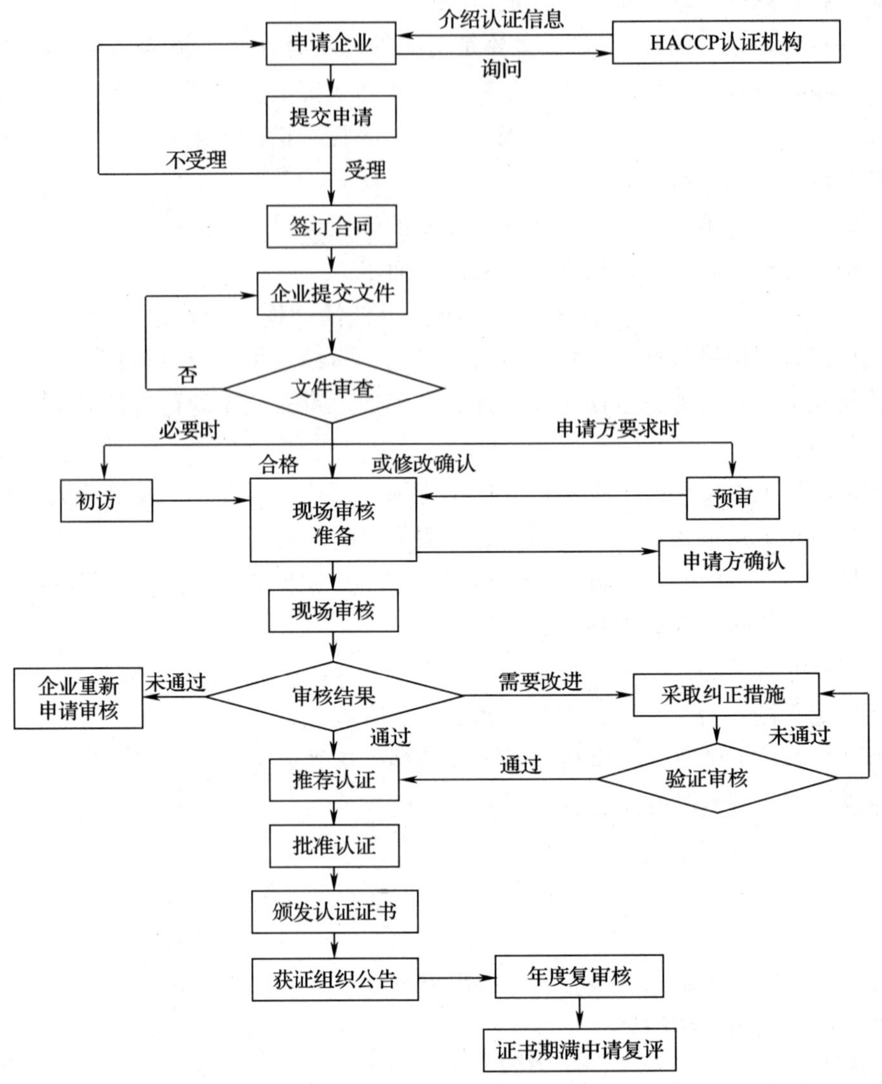

图 8—12 HACCP 体系认证流程图

~思考与练习~

1. 简述 HACCP 体系的 7 大原理。

2. 阐述 HACCP 体系应控制的危害及一般的控制措施。

3. 结合某一具体食品（面包、蛋糕）的生产加工过程，简述其关键控制点、关键限值、关键控制点的监控方法、纠正措施和验证，并说明其理由。

4. 什么是 HACCP 体系内部审核？内部审核具体过程如何？

第九章　ISO 22000 食品安全管理体系

学习目标：

1. 了解 ISO 22000 食品安全管理体系的特点。
2. 理解 ISO 22000 食品安全管理体系——食品链中各组织的要求。
3. 了解 ISO 22000 食品安全管理体系文件的组成及编写要求。
4. 借助资料能初步编制某食品企业食品安全管理体系相关文件。

第一节　ISO 22000 体系概述

一、ISO 22000 的产生和发展

ISO 22000 是国际标准化组织 ISO/TC34 农产食品技术委员会制定的一套专用于食品链内的食品安全管理体系标准，并于 2005 年 9 月 1 日在全世界正式颁布。ISO 22000 标准的全称是“ISO 22000：2005 食品安全管理体系——适用于食品链中各类组织的要求”。

该标准是在 HACCP、GMP（或者 GAP 良好农业规范、GVP 良好兽医规范、GHP 良好卫生规范、GDP 良好分销规范、GTP 良好贸易规范、GPP 良好生产规范）和 SSOP（卫生标准操作程序）的基础上，同时整合 ISO 9000：2000 的部分要求而形成。国际标准化组织制定 ISO 22000 的目的是协调和统一食品安全管理体系，促进世界食品贸易的发展。

我国于 2006 年 3 月 1 日颁布了《ISO 22000：2005 食品安全管理体系—适用于食品链中各类组织的要求》的等同采用标准 GB/T 22000—2006《食品安全管理体系——适用于食品链中各类组织的要求》，并于 2006 年 7 月 1 日开始实施。

二、ISO 22000 标准的应用范围

ISO 22000 标准适用于在食品链中各种规模和复杂程度的所有组织，包括直接或间接介入食品链中的一个或多个环节的组织。

1. 直接介入的组织

指饲料生产者、收获者，农作物种植者，辅料生产者，食品生产制造者，零售商，餐饮服务与经营者，提供清洁和消毒、运输、储存和分销服务的组织。

2. **间接介入食品链的组织**

指设备、清洁剂、包装材料以及其他与食品接触材料的供应商。

三、ISO 22000 标准的要素构成

食品安全与食品链中食源性危害的存在状况有关。食品链中任何环节引入食品危害，都会给食品安全带来不利影响，只有对整个食品链进行充分控制，即通过食品链中所有参与方的共同努力来保证食品安全。

食品链中的组织包括：饲料生产者、食品初级生产者及食品生产者、运输和仓储经营者，零售分包商、餐饮服务与经营者（包括与其密切相关的其他组织、如设备、包装材料、清洁剂、添加剂和辅料的生产者），也包括相关服务的提供者。

为了确保整个食品链直至最终消费的食品安全，ISO 22000 标准的编制结合了普遍认同的食品安全管理体系四要素：相互沟通、体系管理、前提方案和 HACCP 原理。

1. **相互沟通**

要保证提供给消费者的食品是安全的，以确保符合法律法规和顾客的要求，必须在整个食品链各个环节上对食品危害实施有效的控制。这需要食品链上各组织之间对危害的识别和控制有一个共同的认识，需要通过各组织之间有效的沟通达成共识。图9—1 说明了食品链上各组织之间的沟通实例；表 9—1 阐述了相互沟通的类型、范围和目的

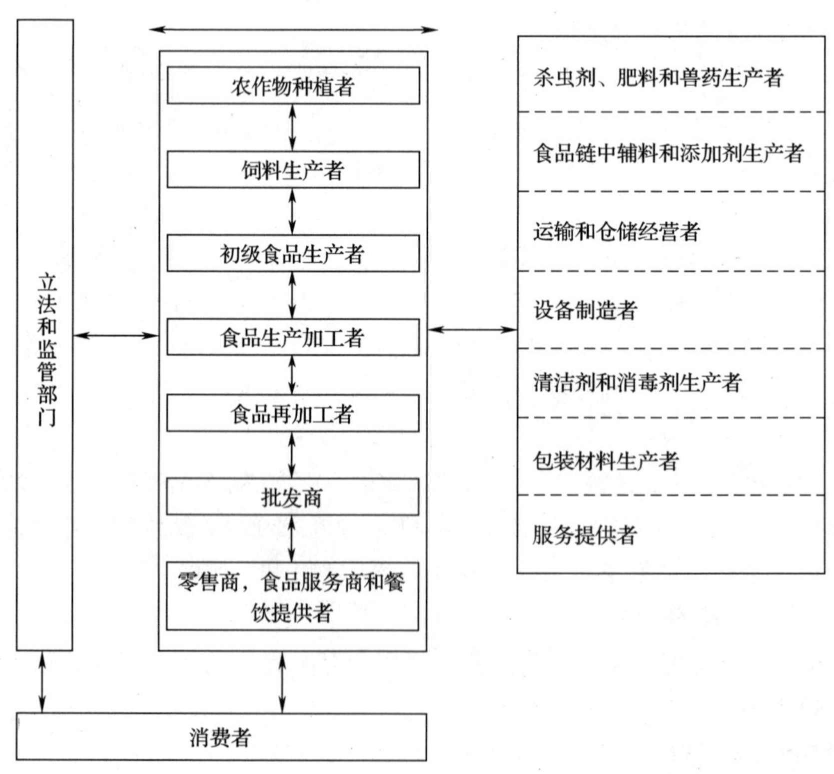

图 9—1 食品链上的沟通实例

注：此图并未表示沿食品链的跨越式相互沟通的类型。

表 9—1　相互沟通的类型、范围和目的

类型	范围	目的
外部沟通	(1) 与供方和分包商沟通 (2) 与顾客的互动沟通 (3) 与立法和执法部门及相关部门的沟通	(1) 向供方和分包商传递和收集信息，提出控制要求以利于危害的有效控制 (2) 与顾客的相互沟通，就确定食品安全危害的可接受水平达成共识，同时向顾客传递需要进一步控制危害的信息 (3) 通过与立法和执法部门及相关部门的沟通可以从这些部门获得法律、法规的相关信息及政府发布的公众关注的突发或新的食品安全危害的相关信息
内部沟通	组织内不同部门和层次人员之间的沟通	(1) 获得充分的信息 (2) 提高组织效率 (3) 有利于食品安全危害的识别与控制 (4) 确保食品安全管理体系的有效性并能及时更新

2. 体系管理

食品安全管理是体系的管理，是一种系统化的管理模式，强调按照系统思想理论管理食品安全，以达到确保整个食品链安全的目的。在结构化的管理体系框架中，建立、运行和更新最有效的食品安全管理体系并将其纳入到组织的整体管理活动中，可减少风险并为组织和相关方带来最大利益。

体系管理是建立实施食品安全管理体系所需方针、目标、组织机构、确定各部门和各类人员的职责、识别过程、制定程序、提供资源、运用 PDCA 的方法实施管理。

食品安全管理体系的管理至少包括：

(1) 确定顾客和其他相关方对食品安全的要求。

(2) 建立组织的食品安全方针和目标。

(3) 确定实现目标的过程和职责。

(4) 确定和提供实现上述目标所必需的资源。

(5) 确定实现上述目标所应采取的控制措施。

(6) 规定测量每个对食品安全过程控制有效性的方法。

(7) 应用这些测量方法确定每个过程的有效性。

(8) 确定防止不合格及采取的纠正及纠正措施。

(9) 建立和实施食品安全管理体系验证、确认和改进的过程。

3. 前提方案

为了建立、实施和控制食品安全管理体系，GB/T 22000—2006 按照逻辑顺序，重新界定了控制措施分为如下三组（见图 9—2）。

(1) 管理基本条件和活动的前提方案（PRP）

指在整个食品链中为保持卫生环境所必需的基本条件和活动，以适合生产、处置和提供安全终产品和人类消费的安全食品。该方案的选择不以控制具体确定的危害为目的，

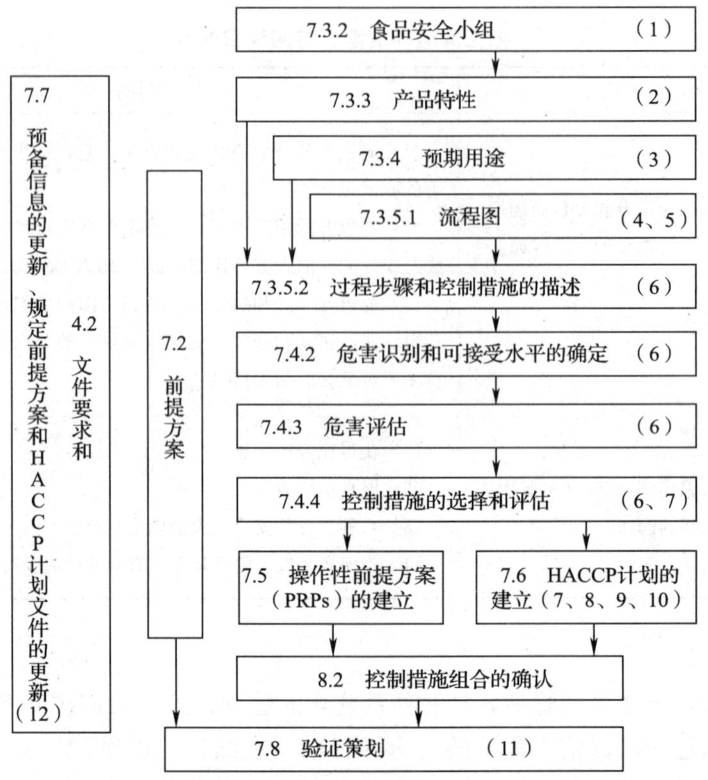

注：（1）上述括号内的数字代表食品法典HACCP指南提出的步骤。
（2）虚线方框是GB/T 22000的特定步骤。

图 9—2 安全食品的策划

而是为了保持一个清洁的生产、加工和操作环境。其表现形式是法律、法规、强制性要求或组织针对运行规模和性质而规定的程序或指导书，如 GMP、SSOP、基础设施设备的养护维修计划、各种作业指导书和检验指导书等。

(2) 操作性前提方案（OPRP）

指通过危害分析确定的、必需的前提方案 PRP，以控制食品安全危害引入的可能性和（或）食品安全危害在产品或加工环境中污染或扩散的可能性。OPRP 是 PRP 的一种特例，管理的危害是经过危害分析后确定的一小部分，并且这一小部分非常的关键，需要进行重点管理。

(3) HACCP 计划

管理那些通过危害分析识别并确定有必要予以控制的危害，应用关键控制点的方法使其达到可接受水平的控制措施。

4. HACCP 原理

HACCP 原理克服了传统的食品安全控制方法（现场检验和终产品测试）的缺陷，可以使组织将精力集中到加工过程中最易发生安全危害的环节上，将食品控制的重点前移，使控制更加有效。HACCP 原理在前一章中已有阐述，这里不再重复。

四、ISO 22000 与 HACCP、GMP、SSOP、ISO 9001 的关系

ISO 22000 是建立在 HACCP、GMP、SSOP 基础上，同时整合了 ISO 9001 标准的

部分要求，因此完全包括了 HACCP、GMP、SSOP 的要求（即其满足 HACCP 认证的要求），但其未完全包括 ISO 9001 标准的要求，所以依 ISO 22000 建立起体系的组织不能称其满足 ISO 9001 标准的要求，也无法满足 ISO 9001 认证的要求。

第二节 ISO 22000 食品安全管理体系文件编写

ISO 22000 既是描述食品安全管理体系要求的使用指导标准，又可供食品生产、操作和供应的组织认证和注册的依据。目前，ISO 22000 标准已经成为国际上管理食品安全最好的手段。食品企业通过建立和实施 ISO 22000 食品安全管理体系，可以有效地识别危害，降低企业的风险，提升企业的市场知名度，还能促进国际贸易的发展。

食品企业在建立和实施食品安全管理体系过程中，食品安全管理体系文件的编制和编写是一项非常重要的任务。因为体系文件是企业开展食品安全管理和安全保证的基础，是食品安全管理体系运行的法规，还是食品安全管理体系审核和认证的主要依据。编制适合企业自身特点并且具可操作性的食品安全管理体系文件对于食品安全管理体系建在企业的建立和有效实施有着重要意义。

一、食品安全管理体系文件的种类与层次

1. 食品安全管理体系文件的种类

根据 ISO 22000—2006 标准中规定食品安全管理体系文件由 5 部分组成。

（1）质量安全方针和相关目标的声明。

（2）食品安全管理手册。

（3）ISO 22000—2006 标准要求的形成文件的程序。

（4）组织为确保食品安全管理体系的有效建立、实施和更新所需的文件。

（5）ISO 22000—2006 标准所要求的记录。

2. 食品安全管理体系文件的层次

组织在建立食品安全管理体系时，要确定体系文件的层次。各组织的食品安全管理体系文件一般包括 4 个层次。各层次的主要文件见表 9—2。

表 9—2　　食品质量安全管理体系文件层次表

层次	文件类型	文件的特点与功能
第一层	管理手册	企业开展食品安全管理活动的基础，属纲领性文件
第二层	程序文件	是管理手册的展开和具体化，使得管理手册中原则性和纲领性的要求得到展开和落实
第三层	作业指导书	针对具体操作者的具体活动而制定
第四层	报告、表格	记录活动的状态和所达到的结果，为体系运行提供查询和追踪依据

二、各类食品质量安全管理体系文件的编写

1. 食品安全方针和相关目标的编写

食品安全方针是由组织的最高管理者正式发布的组织总的食品安全宗旨和方向，是实施、改进与更新食品安全管理体系的推动力。它与质量方针一样，应是其他总方针的组成部分，并与其保持一致；它既可以与组织的质量方针合二为一，也可以不同于质量方针。

（1）食品安全方针的编写要求

在内容上做到：与组织相适应、符合相关的食品安全法律法规要求与顾客约定的食品安全要求，同时为确保沟通的有效运行，在方针中要阐述沟通。

在管理上做到：使用容易理解的语言来表达；对方针的适宜性进行评审；应形成文件，按文件控制管理。

（2）食品安全目标的编写要求

食品方针为食品安全目标的制定提供框架，制定的食品安全目标应可测量，且应支持食品安全方针，编写时注意目标与方针的关联性、一致性。目标除了可以直接体现食品安全方针为外，还可以与食品安全相关的质量与环境（如污水处理）等方面的内容，但要以支持食品安全方针为宗旨。

2. 食品安全管理手册的编写

食品安全管理手册是食品企业开展食品安全管理活动的基础，是食品企业应长期遵循的文件。组织的管理手册应根据 ISO 22000 标准要求及有关法律规则和其他要求而编制。手册应包括以下几个内容：食品安全管理体系范围的说明；引用的程序文件和管理体系中各过程的相互作用的描述。

食品安全管理手册具体包括前言部分、正文部分和附录部分。

（1）前言部分

前言部分包括：

1）手册批准令。

2）手册的管理及使用说明。

3）食品安全方针目标发布令。

4）企业概况。

5）食品安全小组组长任命书。

6）组织结构图。

7）食品安全管理体系职能分配表。

（2）正文部分

食品安全管理手册正文部分应按照 ISO 22000：2005 标准框架结合自己的企业情况进行编写。具体要求包括以下 8 个方面：

1）范围。

2）规范性引用文件。

3）术语与定义。

4）食品安全管理体系。

5）管理职责。

6）资源管理。

7）安全产品的策划和实现。

8）食品安全管理体系的确认、验证和改进。

（3）附录部分

包括程序文件清单、HACCP 计划表等。

3．食品安全管理程序文件的编写

（1）ISO 22000：2005 标准要求的形成文件的程序

ISO 22000：2005 标准要求的形成文件的程序有 9 个，分别是文件控制程序、记录控制程序、操作性前提方案程序、处置不安全产品程序、应急准备与相应程序、纠正程序、纠正措施程序、撤回程序、内部评审程序。

（2）程序文件的编写要求

每个程序文件应包括以下内容：活动目的和适用范围、应做什么、由谁来做、何时、何地以及如何去做；应使用什么材料，涉及的文件以及相关记录。

4．组织为确保食品安全管理体系有效建立、实施和更新的文件组成及编写

通常包括产品规范、HACCP 计划、操作性前提方案，以及要求的其他运行程序，如特定产品、过程或任何源于外部的有关合同（如虫害控制、产品检测），规定由谁、何时使用哪些程序，为某项活动或过程所规定的作业指导书或操作规程等。作业指导书是主要针对具体操作者的具体活动过程而制定。另外，组织还可能存在其他类型的文件，如流程图、组织结构图、厂区平面图、车间平面图、人流物流图、水蒸气图等

（1）作业指导书

作业指导书一般包括作业目的、适用范围、职责、定义、作业程序、支持性文件、记录等内容。

（2）HACCP 计划

前一章已介绍，在此省略。

5．ISO 22000：2005 标准所要求的记录文件编写

记录是一类特殊的文件，其特殊性表现在记录的表格是文件，但一旦填写内容作为依据所完成活动的证据，就成了记录，记录不允许更改。记录可提供产品、过程和体系符合要求及体系有效运行的证据，具有可追溯、证实和依据的作用。记录还可以作为保持和持续改进食品安全管理体系提供信息。保持适当的记录是组织的一项关键活动。在已考虑产品预期用途和在食品链中期望的保质期的情况下，组织应基于保持的记录做出决策。

ISO 22000：2005 标准中有 23 个条款中都提出记录的要求，有关条款与记录名称（内容要求）的对应关系见表 9—3。其他过程是否需要记录由组织根据需要确定。记录格式可结合实际进行设计。

表 9—3 ISO 22000：2005 标准中有记录要求的条款号及记录名称

标准条款号	记录名称	标准条款号	记录名称
5.6.1	沟通记录	7.6.1	HACCP 计划监视记录
5.8.1	管理评审记录	7.6.4	关键控制点的监视数据记录
6.2.1	对外部聘请专家职责、权限的规定记录	7.8	验证策划记录
6.2.2	教育、培训、技能和经验等方面的记录	7.9	可追溯记录
7.2.3	前提方案 PRPs 的验证和更改记录	7.10.1	纠正记录
7.3.1	收集、保持和实施危害分析的相关信息记录	7.10.2	纠正措施记录
7.3.2	证实食品安全小组具备所要求知识、经验的记录	7.10.4	产品的撤回、范围和结果记录
7.3.5.1	经过验证的流程图记录	8.3	测量设备的校准或检定的依据及结果记录
7.4.2	危害识别记录	8.4.1	食品安全管理体系内部审核结果及活动记录
7.4.3	食品安全危害评估结果记录	8.4.3	食品安全小组对体系验证结果及由此产生的活动记录
7.4.4	危害控制措施评估结果记录	8.5.2	食品安全管理体系更新活动记录
7.5	操作性前提方案（PRPs）实施记录		

食品安全管理体系部分文件编写范例

1. 食品安全方针目标编写范例

食品安全方针和目标

食品安全方针：

重安全保质量，尊客户保需求，争创新保领先，以管理保效益。

本年度食品安全目标：

1. 产品投诉率＜百万分之三。
2. 食品安全事故零起。
3. 通过食品安全管理体系第三方审核。

本公司食品安全目标的实施，充分体现了食品安全方针。方针和目标的实现，关键是建立切实可行的体系文件和体系的有效运行，食品安全目标分解到各部门使其内容可测量。本公司各级人员必须认真理解食品安全方针的内涵，并以实际行动认真贯彻执行。

2. 食品安全管理手册基本内容构成范例

目 录

3. 食品安全管理体系控制程序文件范例

ABC食品有限公司潜在不安全产品控制程序

1 目的

建立并保持对潜在不安全产品的有效控制，并给予适当的处置。

2 范围

适用生产全过程潜在不安全产品的控制。

3. 职责

3.1 质检办负责

3.1.1 组织对潜在不安产品进行评价、分析，并出具检验报告。

3.1.2 验证不合格成品处置的实施。

3.1.3 对不合格品开具不合格处置单。

3.2 车间负责

3.2.1 潜在不安全产品隔离、标识。

3.2.2　不合格成品的处置。
3.3　生产办负责参与潜在不安全产品的评价、分析。
3.4　原料车间负责原料种植过程中潜在不安全原料的调查、处理。
3.5　产业管理部品控部负责对各分公司上报的质量数据、原因分析、说明、处理意见、建议进行审核。
4. 工作程序
4.1　CCP 失控时，潜在不安全产品的处理
4.1.1　CCP1 原料种植
4.1.1.1　关键限值出现偏离时，原料员对潜在不安全原料具体的片区、面积、数量进行调查，并以书面形式告知车间主任、生产办主任。
4.1.1.2　原料车间将存在隐患的原料送至检测中心进行农药残留、重金属检测。
4.1.1.3　原料车间根据检测报告，对此片区原料进行评价、分析，如不符合要求，取消此该片区合格供方的资格。
4.1.1.4　如果发生上述不合格的原料投入生产，则由生产办对其进行隔离，并将品样送至检测中心进行农药残留、重金属检测，质检办根据检测报告，提出处置办法，上报产业管理部批准。
4.1.1.5　生产车间根据产业管理部批报告对产品进行处置，质检办验证。
4.1.2　CCP2、CCP3
4.1.2.1　当 CCP2 的关键限值出现偏时，操作工调整设备，使偏离的参数重新回到关键限值的范围内，并在 5 分钟内向值班长、质检办汇报。
4.1.2.1　车间对前一个合格控制点到最近一个合格控制点的产品进行隔离、标识。
4.1.2.2　质检办对隔离的产品进行随时观察，并进行微生物、pH 值、感官等的检验。
4.1.2.3　质检办组织生产办、生产车间根据各项检测数据，对此产品进行评价、分析，确定为不合格品的，质检办提出处置办法，上报产业管理部审批后，生产车间根据处置办法进行处置，质检办验证不合品的处置结果；确定为合格品的，质检办开具《产品最终检验结果单》，生产车间将产品放置合格区域，更换成合格标识。
4.2　操作性前提方案《异物控制》失控
4.2.1　当操作性前提方案《异物控制》失控，造成产品污染（物理性或化学性），车间操作工要及时纠正，使失控的操作性前提方案重新恢复受控，并在 5 分钟内向值班长、质检办汇报。
4.2.2　车间对失控期间的产品进行隔离、标识。
4.2.3　质检办对隔离的产品抽样进行微生物、pH 值、感官、杂质等的检验。
4.2.4　质检办组织生产办、生产车间根据各项检测数据，对此产品进行评价、分析，确定为不合格品的，质检办提出处置办法，上报产业管理部审批后，由生产车间根据处置办法进行处置，质检办验证不合品的处置结果；确定为合格品的，质检办开具《产品最终检验结果单》，生产车间将产品放置合格区域，更换成合格标识。

4.3 交付后发现的潜在不安全产品，经分析、评价确认为不合格品，需要产品召回时，执行《产品召回控制程序》。

5. 记录

《不合格品处置单》。

《最终检验结果单》。

~思考与练习~

1. 如何理解ISO 22000食品安全管理体系的四要素？

2. 操作性前提方案与前提方案有什么关系？

3. 简述ISO 22000食品安全管理体系文件的基本组成，

4. 查询10个以上食品企业的食品安全方针，比较其内容与ISO 22000：2005标准要求的符合性。

5. 查询1～2个食品企业的食品安全管理手册，学习其编写方法。

第十章　食品安全危机管理

学习目标：

1. 理解食品安全危机的内涵和特征。
2. 了解不同层次组织在食品安全危机管理中的责任。
3. 掌握食品企业处理安全危机的基本技巧。

第一节　食品安全危机管理概述

一、危机与危机管理

1. 危机

一般意义上讲，危机是指严重的危害已经到了成败生死的关头。在具体的领域，危机有其具体特定和明确的含义。美国学者罗森豪尔特认为，危机是指："对一个社会系统的基本价值和行为准则架构产生严重威胁，并且在时间压力和不确定性极高的情况下必须对其做出关键决策的事件。"这说明危机具有严重性、时限性和突发性的特点，也即危机的三要素。

一般来说，危机可以划分为三个时期：潜伏期、爆发期、恢复重建期。在危机潜伏期中，主要是事前的预防。很多危机的发生，事前都是有征兆的。危机是一个非常态的过程。在危机管理的早期，对环境的分析和判断能力很重要，要尽可能地寻找可能出现的危机。事前的预防胜于事后的救济。最成功的危机解决办法应该是在潜伏期就解决危机。

2. 危机管理

危机管理是商业活动中的一个专业术语，现在这一管理机制已被许多行业所引进。危机管理是指针对可能发生的危机和正在发生的危机，进行事先预测防范、事后妥善解决的一种战略管理手段。

危机管理应奉行"危机不仅意味着威胁、危险，更意味着机遇"的积极的行为准则，一旦发生危机，时间因素非常关键，减少损失是主要的任务，即尽可能控制事态，在危机事件中把损失控制在一定的范围内，在事态失控后要争取重新控制。

一般而言，"危机管理"应遵循以下几个步骤：危机的避免——危机管理的准备——危机的确认——危机的控制——危机的解决——从危机中获利。

危机管理是对危机的预警、防范、化解和善后的全过程，其核心是在某种程度上控制危机的进程，把危机的危害降到最低限度。危机处理是一种应急性的公共关系，即意外事件发生、组织陷于困境、面临强大的公众压力时，紧急启动应急程序，调动各种应急资源，迅速运用各种传播沟通媒介，应对和处理危机事件，帮助组织渡过难关。

二、食品安全危机的内涵与特征

1. 食品安全危机的概念

所谓食品安全危机是指由于食品安全问题导致对人群、组织、社会和国家产生的重大危害事件。

20 世纪 90 年代以来，世界上很多国家和地区都曾出现过一系列食品安全危机。如在 1999 年比利时发生的二恶英污染事件，随后，英国暴发了“疯牛病”和口蹄疫，欧洲的食品安全亮起了红灯。2011 年，欧洲爆发了两起比较严重的食品安全事件，一是年初德国爆发的“二恶英毒饲料”事件，另一起则是当年 6 月发生在德国的由“毒豆芽”引发的出血性大肠杆菌。在“二恶英毒饲料”事件中，各成员国在欧盟的协调下，发挥主动性加强监管力度，使得该事件在短时间内得以平复。

2. 食品安全危机的分类

按照不同的标准，食品安全危机可以分为不同的类别。

(1) 根据危机的存在形态分

1) 隐性食品危机。是指食品危机事件必须通过特定的科学技术手段认知或者在现今的条件下还无法被人们所认知的食品危机事件，如转基因食品的食用安全问题。

2) 显性食品危机。指引发食品安全事件的原因、结果、危害事实均以外在的形态表现出来而为人们直接认知或通过判断而认知的危机事件。如三鹿奶粉事件就属于典型的显性食品危机事件。

(2) 根据食品种类分

1) 物理性食品危机。指一些可以直接食用的食品由于腐烂变质而被人们误食所造成的食品危机事件。

2) 生物性食品危机。一般指生物体经过基因工程改造而在人类食用后对人体构成危害的食品危机事件。

3) 化学性食品危机。一般指食物中因含有不适量的化学元素或有害物质而在被食用后对人体造成严重危害，甚至对食用者的生命安全造成严重威胁的食品危机事件。

(3) 根据食品危机状态分

1) 单一性食品安全危机。一般是指单纯表现为食品本身的安全性危机。

2) 复合性食品安全危机。指那种不仅存在食品本身的安全性危机，而且存在引发社会的食品安全恐慌以及公众对政府食品安全监管能力和状况的信任危机。

在现代社会，由于人员、市场流动加快、信息技术发达等原因，食品安全危机往往会由单一性危机迅速演变成复合性危机，从而对正发生的危机应对能力构成严峻挑战。2005 年，一篇有关“95%国产啤酒添加甲醛”的新闻媒体的报道，在短短的一周左右时间引起轩然大波，导致整个啤酒行业的危机。国内啤酒类股票整体下跌；日韩等国家提出对从中国进口的啤酒紧急收回进行检测。中国食品工业协会、卫生部、国家食品药品监督管理局、国务院国资委、国家工商总局、国家质检总局等各部委紧急召集“关于啤酒甲醛情况说明会”，向社会传达了微量甲醛不影响国产啤酒质量的信息，才使“甲醛”风波在很短的时间内得以平息。否则这次的“甲醛”事件是任何一个企业都难以单独应对的。

3．食品安全危机的特征

（1）预示性

食品安全危机的预示性是指食品安全危机暴发之前会有各种各样的迹象，包括小范围的类似事件、风险食品的大流行、敏感时期等。预示有时是一个综合的概念，不仅仅反映在检测方面，更会在很长一段时期内反映在市场交易、经济发展、管理制度等各个方面。

综观近年来的食品安全危机事件可以发现，食品安全危机事件必定有预示。2008 年的“三聚氰胺”事件的主要产品奶粉在 2000 年以来不断发生食品安全事件，2007 年发生过三鹿早产奶粉事件，2008 年 4 月在珠海发生过牛奶中毒事件。1998 年山西假酒案发生在酒水消费最旺盛的时期——春节，而在发生前，1992 年及 1996 年等均发生过多次假酒事件。

（2）暴发性

一旦危机事件发生时，消费者通常就会产生应激反应。危机发生前，消费者在商品选购时，考虑较多的一般是价格、口味、品牌等，很少有人将食品安全作为选择的第一要素。但当新闻媒体报道某一类食品存在安全问题并被证实时，曾对该食品安全充满信任的消费者就会产生应激反应。这种反应的心理因素（恐慌）远远大于生理因素（疾病）。尤其当报道食品中含有的有害物质，并不会很快造成对人体的伤害，或者是需要很长一段时间才能看到是否对人体有伤害时，这时心理性的应激反应可能就更为强烈。如转基因、疯牛病、碘超标等，之所以会引起如此大的社会影响，就是因为普通消费者不了解这些物质对人体的影响程度，以及未来在什么时间会对人体产生不良影响。

消费者对食品危机事件的反应程度因人而异。消费者的性别、教育水平、年龄、对食品安全的关注度等都会影响消费者对食品危机事件的反应程度。但是，对于大多数消费者而言，食品危机事件是最伤害消费者感情的，并且影响范围具有明显的群体性特征。

食品安全事件很少作为个体发生，一般来说都是群体性的爆发，像阜阳的“大头娃娃”事件、“海城豆奶”事件、“陈化粮”事件、三鹿“问题奶粉”等。这些危机事件的覆盖面一般都涉及一个地区或一个群体组织，在社会上造成了极端恶劣的影响。

（3）专业性

食品安全的发生原因包括物理性、生物性、化学性等多种原因，食品安全标准体系复杂广泛，食品安全管理机制机构重叠，责任不明确，这些因素显示食品安全危机具有非常强的专业性。对于一般大众来说，食品安全危机的暴发性，导致各种信息迅速在民间传播，但一般的消费者缺乏食品安全的专业知识，消费者恐惧不断增加和专业知识的匮乏，导致食品安全问题的不断加剧。所以，专业性是食品安全危机的一个重要特征，更是在食品危机管理中需要重点考虑的特征。

（4）广泛性

食品本身的特殊性决定了食品危机的影响很广泛。人们对食品危机事件十分敏感。加之现今的网络和媒体信息传播迅捷，每一次食品危机事件的发生都会引起人们的关注，倘若不能及时妥善处理，可能会引起更多的负面回应，这样很容易使危机加深，甚至会引发其他新的危机，解决危机的难度也会因此增加。

（5）非线性

食品危机从产生到发展都呈现出非线性特点。从食品危机的产生看，影响食品安全的因素涉及多且杂，包括环境因素、消费因素、管理因素、生物因素、技术因素、人为因素等。从食品危机的发展看，危机造成的结果受到各种因素的影响，如消费者自身对风险感知的不同、消费者的人口社会学特征、危机事件本身的特征、企业的规模和知名度以及大众传媒的影响力等，因此，食品危机的发展程度常难以预料，从而增加了对其进行控制的难度。

（6）负外部性

食品工业不仅与人们生活质量、健康水平密切相关，而且是消费品工业中为国家提供积累最多、吸纳城乡劳动就业人员最多、与农业依存度最大和与其他行业关联度最强的一个工业门类。食品安全危机存在于食品产业链中的任何一个环节，其形成不仅有环境、技术、管理等方面的客观原因，并与产业链上各利益主体的行为密切相关。食品安全危机的发生，不仅会严重破坏正常的食品市场秩序，损害消费者的利益，而且会严重损害食品产业链的声誉，阻碍食品产业链的可持续发展。

三、危机管理在食品安全事件处理中的重要性

食品是人们生存的物质基础。近年来相继发生了多起食品安全突发事件，严重威胁到人们的生命和健康，引发了对食品安全空前的关注。每年大量食品安全事件的出现，暴露了我国现行对食品管理的低效与无序，且缺乏有效地监管制度和保障机制。

2000 年，第 53 届世界卫生大会通过了有关加强食品安全的决议，将食品安全列为世界卫生组织的工作重点和优先解决的领域。同时，温家宝总理提出了政府应提高对食品安全危机管理的能力，建立和健全各种突发事件应急机制。还提出应完善食品安全机制和加强监督职能，尤其是重视政府的食品安全危机管理和公共服务职能。

目前，我国改革正处在一个关键时期。一些国家和地区的发展历程表明，在人均 GDP 突破 1 000 美元之后，经济社会发展就会进入一个关键阶段。在这个阶段，既有经济快速发展和社会平稳进步的成功经验，又有因为失误从而导致经济徘徊不前和社会动荡的失败教训。因此，政府和企业要努力应对食品安全危机的能力，在非常态条件下，妥善应对突发事件，积极预防、有效化解经济社会发展过程中面临的危机。

第二节 食品安全危机管理的责任界限

一、食品安全危机管理中政府的责任

1. 政治责任

在当今社会，政府在食品安全危机管理中的责任首先是一种政治责任。在食品安全危机管理中，政府要承担巨大的政治风险。由于现代社会食品安全危机频发，并且破坏力巨大，食品安全危机管理容易成为社会舆论关注的焦点。食品安全危机管理是否成功，已经对政府的公共管理能力形成巨大挑战，食品安全危机管理失败，甚至会直接影响到人们对执政党执政能力的怀疑和对政府公共管理能力的认同。

2. 法律责任

政府在食品安全危机管理中的责任也是一种法律责任。世界上很多国家都制定了《紧急状态法》，来规范食品安全危机管理中的政府行为，保障食品安全危机管理的成功。因此，政府在食品安全危机管理中必须要依法行事，否则就必须承担法律责任。首先，政府在食品安全危机管理中如果没有履行自己应尽的义务，应当承担相应的法律责任，致使公民的生命和财产遭受损失，公民可以向政府提起诉讼，要求政府进行赔偿。第二，政府在食品安全危机管理中如果没有依法行事，也要依法承担相应的法律责任，甚至受到法律的制裁。

3. 经济责任

政府在食品安全危机管理中承担着大量的经济责任。第一，在危机的预防、预警、预控过程中，政府承担了主要的成本，如为了建立预防文化的宣传、培训成本；制定有关法律、法规的成本；建立食品安全危机管理组织机构的成本；制定危机预案，购买预警、预控设施和设备的成本；进行物资储备和物资调配的成本；以及传递、处理危机信息，发布预警警报，组织危机预控的成本。第二，在食品安全危机暴发时，政府全力投入应急管理，政府的指挥和决策、信息平台的运转；启动应急预案、组织应急疏散、紧急救援、实施危机控制等都需要投入大量的人力物力，花费大量的成本，这些成本绝大部分都是由政府承担。第三，危机后的恢复秩序、危机评估、危机后的重建、部分危机后的赔偿、补偿和救助、危机后的心理干预，以及危机后总结的成本大部分都由政府承担。

二、企业在食品安全危机事件中的社会责任

企业在食品安全危机管理中是否应当承担责任，企业在食品安全危机管理中是否应当承担责任，是一个有争议的问题。有学者认为，食品安全危机属于公共领域，属于市场经济领域的企业不应当承担公共领域的责任。但是，在现实生活中，有不少危机是由企业的生产事故引发的。尤其是一些大型企业、从事高危生产的企业在生产活动中常常有时会发生一些事故，有时甚至是十分严重的事故，这些事故往往会侵入公共领域，引发食品安全危机。企业在从事可能引发重大事故的生产时，必须要采取预防措施防止事

故发生，企业必须要制定应急预案，并严格按照应急预案做好技术和物资方面的充分准备，严格执行应急预案，一旦发生事故，企业有责任采取各种措施防止危机扩大和升级，尽量减少危机造成的损失。企业也应该把事故的情况及时告知政府，这样才能实现食品安全危机管理的统一指挥。对于企业造成的食品安全危机，企业还要承担相应的赔偿责任。

对于非自身原因引发的食品安全危机，企业有配合政府做好食品安全危机管理的义务，承担道义上的责任，这是作为公民应尽的义务，这与前文所说的责任性质不同。

三、其他组织在食品安全危机管理中的责任

1. 非政府组织所承担的道义责任

在食品安全危机管理中，常活跃着大量的非政府组织，尤其是在紧急救援和危机后的救助中。例如：红十字会、各种慈善组织和各种宗教组织在历次的灾难中都发挥过十分重要的作用。这种作用被认为是一种道义责任，该责任没有任何强制性的约束力，不承担责任也不会受到惩罚。

2. 保险公司应承担的保险责任

保险公司在食品安全危机管理中应承担赔偿责任。但保险赔偿与一般的赔偿不同，它的赔偿义务不是因过错而产生，而是因合同而产生。保险也是一种救灾形式。它是保险公司通过与受灾体签订保险合约，按经济合同履行灾害赔偿义务、参与救灾活动的特殊救灾形式。尽管保险参与救灾活动的方式和手段与其他救灾形式不一样，但最终目的都是分散风险，减少灾害损失，帮助被保险人及时获得灾后的经济补偿，从而迅速恢复生产，重建家园。世界上很多重大的危机事件，都由于保险义务的履行而减轻了受害人的损失。

第三节 食品企业安全危机管理技巧与实务

食品企业的产品质量，与大众的身心健康息息相关，中外各国的社会关注度都非常高。但是，相比市场经济发达的国家，我国的食品企业在企业社会责任、公共安全意识以及危机处理方式上都表现得不成熟，往往不能抢在危机暴发的第一时间有所作为，致使局势难以控制，损失难以估计。

危机就是由“危”和“机”组合而成，危险和机会是相辅相成的，危险中孕育着机会，机会的道路上也充满危险，这是发展的必然规律。了解食品安全危机处理的原则和常用技巧，对于食品企业从容面对危机、化解危机有着重要的意义。

一、关于危机处理的基本原则

1. 准备原则

危机管理成功与否的一个决定性因素在于事前的准备工作是否完善。因此，企业要树立有备无患、居安思危的观念，重视危机预防制度的建立，先期掌握环境变化状况，对客观的信息进行收集和分析，确立理性务实的决策处理及缜密严格地执行其原则、策略的计划，一旦危机来临，就能从容不迫地应变。

2. 应对原则

指确立针对危机发生恶化时的减少损害、找出原因及恢复公信力等的应对规则。在危机发生时，与危机发生相关的各方面应通过整合各方面资源，确保一切可以动员和调动的因素都能够充分、适度地发挥其应有的作用。

3. 恢复原则

指在危机后尽快恢复平常时期的秩序和状态。危机是每个民众都不愿面对的事，如果在危机发生后，政府或组织刻意隐瞒或消极对待，危机对社会的发展将是致命的。因此，当危机不幸来临时，应诚意面对问题，找寻适当解决方案，才能将危机化为转机。

美国危机管理专家罗伯特·希斯曾就危机管理提出了4R模型：减少（Reduction）、预备（Readiness）、反应（Response）、恢复（Recovery）。此外，也有学者总结出了总结归纳了危机管理的6F原则，即“危机管理6F原则”①Forecast（事先预测）原则；②Fast（迅速反应）原则；③Fact（尊重事实）原则；④Face（承担责任）原则；⑤Frank（坦诚沟通）原则；⑥Flexible（灵活变通）原则。

二、企业危机管理技巧

有人把危机比作“死亡和税收”，说明了危机对企业和组织是不可避免的。了解一些危机管理技巧并加以应用，对于保持企业的永恒发展非常有必要。

1. 危机发生前的预防措施

最好的危机处理方式是预防，也即将危机扼杀于萌芽状态。常见的危机预防方法有：

（1）建立食品安全危机预警系统

食品企业所面临的危机并不总是完全不可预防的。依据长期的经营管理经验，采用科学的方法和手段，是完全能够对企业经营过程中可能发生的许多危机做出成功预警的。食品企业安全危机预警方法之一是采用可量化的预警指标，即根据食品企业危机表现形式及后果，采用一些“关键值”取样测定方法，来反映企业运行是否安全，是否存在潜在危机。

（2）完善追溯体系

产品召回制度在应对危机过程中的效果如否与产品追溯系的完善程度有着密切的关系。产品追溯体系建设是一个系统工程，食品企业应建立以原料批为单位的产品流向记录，以便从原料追溯到产品，查找到不合格品的去向，并及时召回不合格产品。通过追溯体系，还可以运用查阅产品的相关记录等方法分析不合格的原因，从而采取有效的整改措施。

（3）构建媒体良缘

传媒是一面镜子，更是一个危机快速传播的通道，因此时刻保持对媒体的关注和研究对危机的识别和预防具有非同寻常的意义。现在的传媒可以分为传统的电视、电台、报纸、杂志媒体和互联网媒体。这些媒体是搜集企业危机信息的重要渠道来源。因此，媒体是企业危机公关必须努力争取的重要“公众”之一。当危机发生时，企业应该积极向媒体报告整个事件的经过，如果是企业的责任，企业则要快速启动整改措施，勇于承担责任，把公众利益和社会利益放在第一位。如果不是企业责任，企业则要努力获取媒体信任，通过媒体向公众传达真实信息，避免引起公众的误会和猜疑。同时企业危机处理的全过程要邀请广大媒体参与，并请媒体对企业的安全生产进行监督。而要真正发挥媒体的重要作用，在危机发生前就要和媒体建立非常好的关系。

（4）建立健全食品安全的质量管理保障体系

在发达国家，安全卫生已经成为食品行业的行业规则。一般来说，食品企业要通过三项认证，才能取得外国消费者的信任：管理上要通过 ISO 9000 认证，安全卫生要通过 HACCP 认证，环保上要通过 ISO 14000 认证。

因此，中国食品企业要想在市场上取得成功，唯一的出路是通过建立质量管理体系，提高质量管理水平，达到降低生产成本，提高产品质量的目的。

2. 危机发生中的应对处理

由于食品是消费物品中最为普遍，日常消费量最大，与全体社会大众联系最为紧密的特殊商品，因此，每一次食品危机事件的发生都会引起人们的关注，倘若不能及时妥善处理，可能会引起更多人的消极回应，这样很容易使危机加深，甚至会引发其他新的危机，解决危机的难度也因此会增加。面对危机，唯有积极应对才能挽救。

在食品安全危机发生时，食品企业可通过 5 个步骤来面对，有主动出击，也有防守，最终目的都是降低企业因安全危机发生而造成的各方面损失。具体如图 10—1 所示。

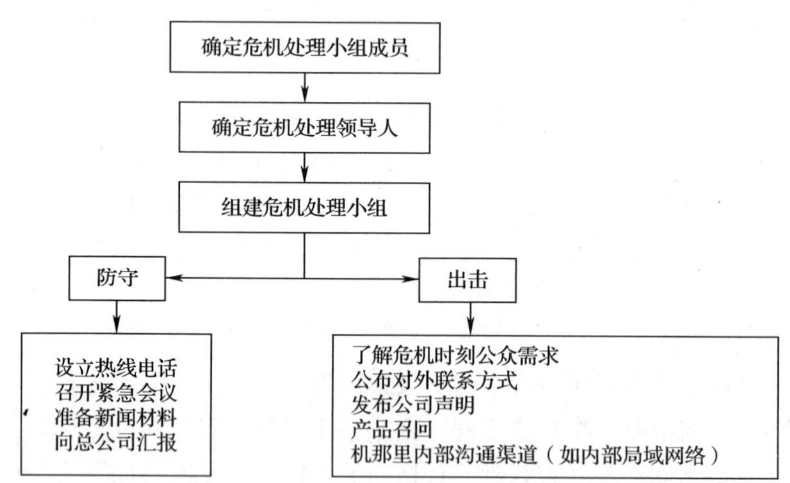

图 10—1　食品企业安全危机处理步骤

（1）迅速成立危机公关小组

当发生食品安全问题时应及时通知组织危机事件管理者，组织领导者也应在危机出现之时便赋予危机事件管理者充分的权利，使其迅速成立危机公关小组，对危机实行“集权管理”。一般情况下，危机公关小组的组成由企业的公关部成员和企业涉及危机的高层领导直接组成，企业要列出每个成员在应急事件发生前后职责。在建立以上程序的基础上，应备有与供应商和客户能够随时联系的名单和联系方式，并确保每个联系人都有现行的食品安全应急准备程序和联系人员名单副本。另外，如果目前的供应商不是直接生产商，还应该包括直接生产商（原料、配料、包装材料供应商）的随时联系方式，以确保在任何时候都可以互相保持联系和共同处理应急事件。

注意做到如下几点：

1）公关小组负责人在第一时间到达第一现场面对媒体和公众。

2）让人们看到机构最高负责人在事后亲自采取了行动，包括发布新闻和表态（对公众，形象胜于事实，感觉重于事实，态度重于行动）。

3）救人胜于救物，人的生命和尊严高于一切，以人为本，以情动人。应当确定专人与受害者进行接触，确定关于危机责任方面的承诺内容与承诺方式，制定损害赔偿方案和善后工作方案等。

4）对所发生的事表示遗憾和关心；需及时把握舆论，使组织行为与公众期望尽量一致，保持积极姿态。

5）绝不说谎，不编造理由（但不等于把所有真实情况和盘托出），不发表不准确消息。

6）以组织作为唯一权威的信息发布源头，且只有一个出口（新闻发言人），避免一些细节自相矛盾，如新闻发布会在组织外的地方召开（便于控制人员），应尽量避免组织名称和商标的出现（减小对形象品牌的损害），提前公布召开发布会的时间（给自己一个应对媒体轰炸的缓冲）等。

（2）快速响应，道歉先行

公众的怒火一旦被点燃，就有迅速蔓延的可能性，控制形势的发展是当务之急，而最好的手段，就是道歉先行，而不是忙于调查。因为当危机暴发时，如果相关企业只忙于调查事件，想等一切事情弄得非常清楚后，再去面对公众，会给公众和媒体一个“不负责任企业”的印象。同时，消费者容易情绪化。失去耐心的人容易将情绪“传染”给更多的公众，企业的“问题”将被无限地传递。但如果在第一时间（24 小时内）向消费者道歉，表明自己的诚意，向消费者显示企业承担和认真对待问题的负责任态度，然后调查事件的具体原因，再彻底地整改，以实际行动取得消费者的谅解，一般能够起到减弱火势的作用，至少能够控制局势使其不会更坏。

（3）确定危机性质，制定危机处理战略

1）了解突发的食品安全危机事件的性质和程度。

2）组织内部发现产品中有危害物质，应立即报告质量管理部门及生产部门，并同时通知现场进行隔离剩余产品。

3）质量管理部门根据汇报的事实状况进行鉴别，并出具危害分析意见（紧急状态下先口头汇报）。

4）质量管理部门立即将意见反馈给上级领导和生产部门。

5）对危害进行团体评审，并确认发生危害的产品批次。

6）上级领导根据危害鉴别意见，立即下达是否进行紧急回收的意见，并通知质量管理部门、生产部门、营运部门、营运和销售及各相关部门。

7）由质量管理部门牵头组织相关部门参加召回行动。

（4）声明或澄清

在危机发生后，企业要时刻对外界有关危机的信息做出及时反馈，向公众说明事实的真相，并给自己在这场危机中的态度定位：遗憾、改革、赔偿还是恢复。是自己的责任，则应当勇于向社会承认；如果是别人故意陷害，则应通过各种手段使真相大白，最主要的是要随时向新闻界说明事态的发展及澄清无事实根据的“小道消息”及流言蜚语。企业坦诚的结果不仅不会使消费者背离，反而让关心企业发展的人消除顾虑，重新树立对企业的信心，赢得更好的口碑。

（5）为企业制造舆论、恢复声誉形象

品牌危机一旦发生，就要遵循品牌危机管理纲要，在企业、受害者和社会公众等三方面利益协调一致的前提下，为企业制造舆论、恢复声誉形象。要针对企业形象受损的内容和程度，重点开展弥补形象缺陷的公共关系活动，向公众进行有针对性的弥补性公关，密切保持与公众的联络与交往，敞开企业的大门，欢迎公众的参观和了解，告诉公众企业新的工作进展和经营状态，以过硬的产品质量和一流的服务重新征服公众。只有当良好的企业形象重新建立的时候，危机公关才能谈得上圆满成功。

3. 危机发生后期的善后处理

食品安全危机平息之后，必然会出现一系列的问题，包括食品安全危机受害者的补偿，食品安全危机所致心理恐慌的安抚，食品企业重新进入正常的发展轨道等。以往历次食品安全危机暴露的最大问题就是善后处理问题。1998年山西假酒事件造成重大人员伤亡，最后受伤者迟迟得不到救助。2008年的三聚氰胺事件也表明普通消费者维权的难度很大，受害者难以得到合理补偿。

（1）经济善后管理

食品安全危机必定会造成一定的经济损失。对于直接受害者来讲，如何解决食品安全造成的伤害十分重要，所以应在全国范围内建立食品安全危机善后处理基金，对于食品安全直接受害者进行经济上的安抚，尽量减轻其收到的物质损失。对于发生食品安全危机的行业来讲，也有必要对损失严重的企业和个人进行一定的扶持，重新振兴该产业，扶持企业重新进入正确的发展轨道。

（2）心理善后管理

所谓危机事件又叫创伤事件，是指那些危及生命、出乎意料的、让当事人无能为力的一些重大的负面事件，是一种境遇性的危机。对于食品安全危机来讲，由于其影响的广泛性和暴发性，必定造成人们心里的恐慌、恐惧，甚至产生信任危机。尤其是对直接受害者来讲，他们甚至根本就找不到依靠，而对于大众来讲，他们对于食品安全危机的恐慌也会造成一定的心理影响，因此，食品安全危机的心理善后处理也很重要。对于企业来讲，应反思食品危机发生的原因，度过因为食品安全危机造成的困难时间。

受我国经济发展水平和国家食品安全监管等多方面的影响，在今后很长一段时间内，食品安全危机还会在我国不断出现，广大食品企业也将会伴随着危机生存和发展。如果食品企业能够认清企业食品安全隐患所在，在危机发生前尽可能地避免其发生，危机发生后又尽快响应，迅速采取应急方案，从对内、对外两方面加快企业改革，提高危机公关能力，相信一定能够在危机中绝处逢生，获取更好的发展机遇。

～思考与练习～

1. 什么是危机和危机管理？
2. 简述危机的发生、发展和演化特点。
3. 简述危机管理的主要内容。
4. 谈谈食品企业应如何面对安全危机。

参 考 文 献

1. 陆兆新. 食品质量管理学. 北京：中国农业出版社，2004

2. 敬思群，康健. 质量管理基础. 北京：质量管理基础，2005

3. 陈宗道，刘金福，陈绍军. 食品质量管理. 北京：中国农业大学出版社，2003

4. 马林，罗国英. 全面质量管理基本知识. 新 1 版. 北京：中国济济出版社，2004

5. 魏益民，刘为军，潘家荣. 中国食品安全控制研究. 北京：科学出版社，2008

6. 国家质量监督检验检疫总局质量管理司. 质量专业基础知识与实务（初级）. 北京：中国人事出版社，2011

7. 王毓芳，郝凤. ISO 9000 常用统计技术（修订版）. 北京：中国计量出版社，2002

8. 李钧. 食品 GMP 实施与认证. 北京：中国医学科技出版社，2000

9. 董义珍，袁仲主. 食品安全与质量控制. 北京：科学出版社，2011

10. 马长路. 食品企业管理体系建立与认证. 北京：中国轻工业出版社，2009

11. 吴晓彤，王尔茂. 食品法律法规与标准. 北京：科学出版社，2009

12. 萨拉·末蒂默，卡罗尔·华莱士著，冯力更，张永彤编译. HACCP 与案例分析. 北京：化工出版社，2005

13. 姜南，张欣，贺国铭等. 危害分析和关键控制点（HACCP）及在食品生产中的应用. 北京：化工出版社，2003

14. 刘长虹，钱和. HACCP 体系内部审核的策划与实施. 北京：化工出版社，2006

15. 马长路. 食品企业管理体系建立与认证. 北京：中国轻工业出版社，2009

16. 包大跃. 食品企业 HACCP 实施指南. 北京：化工出版社，2007

17. 中国认证人员与培训机构国家认可委员会，食品安全管理体系审核员培训教程. 北京：中国计量出版社，2006

18. 王蕾. 食品安全管理体系最新标准应用实例. 北京：化学工业出版社，2008

19. 胡百精. 中国危机管理报告（2008—2009）. 北京：中国人民大学出版社，2009

全国高等职业技术院校食品类专业教材

- 食品生物化学
- 食品微生物基础与检验技术
- 食品分析与检验
- 食品营养学
- ☑ 食品质量管理与安全控制
- 食品加工机械与设备
- 水产品加工技术
- 乳制品加工技术
- 果蔬加工技术
- 粮油食品加工技术
- 肉制品加工技术

策划编辑／雷　谦
责任编辑／徐　悦
责任校对／祁　娜
装帧设计／王利民

ISBN 978-7-5167-0853-8

定价：29.00 元